高职高专“十三五”规划教材

辽宁省职业教育改革发展示范校建设成果

石油矿场机械

张翠婷　马　爽　阙英伟　主编

化学工业出版社

·北京·

本书系统介绍了石油矿场机械中钻机的基本组成、配置和技术参数，重点阐述了石油钻机的起升系统、循环系统、旋转系统这些主要设备的结构、工作原理、主要参数和维护保养等内容，同时还介绍了钻井的驱动、传动装置的驱动方案，典型钻机的驱动与传动，石油钻机的气控系统和海洋石油钻井设备，最后还介绍了其他设备，包括指重表、气动绞车、钻杆动力钳、铁贴工和离心泵等。

本书中的情境和任务的实施需要配合实训装置来进行实施演练，用项目化教学的方法对学生进行实际操作能力的锻炼。

本书可作为高职高专石油工程专业的教材，也可作为从事石油钻井和石油机械工作相关职工的岗位技能培训教材。

图书在版编目（CIP）数据

石油矿场机械/张翠婷，马爽，阙英伟主编.—北京：化学工业出版社，2019.2（2023.8重印）

高职高专“十三五”规划教材

ISBN 978-7-122-33500-5

Ⅰ.①石…　Ⅱ.①张…②马…③阙…　Ⅲ.①石油机械-高等职业教育-教材②矿场设备-高等职业教育-教材　Ⅳ.①TE9

中国版本图书馆CIP数据核字（2018）第288432号

责任编辑：满悦芝　丁文璇

责任校对：张雨彤　　　　装帧设计：张　辉

出版发行：化学工业出版社（北京市东城区青年湖南街13号　邮政编码100011）

印　　装：涿州市般润文化传播有限公司

787mm×1092mm　1/16　印张13¼　字数325千字　　2023年8月北京第1版第4次印刷

购书咨询：010-64518888　　　　售后服务：010-64518899

网　　址：http://www.cip.com.cn

凡购买本书，如有缺损质量问题，本社销售中心负责调换。

定　　价：45.00元

序

世界职业教育发展的经验和我国职业教育的历程都表明，职业教育是提高国家核心竞争力的要素之一。近年来，我国高等职业教育发展迅猛，成为我国高等教育的重要组成部分。《国务院关于加快发展现代职业教育的决定》、教育部《关于全面提高高等职业教育教学质量的若干意见》中都明确要大力发展职业教育，并指出职业教育要以服务发展为宗旨，以促进就业为导向，积极推进教育教学改革，通过课程、教材、教学模式和评价方式的创新，促进人才培养质量的提高。

盘锦职业技术学院依托于省示范校建设，近几年大力推进以能力为本位的项目化课程改革，教学中以学生为主体，以教师为主导，以典型工作任务为载体，对接德国双元制职业教育培训的国际轨道，教学内容和教学方法以及课程建设的思路都发生了很大的变化。因此开发一套满足现代职业教育教学改革需要、适应现代高职院校学生特点的项目化课程教材迫在眉睫。

为此学院成立专门机构，组成课程教材开发小组。教材开发小组实行项目管理，经过企业走访与市场调研、校企合作制定人才培养方案及课程计划、校企合作制定课程标准、自编讲义、试运行、后期修改完善等一系列环节，通过两年多的努力，顺利完成了四个专业类别20本教材的编写工作。其中，职业文化与创新类教材4本，化工类教材5本，石油类教材6本，财经类教材5本。本套教材内容涵盖较广，充分体现了现代高职院校的教学改革思路，充分考虑了高职院校现有教学资源、企业需求和学生的实际情况。

职业文化类教材突出职业文化实践育人建设项目成果；旨在推动校园文化与企业文化的有机结合，实现产教深度融合、校企紧密合作。教师在深入企业调研的基础上，与合作企业专家共同围绕工作过程系统化的理论原则，按照项目化课程设计教材内容，力图满足学生职业核心能力和职业迁移能力提升的需要。

化工类教材在项目化教学改革背景下，采用德国双元培育的教学理念，通过对化工企业的工作岗位及典型工作任务的调研、分析，将真实的工作任务转化为学习任务，建立基于工作过程系统化的项目化课程内容，以“工学结合”为出发点，根据实训环境模拟工作情境，尽量采用图表、图片等形式展示，对技能和技术理论做全面分析，力图体现实用性、综合性、典型性和先进性的特色。

石油类教材涵盖了石油钻探、油气层评价、油气井生产、维修和石油设备操作使用等领域，拓展发展项目化教学与情境教学，以利于提高学生学习的积极性、改善课堂教学效果，对高职石油类特色教材的建设做出积极探索。

财经类教材采用理实一体的教学设计模式，具有实战性；融合了国家全新的财经法律法规，具有前瞻性；注重了与其他课程之间的联系与区别，具有逻辑性；内容精准、图文并茂、通俗易懂，具有可读性。

在此，衷心感谢为本套教材策划、编写、出版付出辛勤劳动的广大教师、相关企业人员以及化学工业出版社的编辑们。尽管我们对教材的编写怀抱敬畏之心，坚持一丝不苟的专业态度，但囿于自己的水平和能力，疏漏之处在所难免。敬请学界同仁和读者不吝指正。

周铭

盘锦职业技术学院　院长

2018年9月

前言

石油钻机是油气勘探与开发作业过程的主要设备。随着工艺和技术的飞速发展，石油钻机的结构、性能、功能也日新月异，系统组成高集成化、操作方式高自动化、维护保养高技术化，现场设备安装、管理与使用人员迫切需要一本与现场钻机相配套的教材，以满足岗位培训、教育教学的需要。

本教材在广泛调研、认真讨论的基础上，按理论与实践相结合的原则，采用任务驱动方式编写。在编写过程中，既注重教材的全面性和系统性，按钻机组成系统和配置零件，详细阐述了石油钻机各系统、部件的性能参数、结构特点、工作原理、维护保养和故障处理等内容；又努力突出实用性和指导性，明确了学习任务、教学目标、相关知识和操作步骤。整个教材脉络清晰，语言通俗易懂图文并茂。

本书由张翠婷、马爽、阙英伟任主编，由高文阳、赵宁、方明君任副主编。各章节编写分工为：学习情境一由阙英伟、方明君、邓慧静编写；学习情境二、六、八由张翠婷编写；学习情境三由赵志明编写；学习情境四由马爽编写；学习情境五由高文阳、彭勇编写；学习情境七由赵宁编写。

由于编者的水平有限，难免存在不妥之处，敬请使用本书的教师和同学们批评指正。

编者

2018 年 10 月

学习情境一　对石油钻机的基本认知 …… 1
项目一　钻机概述 …… 1
项目二　石油钻机的基本参数、配套标准 …… 6

学习情境二　石油钻机的起升系统 …… 12
项目一　井架 …… 12
项目二　游动系统 …… 21
项目三　绞车 …… 29
项目四　刹车机构 …… 35

学习情境三　石油钻机的旋转系统 …… 46
项目一　转盘 …… 46
项目二　水龙头 …… 53
项目三　顶部驱动钻井系统 …… 59

学习情境四　石油钻机的循环系统 …… 68
项目一　往复泵 …… 68
项目二　钻井液固相控制设备 …… 81

学习情境五　石油钻机的驱动和传动装置 …… 96
项目一　驱动方案及类型 …… 96
项目二　典型钻机驱动与传动 …… 102

学习情境六　石油钻机的气控系统 …… 111
项目一　钻机气控系统的作用与组成 …… 111
项目二　气源及净化系统 …… 113
项目三　气动控制元件 …… 121

项目四　气动执行元件 …… 137
项目五　辅助元件 …… 141
项目六　阀岛 …… 145
项目七　常见气动控制回路 …… 150
项目八　气控系统的维护保养 …… 160

学习情境七　海洋钻井设备 …… 164
项目一　海洋石油钻井平台 …… 164
项目二　海上钻井井下装置与升沉补偿 …… 170

学习情境八　其他设备 …… 175
项目一　指重表 …… 175
项目二　气动绞车 …… 180
项目三　钻杆动力钳 …… 183
项目四　铁钻工 …… 191
项目五　离心泵 …… 194

参考文献 …… 203

学习情境一

对石油钻机的基本认知

石油钻机是用来进行油气勘探、开发的成套钻井设备，它随钻井技术的发展而发展。随着油气勘探难度的日益增加，为适应各种地理环境和地质条件、加快钻井速度、降低钻井成本、提高钻井综合经济效益，不得不采取措施降低油气勘探开发成本，依靠科技进步积极采用新技术和新装备，在交流变频电驱动钻机、液压驱动钻机、连续管钻机、智能一体化控制钻机及井下动力钻具等方面有了较大发展。为了适应各种不同地域的环境要求，在沙漠钻机、拖挂钻机、丛式井钻机、斜井钻机及直升机吊运钻机等特种钻机技术上，也有了较大发展。

本章以常规石油钻机为例，从整体上简要介绍了钻机的概念和基本知识。

项目一　钻机概述

【教学目标】

① 掌握石油钻机的组成。

② 了解石油钻机的分类。

【任务导入】

钻井是油气勘探和开发的重要环节，需要相关的机械配套设施。石油钻机是用于油气钻井的专业机械，是由多台设备组成的一套联合机组。

【知识重点】

① 石油钻机的八大系统设备。

② 石油钻机的分类方式。

③ 石油钻机的型号。

【相关知识】

一、石油钻机的组成

常规石油钻机（图 1-1）是一套大型的综合型机组，一般由动力系统（为整套钻机提供能量的设备)、传动系统(为工作机组传递、输送、分配能量的设备)、工作系统(按工艺的要求进行工作的设备)、控制系统(控制各系统、设备按工艺要求工作的设备)和辅助系统(协助主系统工作的设备)等若干系统和相应的设备所组成。根据钻井工艺中钻井、洗井、起下钻具各工序以及处理钻井事故的要求及现代化技术水平的条件,整套石油钻机必须具备下列八大系统设备。

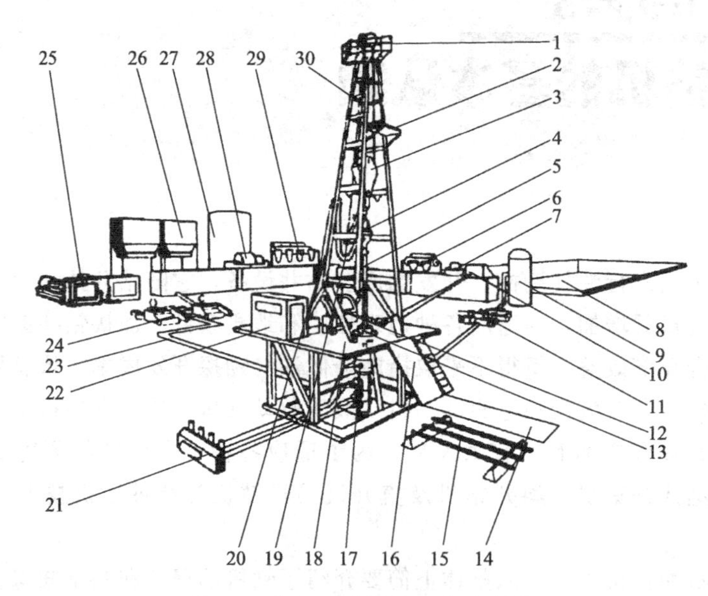

图 1-1 常规石油钻机组成示意图

1—天车;2—二层平台;3—游车;4—水龙头;5—方钻杆;6—除砂器;7—搅拌机;8—沉沙池;9—除气器;10—振动筛;11—节流压井汇;12—钻井绞车;13—转盘;14—猫道;15—管架;16—坡道;17—防喷器组;18—钻台;19—水龙带;20—立管;21—远程控制台;22—偏房;23—地面高压管汇;24—钻井泵;25—发电机组;26—水罐;27—灰罐;28—离心机;29—除泥器;30—井架

(一)旋转系统

旋转系统的作用是旋转钻具,带动钻头破碎岩石。旋转系统由转盘、水龙头、顶部驱动钻井装置等地面旋转设备,以及钻柱、钻头等井下钻井工具组成。转盘和顶驱系统设备是旋转系统的核心,是钻机的三大工作机之一。

(二)循环系统

循环系统的作用是及时清除井内岩屑,录取钻井岩石性质、油气水显示资料,冷却钻头,稳定井壁,控制地层压力,为井下动力钻具提供高压动力液。循环系统由钻井泵、地面管汇、钻井液罐、钻井液固相处理设备(包括振动筛、除砂器、除气器、离心机等)及钻井液调配设备组成。钻井泵是循环系统的核心,是钻机的三大工作机之一。

(三)提升系统

提升系统的作用是起下钻具、下套管、控制钻压以及钻头送进等。提升系统由绞车、辅助刹车、天车、游动滑车、大钩、钢丝绳、井架和底座等设备以及吊环、吊卡、卡瓦、动力大钳、铁钻工、立根移动机构等井口工具组成。绞车是提升系统的核心,是钻机的三大工作机组之一。

(四)动力系统

动力系统的作用是为钻机三大工作机构及其他辅助机组(如空气压缩机)提供动力,动力系统由柴油机及其供油设备，或交流、直流电动机及其供电、保护、控制设备等组成。

（五）传动系统

传动系统的作用是连接发动机与前三个工作机组，把发动机的能量传递并分配给各工作机。为了解决发动机与工作机二者之间存在的运动特性上的矛盾，要求传动系统应包括减速、并车、倒车、变速机构等。根据能量传递形式与传动所用的介质不同，传动系统又可分为：机械传动、液力传动（涡轮传动）、液压传动和电传动等。

（六）控制系统

控制系统的作用是指挥各机组协调进行工作，在整套钻机中还装备各种控制设备，如机械控制设备（手柄、踏板、杠杆等）、气动或液动控制设备（开关、调压阀、工作缸等）、电控制设备（开关、变阻器、启动器、继电器等）以及集中控制台和观察记录仪表等。

（七）钻机底座

钻机底座包括钻台底座、机房底座和钻井泵底座等，车装钻机的底座就是汽车或拖车底盘。为了钻机的安装、运移方便，重型钻机多采用整体安装托运底座，即将动力、传动机构和绞车等设备都安装在一起进行托运。钻台上要装井架和转盘以及绞车的一部分或全部，钻台下要容纳井口装置，所以底座需要一定的高度和面积。

（八）辅助系统

辅助系统的作用是为各工作机组正常工作配备必要的辅助设备。辅助设备主要有辅助起重设备（液压或气动绞车）、气源装置（空气压缩机、空气净化设备、储气罐）、井场电路系统、供油供水供暖设备、井控设备等。

二、石油钻机的分类

世界各国的各大石油公司、各石油钻机制造厂家按照各自的特点，对石油钻机的分类不尽相同。一般来说，可按以下方法对石油钻机进行分类。

（一）按钻井方法分类

1. 顿钻钻井钻机

顿钻钻机、地面发动振动钻机等属于顿钻钻井钻机。由于钻井和捞取所钻岩屑不能同时进行，所以钻进速度慢、成本费用高。这是早期的一种钻机，现已基本不使用。

2. 转盘钻井钻机

转盘钻井钻机是目前国内外应用最普遍的一种钻机，该类型钻机是通过转盘驱动方钻杆，将扭矩通过钻具传递给钻头，由钻头旋转切削破碎岩石，利用空心钻具循环钻井液不断清除所钻岩屑，不断加深井深，钻进速度快、成本较低。在顶部驱动钻机中仍然配备转盘，主要用于浅地层的钻进和深井时井口作业的平台及承受井内钻具全部重量。

3. 井下动力钻机

如常用的涡轮钻具、螺杆钻具、电动钻具及井底冲击振动钻具等。它的主要特点是钻进时井下大部分钻具不转动（只有一部分钻具带动钻头旋转），当所钻井深增加时，转动钻具所消耗的功率就小一些，且随着井深的增加对钻杆的强度要求与转盘钻井钻机相比也不高。

4. 顶驱系统钻井钻机

顶驱系统是美国、法国、挪威近 20 年来相继研制成功的一种顶部驱动钻井系统。它可从井架上部空间直接旋转钻杆，沿专用导轨向下送进，完成钻杆旋转钻进、循环钻井液，接立柱，上卸扣和倒划眼等多种钻井操作。该系统显著提高了钻井作业的能力和效率，并已成为石油钻井行业的标准产品。该方法促进了海上和陆地钻井技术自动化的发展，顶部驱动钻井使用自动化接单根起下钻设备，从而代替了方钻杆接单根方法。

（二）按驱动设备类型分类

1. 柴油机驱动钻机

柴油机驱动钻机是以柴油机为动力通过机械传动（柴油机驱动-机械传动）或液力传动（柴油机驱动-液力传动）的钻机。

2. 电驱动钻机

电驱动钻机是以直流电动机（如 DC-DC、AC-SCR-DC）或者交流电动机（AC-AC、AC-DC-AC）为动力直接驱动或者通过传动装置驱动工作机组工作的钻机。

3. 网电驱动钻机

网电驱动钻机适用于有配套工业电网的地区，通过变电装置直接用高压网电代替柴油发电机组，本质上也属于电驱动钻机。近年来，在节能、减排的政策背景下，网电驱动钻机的应用越来越多。

（三）按驱动方式分类

1. 统一驱动钻机

绞车、转盘及钻井泵三个工作机由统一动力机组驱动。统驱钻机的功率利用率高，发动机有故障时可以互济，但其传动复杂，安装调整费事，传动效率低。

2. 单独驱动钻机

各工作机单独选择大小不同的发电机驱动。单驱钻机多用电驱动，其传动简单、安装容易，但功率利用率低、设备笨重。

3. 分组驱动钻机

动力的组合介于前两者之间，将三个工作机分成两组，绞车、转盘两个工作机由统一动力机驱动，钻井泵由另一动力机组驱动。与单独驱动钻机相比，这种钻机的功率利用率较高，传动较简单，还可将两组工作机安装在不同高度和分散的场地上。

（四）按主传动类型分类

1. V 带传动钻机

V 带传动钻机是指采用 V 形皮带作为钻机主传动副，多台柴油机并车，各工作机组及辅助设备的驱动及钻井泵的传动均采用 V 带完成。

2. 链条传动钻机

链条传动钻机是指采用链条作为主传动副，2～4 台柴油机用链条并车，统一驱动各工作机组，用 V 带传动驱动钻井泵。

3. 齿轮传动钻机

齿轮传动钻机采用齿轮为主传动副，配合万向轴驱动绞车和转盘，或采用圆锥齿轮-万向轴并车驱动绞车、转盘和钻井泵。

4. 液力传动钻机

液力传动钻机使用液力机械变速箱，传动柔和，适应外载荷变化能力强，可实现无级变速及反转制动。

5. 电传动钻机

电传动钻机靠电力来传递动能的方式，实现钻机三大工作机组的正常运转。比起传统的机械传动有结构简单、高效等特点。

（五）按钻井深度分类

1. 浅井钻机

钻井深度小于1500m。

2. 中深井钻机

钻井深度为1500～3000m。

3. 深井钻机

钻井深度为3000～5000m。

4. 超深井钻机

钻井深度为5000～9000m。

5. 特深井钻机

钻井深度大于9000m。

（六）按使用地区和用途分类

1. 陆地钻机

陆地钻机也称为常规钻机，用于正常陆地勘探、钻井。

2. 海洋钻机

海洋钻机用于海上钻井平台。

3. 浅海钻机

浅海钻机用于0～5m水深或沼泽地区钻井。

4. 丛式井钻机

丛式井钻机用于在井场或平台上钻出若干口井。

5. 沙漠钻机

沙漠钻机用于在沙漠地区勘探、钻井。

6. 直升机吊运钻机

直升机吊运钻机用于将钻机吊运到偏远的山地、丛林、岛屿或沙漠腹地等无地面公路、不适合地面行驶的油区钻井。

7. 小井眼钻机

小井眼钻机用于钻探井口直径较小的油气井，井眼直径为85.73mm，这种钻机由于井场面积小、井眼小、钻屑少，不需废钻井液池，所需装机功率低，因此，不仅可大幅度降低钻井成本，而且安全、环保。

8. 柔杆钻机

柔杆钻机是一种新型的钻探设备。它包括以环链牵引器为主体的地面设备、柔杆及储存装置、钻探电机三大部分。这种钻机是用电动机作为井底动力直接带动钻头旋转切削岩石和割取岩心。用连续的柔性钻杆（简称柔杆）代替普通的刚性钻杆，由若干液压夹持器组成的环链牵引器夹持柔杆实现连续起下钻。

三、石油钻机的型号

我国石油钻机型号的表示方法如下。

根据名义钻井深度和最大钩载两项基本参数把钻机的型号分为10级（表1-1），名义钻井深度和钻深范围按114.3mm（41/2in）钻杆柱（$q_{mt}=30kg/m$）确定。钻机级别代号用双参数表示，如10/600，前者乘以100为钻机名义钻深范围上限数值，后者是以kN为单位计的最大钩载。在驱动传动特点的表示方法上，增加了Y、DJ、DZ、DB等区分代号。

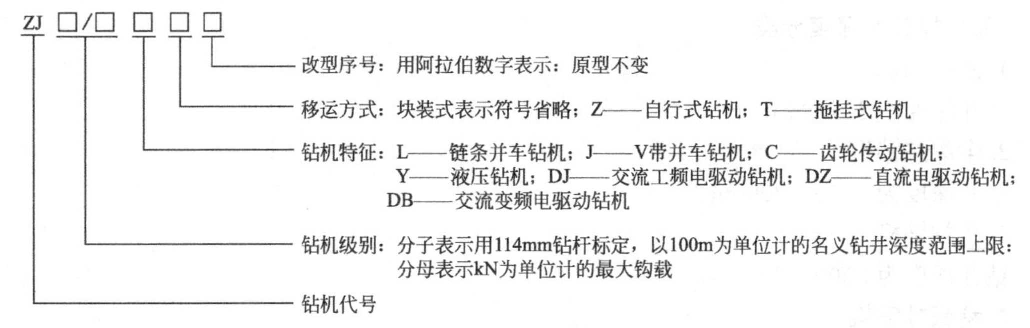

表 1-1　钻机修订标准的基本部分参数

钻机型号级别	10/600	15/900	20/1350	30/1800	40/3150	70/4500	90/6750	120/9000	150/11250	150/11250
名义钻深范围/m	500～1000	800～1500	1200～2000	1600～3000	2500～4000	3500～5000	4500～7000	6000～9000	7500～12000	10000～15000
最大钩载/kN	600	900	1350	1800	2250	3150	4500	6750	9000	11250

项目二　石油钻机的基本参数、配套标准

【教学目标】

① 石油钻机的基本参数。

② 石油钻机的配套标准。

【任务导入】

钻井工具的配套品种和规格是衡量钻井设备系统成套是否齐全和完善、水平高低的重要标志，为了实现钻机高效、安全地完成钻井，本次任务安排了相关要求。

【知识重点】

① 石油钻机名义钻井深度 L。

② 石油钻机的配套标准。

【相关知识】

一、石油钻机的基本参数

石油钻机的基本参数是反映全套钻机基本工作性能的主要技术指标，也称为特性参数。如名义钻深范围、最大钩载、最大钻柱重量等，它表明钻机的基本工作性能。基本参数是设计、选用和维修钻机以及对钻机进行技术改造的主要依据。石油钻机的基本参数见表 1-2。

表 1-2　石油钻机基本参数

参数 \ 钻机	15	20	32	45	60	80
名义钻深范围/m	900～1500	1300～2000	1900～3200	3000～4500	3000～6000	5000～8000
最大钩载/kN(tf)	9000(90)	1350(135)	2250(225)	3150(315)	4500(450)	5850(585)

续表

参数 \ 钻机	15	20	32	45	60	80
最大钻柱重量/kN(tf)	500(50)	700(70)	1150(115)	1600(160)	2200(220)	2800(280)
绞车最大输入功率/kW(hp)	260～330 (350～450)	400～510 (550～750)	740 (1000)	1100 (1500)	1470 (2000)	2210 (3000)
提升系统绳数	8	8	8	10	10	12
	8	8	10	12	12	14
钢丝绳直径/mm	26	28.5	32.5	34.5	38	41.5
可配置每台钻井泵功率/kW(hp)	260～590 (350～800)		590、740、960 (800、1000、1300)		960、1180 (1300、1600)	1180 (1600)
转盘开口直径/mm	445		520	520、700	700、950	950、1260
钻台高度/m	1.5、3		6、7.5、9		6、7.5、9	7.5、9
井架	各级别钻机均可采用可提升 28m 立柱的井架，对 15、20 两级别钻机也可采用提升 19m 的可伸缩式井架。					

我国石油钻机标准采用名义钻井深度 L（名义钻深范围上限）作为主参数，因为钻机的最大钻井深度直接影响和决定着其他参数的大小。俄罗斯和罗马尼亚钻机标准采用最大钩载 Q_{max} 作为主参数。美国钻机没有统一的国家标准，但各大公司生产的钻机基本上以名义钻深范围为主参数。

① 名义钻井深度：指钻机在标准规定的钻井绳数下，使用规定的 114.3mm 钻杆柱所能钻进的井深。

② 名义钻深范围：指钻机在标准规定的钻井绳数下，使用规定的钻柱时，钻机可经济利用的最小钻井深度与最大钻井深度之间的范围。

③ 最大钩载：指钻机在标准规定的最大绳数下，起下套管、处理事故或进行解卡等特殊作业时，大钩上不允许超过的最大载荷，包括动载荷在内。最大钩载决定了钻机下套管和处理事故的能力，是核算起升系统零部件静强度及计算转盘、水龙头主轴承静载荷的主要技术依据。

④ 绞车额定功率：指钻井绞车输入轴输入功率的最大值，也称为绞车额定输入功率，是绞车部件的主参数。

⑤ 游动系统钻井绳数：指用于正常起下钻柱及钻进时游动系统所采用的有效提升绳数，是钻井时使用游车滑轮数的 2 倍。

⑥ 钢丝绳直径：游动升系统所用钢丝绳的直径是绳的两个对称股外圆的距离。推荐优先选用钢芯结构和 EIPS 级。

⑦ 大钩提升速度：直接影响着起下钻的机动起升时间，现代钻机加大了绞车功率，目的就是提高起下钻速度。但绞车功率过大不经济，因此合理的设置绞车档数，可充分利用绞车功率，降低起升时间，提高钻井效率。

⑧ 转盘开口直径：是转盘的主要几何参数，它决定着转盘的尺寸和承载能力。转盘的开口直径至少要比最大钻头直径大 10mm，以保证钻头能够顺利通过转盘中心通孔。

⑨ 钻台高度：指底座底平面至钻台面的距离，根据钻机要安装的井口装置的高度来决定。

⑩ 井架高度：根据钻机所提升的钻柱高度，加上提升部件所占高度，再加上必要的安全高度来决定。

⑪ 转盘额定输入功率：在钻井过程中，动力机传给转盘的动力主要消耗于旋转钻头破碎岩石、旋转钻杆柱和地面设备（包括转盘本身、方钻杆和水龙头）。因此，转盘的额定输入功率应为上述几个方面消耗功率之总和。

⑫ 转盘工作扭矩：旋转钻井时转盘需克服的静工作扭矩，包括井底钻头破碎岩石所需的扭矩和钻柱克服钻井液摩阻所需的扭矩。

⑬ 最大泵压：指钻井泵能长时间输出的最高泵压额定值。它用泵的安全限定，同最小缸套、最小排量相匹配，但不是按泵功率在该最小缸套和最小排量下的计算值。

⑭ 钻井泵额定输入功率：指钻井泵输入轴功率或额定功率，它是钻井泵的主要参数。在最大井深时虽出现最大泵压，但此时流量很低。所以最大井深时的泵组输入功率不是最大值，往往在较浅井段的较大井筒中由于流量较大，且泵压较高（或最高），此时会出现最高泵组输入功率。

二、石油钻机的配套标准

石油钻机的配套标准主要是依据钻机的名义钻井深度来确定的，下面是5000m钻机的钻井队在提升旋转系统、动力系统、循环系统、井控系统、安全系统、辅助设施、监测仪器仪表等方面配套的基本要求。

1. 提升旋转系统

提升旋转系统设备见表1-3。

表1-3　提升旋转系统设备

序号	设备名称	主要技术参数	单位	配备数量			
				ZJ50L	ZJ50LDB	ZJ50D	ZJ50DB
1	天车	最大静载荷3156kN，滑轮5个，快绳滑轮一个，适用钢丝绳直径35mm，辅助滑轮4个，捞砂滑轮一个。	台	1	1	1	1
2	游车	最大钩载315kN，主滑轮6个，适用钢丝绳直径35mm	台	1	1	1	1
3	大钩	最大钩载315kN	台	1	1	1	1
4	水龙头	最大静载荷4500kN，最高工作压力35MPa，中心管内径75mm	台	1	1	1	1
5	转盘	最大静载荷4500kN，开口直径700mm，最大静载荷5850kN，开口直径950mm，最大静负荷7250kN，开口直径1260mm	台	1	1	1	1
6	绞车	额定输入功率1100kW，最大快绳拉力350kN，钢丝绳直径35mm	台	1	1	1	1
7	井架	最大静载荷3150kN，6×7绳系，无立根	套	1	1	1	1
8	底座	钻台高度7.5m、9m、10.5m或12m，转盘梁最大静载荷3150kN，立根盒容量5000m	套	1	1	1	1

2. 动力及传动系统

动力及传动系统设备见表1-4。

表 1-4　动力及传动系统设备

序号	设备名称	主要技术参数	单位	配备数量			
				ZJ50L	ZJ50LDB	ZJ50D	ZJ50DB
1	柴油机耦合器(变矩器)机组	单台功率不少于 800kW	台	3	3		
2	主柴油发电机组(带房)	单台功率不少于 800kW	台			3	3
3	电传动系统		套		1	1	1
4	绞车用交流电动机	单台功率不少于 600kW	台				2
5	钻井泵用交流电动机	单台功率不少于 600kW	台				4
6	转盘独立驱动交流电动机	单台功率不少于 600kW	台		1		1
7	绞车用直流电动机	单台功率不少于 800kW	台			2	
8	钻井泵用直流电动机	单台功率不少于 800kW	台			4	
9	转盘独立驱动直流电动机	单台功率不少于 800kW	台			1	
10	辅助柴油发电机(带房)	400kW	台	2	3	1	1
11	营地发电机组(带房)	300kW	台	2	2	2	2
12	传动装置		套	1	1		
13	节能发电机组	单台功率不小于 600kW	台	1	1		
14	转盘驱动装置	两档变速	套	1	1	1	1
15	MCC 系统		套	1	1	1	1
16	井场标准化防爆电路		套	1	1	1	1
17	应急发电机组(可选)	20～40kW	台	1	1	1	1
18	动力及控制电缆		套				
19	气源及原净化装置	气源压力 1MPa,单台排气量不小于 5.5m^3/min,压缩机储气量不小于 6m^3	套	1	1	1	1
20	油、气、水管线		套	1	1	1	1
21	电缆槽及过车槽		套				
22	高压充气压缩机	15MPa	台	1	1	1	1

3. 钻井液循环净化系统

钻井液循环净化系统设备见表 1-5。

表 1-5　钻井液循环净化系统设备

序号	设备名称	规格参数	单位	配备数量			
				ZJ50L	ZJ50LDB	ZJ50D	ZJ50DB
1	钻井泵组	单台功率不小于 960kW,最大泵压 35MPa	台	2	2	2	2
2	电驱动钻井泵组设备		套				
3	钻井液循环罐	有效容积不小于 240m^3,含有搅拌机	套			2	2
4	钻井液储备罐	按工程需要配置	套	1	1	1	1
5	大药品罐	8m^3	个	1	1	1	1
6	小药瓶罐	2m^3	个	1	1	1	1

续表

序号	设备名称	规格参数	单位	配备数量			
				ZJ50L	ZJ50LDB	ZJ50D	ZJ50DB
7	常压气液分离器(可选)		台	1	1	1	1
8	钻井液灌注泵	单台功率不小于45kW	台	2	2	2	2
9	振动筛	单台处理量不小于300m^3	台	2～3	2～3	2～3	2～3
10	除气器	单台处理量不小于300m^3	台	1	1	1	1
11	除砂器	单台处理量不小于180m^3	台	1	1	1	1
12	除泥器	单台处理量不小于120m^3	台	1	1	1	1
13	离心机	单台处理量不小于60m^3	台	2	2	2	2
14	剪切泵	排量不小于280m^3/h	台	1	1	1	1
15	双立高压管汇	35MPa,含组装阀门、水龙带	套	1	1	1	1
16	砂泵	单台功率不小于55kW	台	2	2	2	2
17	钻井液加重装置		套	1	1	1	1
18	加重泵	单台功率不小于55kW	台	2	2	2	2
19	固井管汇	70MPa,50.8mm	套	1			

4. 供油、供水系统

供油、供水系统设备见表1-6。

表1-6 供油、供水系统设备

序号	设备名称	型号规格	单位	配备数量			
				ZJ50L	ZJ50LDB	ZJ50D	ZJ50DB
1	柴油储备罐	不小于180m^3	套	1	1	1	1
2	多品油管	10m^3	个	1	1	1	1
3	油位自动控制设备		套	1	1	1	1
4	清水罐(含离心水泵)	不小于70m^3	个	1	1	1	1

5. 井控系统

井控系统按SY/T 5964—2006《钻井井控装置组合配套 安装调试与维护》的相关要求配备。

6. 安全系统

(1) 安全防护用品

① 空气呼吸器及充气按SY/T 5087—2017《硫化氢环境钻井场所作业安全规范》的相关要求配备。

② 井队安全防护用具按SY/T 6524—2017《石油天然气作业场所劳动防护用品配备规范》的相关要求配备。

(2) 消防系统

消防设施及器材按SY/T 5974—2014《钻井井场、设备、作业安全技术规程》的相关要求配备安装。

(3) 防雷电系统

防雷电设施按 SY/T 6319—2016《防止静电、雷电和杂散电流引燃的措施》的相关要求配备安装。

7. 监测仪器和仪表

（1）硫化氢监测仪

硫化氢监测仪器和设备按 SY/T 5087—2017 的相关要求配套安装，高含硫地区按需要配备。

（2）可燃气体监测报警器

可燃气体监测报警器按 SY/T 6503—2016《石油天然气工程可燃气体检测报警系统安全规范》的相关要求配套安装。

（3）其他监测仪器和仪表

其他监测仪器和仪表见表 1-7。

表 1-7　其他监测仪器和仪表

序号	设备名称	主要技术参数	单位	配备数量			
				ZJ50L	ZJ50LDB	ZJ50D	ZJ50DB
1	工业电视监视系统	4 点监控（绞车、振动筛、钻井泵、二层台）	套	1	1	1	1
2	钻井参数系统	不低于八参数	套	1	1	1	1
3	油品快速检测仪		套	1	1	1	1
4	井涌井漏检测仪		台	1	1	1	1

学习情境二
石油钻机的起升系统

石油钻机的起升系统实质上是一台重型起重机，它是钻机的核心。起升系统的作用是起下钻具、下套管、控制钻头送进等。它主要由钻井井架、天车、游车、大钩、游动系统钢丝绳、绞车和辅助刹车等设备组成。本章将介绍这些设备的结构特点、工作原理、使用、维护和保养。

项目一　井架

【教学目标】

① 掌握井架的主要结构。
② 了解井架的参数和类型。
③ 掌握井架的安放与起升、下放和拆卸。
④ 掌握井架的使用、维护和保养。

【任务导入】

井架是石油钻机起升系统的重要设备之一，是一种具有一定高度和空间的金属桁架结构。在钻进过程中，用于安放和悬挂游动系统、吊环等并承受井中钻柱的重量，并在起下钻过程中存放钻杆或套管。因此，井架必须具有足够的承载能力、强度、刚度和稳定性。

【知识重点】

① 井架主体、人字架、起升装置。
② 塔形井架、K 形井架、A 形井架和桅形井架。
③ 井架的起升、安装和校正。
④ 井架下放的程序。

【相关知识】

一、井架的基础知识

(一) 井架的主要结构

石油钻机的井架主要由井架主体、二层台、人字架、起升装置、笼梯总成、大钳平衡重、登梯助力机构、逃生装置、立管台、天车台和防坠落装置等组成，如图 2-1 所示。下面以 JJ315/45-K 型井架为例说明井架的结构。

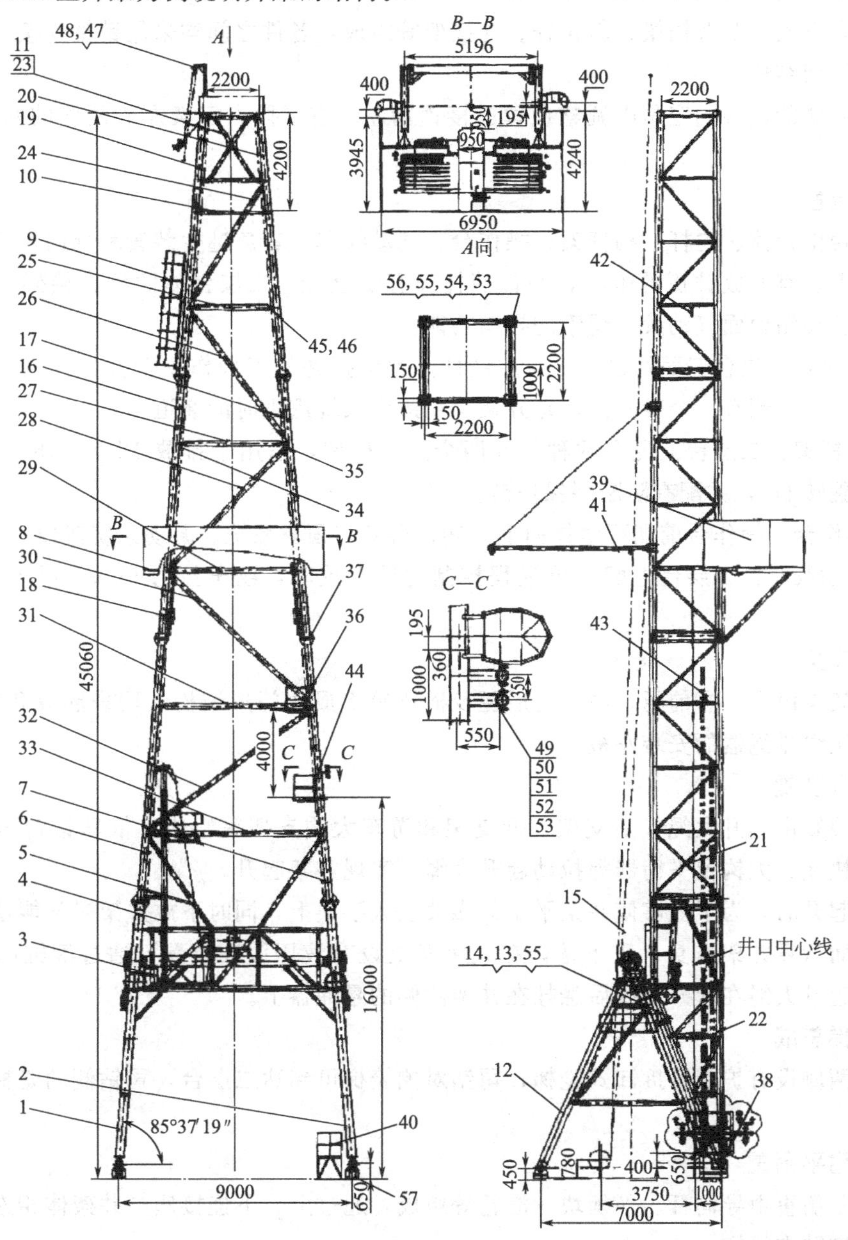

图 2-1　井架结构图

1—左下段；2—右下段；3—下连接架；4—气动套管扶正台；5—斜拉杆；6—左中下段；7—右中下段；8—二层台；9—笼梯总成；10—防碰装置；11—上连接架（前）；12—人字架；13—U 形卡，M30；14—卡板；15—起升装置；16—左中上段；17—右中上段；18—大钳平衡重；19—左上段；20—右上段；21—气路管线总成；22—标识牌总成；23—上连接架；24,26,28,30,32—斜拉杆；25,27,29,31,33—背横梁；34—左悬绳器；35—右悬绳器；36—双锥销总成，50mm；37—双锥销总成，460mm；38—销轴总成，130mm；39—逃生装置；40—走台；41—悬吊扒杆；42—吊钳滑轮；43—死绳固定器；44—立管台；45—销轴，450mm×185mm；46—别针，6×120；47—登梯助力机构；48—防坠落装置；49—立管压板，140mm；50—螺栓，M124×100；51—螺母，M124；52—弹簧垫圈；53—开口销，5×60；54—螺栓，M30×140；55，56—螺母，M30；57—销轴总成

1. 井架主体

井架主体由四段八片（左上段、右上段、左中上段、右中上段、左中下段、右中下段、左下段和右下段）及背横梁、斜拉杆、连接架等组成，各件之间均采用销轴连接，组成一个前开口型钢架结构。

井架主体的调整固定是由调整顶丝连接锁紧左、右下段人字架左右两侧的两个U形卡完成的。

2. 二层台

二层台由台体、栏杆、挡杆架、操作台、气动绞车、紧急逃生装置和导向轮等组成。在台体指梁上设有靠放钻铤的卡板，钻杆挡杆设有安全链。二层台体两侧连接架上设有导向轮，可以实现钻台面气动绞车绳索的导向功能。

① 栏杆：二层台三面均设有2m高栏杆。为增强井架工操作安全性，在栏杆底部均设有挡脚板。司钻侧有一个旋开门，是井架工用逃生系统逃生时的通道。

② 挡杆架：二层台上配有两种（共四个）挡杆架，适用于排放12.7～16.51cm钻杆。挡杆架可翻转90°，并配有防断裂保护链。

③ 操作台：操作台前端可整体向上翻转，避免与顶驱系统、游动系统碰撞。

④ 气动绞车：二层台上配有可远程控制的风动绞车，绞车拉力5kN，用于排放钻铤、钻杆。

3. 人字架

人字架是由左、右前腿，左、右后腿及横梁等组成的门形结构，用来起放和支靠井架。其上设有快绳排绳器的安装座板。

4. 起升装置

起升装置由起升大绳、高支架、低支架和游车大钩支架等组成。依靠钻台面绞车的动力，通过快绳、大钩及平衡器等拉动起升大绳，实现井架起升。

井架起升时，为了能够使井架平稳的靠放在人字架上，同时下放井架时又能使井架重心前移，从而依靠井架本身自重下落，在人字架上设有液压缓冲装置，通过液缸的伸缩来实现。井架起升大绳在起升完成后悬挂在井架两侧的悬绳器上。

5. 笼梯总成

井架两侧设有护圈可拆卸式笼梯，司钻对侧笼梯可到达二层台，司钻侧的笼梯可直达天车平台。

6. 大钳平衡重

大钳平衡重由导向杆、平衡块、滑轮等组成，通过上、下连接座与井架体相连。

7. 登梯助力机构

登梯助力机构是为钻工方便、省力地攀登二层台与天车台而设置的。

8. 逃生装置

二层台上的操作者在遇到紧急情况需要迅速逃生时，抓住逃生器并沿二层台至地面的绷绳迅速滑至地面。

9. 立管台

立管台是装拆水龙带的操作台，也是供上井架人员短暂休息的场所。

10. 天车台

天车台用来安放天车及天车架，天车架是供安装、维修天车时起吊天车之用。天车台上有检修天车的过道，周围有护栏。

11. 防坠落装置

防坠落装置是操作人员上下井架时的一种安全保护装置。主要由双保险挂钩、D形扣、防坠器连接绳及安全带组成。

(二) 井架的类型

虽然用于石油矿场的井架种类繁多，但按其主体结构形式可分为塔形井架、K形井架、A形井架、桅形井架等基本类型。

1. 塔形井架

塔形井架如图2-2所示，大庆130钻机井架属塔形井架，是一种四棱截锥体的金属空间桁架结构，其横截面为正方形，立面为梯形，井架前扇有大门，后扇有绞车大门，主体部分是一个封闭的四棱锥体桁架结构。井架的四个大腿与横、斜拉筋都是通过螺栓连接而成的，拆装烦琐，且不安全。塔形井架的突出特点是总体稳定性大，多用于海洋钻机，如图2-3所示。

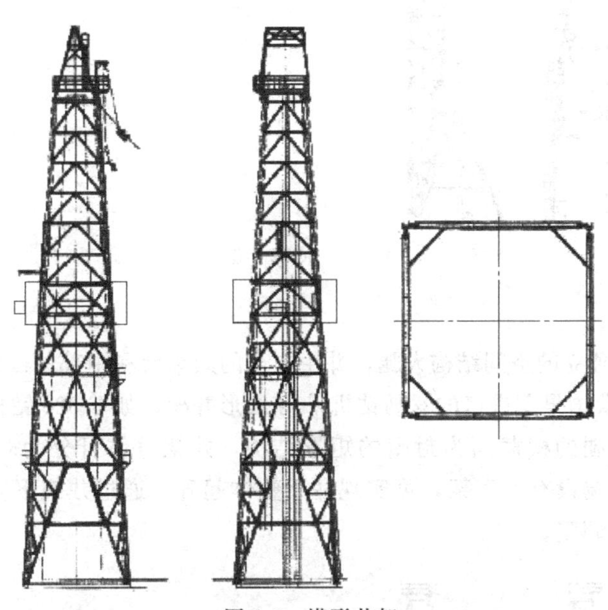

图2-2　塔形井架

图2-3　海洋981上的塔形井架

2. 前开口井架

前开口井架又称为K形井架，因受运输尺寸限制，井架本体截面尺寸较塔形井架小。为方便游动设备上下运行及排放立根，井架做成前扇敞开、截面为Ⅱ型的不封闭空间结构，如图2-4所示。我国钻机大多使用该种井架。

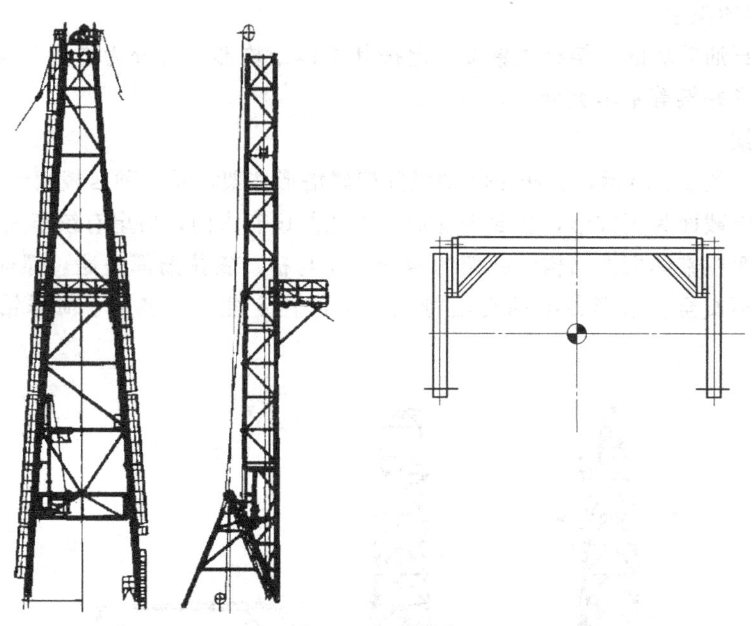

图2-4 K形井架

3. A形井架

A形井架有两个独立的空间结构大腿，并由上部的天车台和中部的二层台连接成“A"字形，如图2-5所示。我国早期进口的罗马钻机采用A形井架，如F-320钻机、F-200钻机等。

A形井架每条大腿的横截面为封闭的矩形结构，井架整体可分为若干节，各节之间通过销轴连接。井架下端设有人字架，可实现井架整体起升。通过井架下支脚的调节垫片和人字架顶丝对井架进行调整。

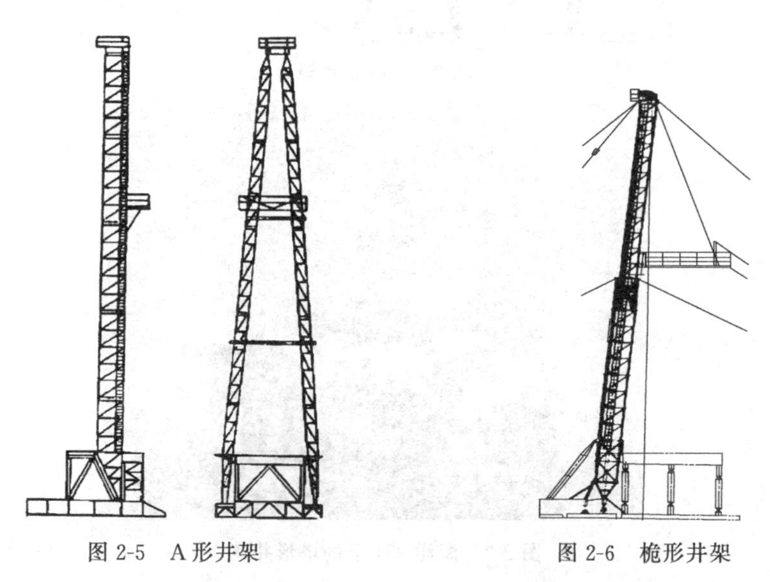

图2-5 A形井架　　图2-6 桅形井架

4. 桅形井架

桅形井架（图 2-6）是由二段或三段焊接结构组成的半可拆单柱式井架，由杆件或管柱组成的整体焊接空间桁架结构，井架的横截面为矩形或三角形，可分为整体式、伸缩式（或折叠式）。桅形井架主要用于车载钻机，并利用液压缸起放井架。

（三）井架的基本参数

井架的基本参数是反映井架特征和性能的技术指标，是设计、选择和使用井架的依据，井架基本参数见表 2-1。

表 2-1　井架基本参数

井架型号		JJ135/31	JJ158/31	JJ170/33	JJ170/41	JJ225/43	JJ315/45	JJ450/45
名义钻井深度/m	127mm 钻杆	1200～2000	1200～2000	1500～2500	1500～2500	2000～3200	2800～4500	4000～6000
	114mm 钻杆	1200～2400	1300～2400	1600～3000	1600～3000	2500～4000	3500～5000	4500～7000
最大钩载/kN		1350	1580	1700	1700	2250	3150	4500
井架高度/m		31	31	33	41	43	45	45
游动系统有效绳数		8	8	8.10	8.10	4.10	10.12	10.12
起升钢丝绳直径/mm		29	29	32.29	32.29	32	35	38

① 井架最大额定静钩载：指死绳固定在指定位置，在规定的钻井绳数、风载和立根载荷的条件下大钩的最大起重量，包括游车和大钩的重量。

② 井架高度：对于塔形井架、K 形井架和 A 形井架，井架高度通常是指有效高度，即钻台面至天车梁底面的最小垂直距离。桅形井架的井架高度是指从地面至天车梁底面的最小垂直距离。

③ 二层台高度：指钻台面至二层台面的垂直高度。

④ 二层台容量：指二层台所能存放的钻杆数量。

⑤ 大门高度：是塔形井架的一个重要参数，是指钻台面至前大门顶面的垂直高度。

⑥ 井架抗风能力：指井架在不同的工作状态下抵抗不同风速的能力。包括：最大钩载（满立柱）时设计风速；等候时（无钩载，二层台靠满立柱）设计风速；保全设备（无钩载，二层台无靠放立根）设计风速；起放井架时设计风速。在任何情况下，井架结构的承风能力不应超过井架的设计风速。

（四）井架的型号

井架的型号表示如下。

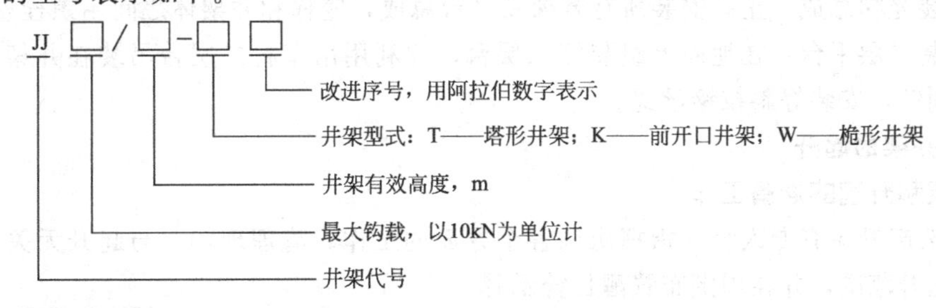

二、井架起升

（一）井架的安装

1. 井架的安装要求

① 安装前需对井架各构件进行检查，对受损的构件，焊缝开裂、材料裂纹或锈蚀严重

的构件应按制造厂有关要求修复合格或更换后才能安装。

② 井架上所有构件组装齐全，连接可靠。锈蚀严重、难以调节的各种丝杠应及时予以更换或经修复后方可使用。锈蚀严重、难以紧固或变形损坏严重的螺栓与螺母不允许继续使用，应及时更换为相同等级的螺栓或螺母。须加止退垫片或止退螺母的应加止退垫片或止退螺母，以确保紧固件在钻井过程中不会产生松动现象。

③ 未经厂家允许，不得在井架主体、二层台围梁、天车底座及与之相连接的构件上钻孔、割孔及烧焊。

④ 拆卸井架过程中，为了不降低井架的强度，不允许用气割切割不易拆卸的构件、螺栓或销轴，不允许从高空抛扔井架构件。

⑤ 井架在移运过程中，需加倍注意，不得压弯或碰损井架构件。

⑥ 各起升滑轮轴套及井架转动铰接部位应在其润滑点加注二硫化钼极压锂基润滑脂，滑轮用手转动应灵活，无卡阻和异常响声。因井架起升力很大，滑轮轴套与轴之间的比压很大，必须加注极压润滑脂，才能形成很好的油膜。

⑦ 人字架前腿上的调节丝杠应转动灵活，并加注锂基润滑脂。人字架横梁上的快绳导轮轴应光滑无锈蚀。导向滑轮应能在轴上自由转动和轴向滑动，并加注锂基润滑脂。

⑧ 井架体上所有穿销轴的孔内应涂润滑脂以利于销轴的打入和防止销轴锈蚀。

⑨ 井架体安装应遵循先下后上，先主体后附件的顺序。

2. 井架安装步骤

① 安装井架主体：将井架左、右下段的下支脚装入底座的支座上，用两个低支架支撑左、右下段的前部，穿入销轴总成，再装下连接架，穿入销轴和别针。

② 安装人字架：人字架可采用地面组装，整体起吊就位，或先将人字架卧装，靠在装好的井架下段上，再整体翻转就位。

③ 安装左、右中下段，背横梁，斜拉杆。

④ 用吊车抬高井架，将低支架移至左、右中下段的前端，安装左、右中上段，背横梁，斜拉杆穿好销轴、别针。

⑤ 将低支架移至左、右中上段的前端，安装在左、右上段，背横梁，连接架，斜拉杆穿好销轴、别针。

⑥ 安装天车：井架主体卧装好后，再安装天车，用螺栓、螺母、开口销将天车和井架左右上段连接牢靠。

⑦ 安装笼梯总成：正确安装所有笼梯及平台总成，笼梯和井架体之间用螺栓连接。

⑧ 安装二层平台：在地面上组装好二层台，并利用吊车将二层台吊装在井架体上，穿好销子、别针，安装好斜拉钢丝绳。

（二）井架的起升

1. 井架起升前的准备工作

① 井架起升应有专人统一指挥协调各个方面的工作。清理现场，与起升无关的人员应远离井架起升范围，并在周围布置醒目警示牌。

② 检查井架与底座各连接处螺栓、销轴的安全锁紧装置有无遗漏或松动，起升中旋转和移动的部件间可能会出现干涉的地方，要安排人员仔细查看，并全程监控。

③ 按规定对所有传动部件进行润滑保养，井架、底座、各轮系、绳系及销轴铰接处加注润滑脂。

④ 启动至少 2 台动力机组或接通电控电源，检查控制系统功能是否正常。

⑤ 试运行绞车，必须保证绞车和刹车系统各参数达到工艺设计要求，游车高度防碰功能处于良好工作状态，起升井架时绞车滚筒上至少留一层半以上的钢丝绳。

⑥ 使气控系统处于良好的工作状态，并保持储气罐压力不低于 0.8MPa。

⑦ 检查指重表和记录仪读数是否准确、灵敏，工作是否正常。检查传感器及其传压管线有无渗漏。

⑧ 检查起升大绳及钻井钢丝绳是否正常，钻井钢丝绳与绳卡是否固定牢靠。

⑨ 检查钻机辅助设备悬挂的钢丝绳、死绳和高压软管，确保无缠绕、干涉现象。

⑩ 启动液压站，检查工作压力是否正常。给缓冲油缸供油，完成两次往返伸缩试验，在井架起升时保持缓冲油缸左右油缸活塞完全伸出，且保证两油缸的有效行程相同，观察缓冲油缸操纵箱油压是否符合标准。

⑪ 对于采用液压缸起升的井架和底座，应检查各缸及阀的接线是否正确，压力管线及接头连接有无渗漏，液压站工作是否正常。

⑫ 清理井架上一切与起升无关的物品。井架体上不准有扳手等工具及螺栓、螺母等安装剩余物品，以免起升时掉落。

2. 试起井架

① 起升时最大风速应小于 8.3m/s。

② 设置绞车在最低速度档，缓慢提升井架（底座），离开支撑约 200mm 时刹车，进行检查。

③ 检查并确认起升大绳和游动系统钢丝绳穿绳正确无误，确保钢丝绳均在绳槽中，保证挡绳装置可靠。

④ 检查起升大绳的绳头固定情况，有无滑移和断丝现象，是否牢靠。

⑤ 检查死绳固定器，固定钢丝绳的压板是否压紧，死绳有无滑动。

⑥ 检查起升人字架前后腿支脚、支座、井架大支脚、起升导向轮支座、起升大耳、起升滑轮、立柱和斜横拉筋等有无变形，及焊缝有无开裂等现象，如发现问题，必须及时维修或更换。

⑦ 按要求检查底座。

⑧ 按要求检查钻机绞车及动力系统、空气系统。

3. 正式起升井架

低位起升及检查应不小于两次，确认无异常时，方可正式起升井架。正式起升井架时应注意以下几点。

① 司钻按照指挥人员的起升手势及口令，启动绞车，以最低的速度起升井架，同时注意观察指重表。如显示载荷超过预计的 20%，则停止提升作业，并及时向指挥人员汇报。

② 当井架离开高支架升至与地面约 60°夹角时，启动缓冲装置，缓冲装置的操作步骤按缓冲装置控制箱面板所示程序进行，使井架或底座靠在缓冲活塞头上，缓慢就位。

③ 井架或底座就位后，在起升大绳上施加并保持一个拉力，用 U 形卡或销子将井架底座固定。

④ 在起升过程中，起升速度应均匀，不得忽快忽慢，不得随意刹车。

（三）井架的校正

井架起升结束后需进行校正。井架校正应在底座起升后进行。井架顶部的天车、井口中心（包括正面、侧面）对钻台井口中心对正，偏差应小于20mm，否则应对井架进行校正。校正天车中心与转盘中心的对中状况。井架校正后，井架支脚与人字架连接处所有螺栓必须再紧一次。

1. 井架左右方向的调整

通过井架支脚处千斤顶将井架一侧顶起，用增减支脚下的垫片数量来进行井架左右方向的调整（松开连接处的螺栓，但螺母不得退掉，用千斤顶顶起井架调节座即可增减调节垫片进行调整）。每增减垫片，井架顶部偏移约5mm。

2. 井架前后方向的调整

井架前后方向的调整，通过人字架上端的顶丝来进行，初始状态顶丝头应伸出锁紧螺母端面125mm。

（四）井架下放及拆卸

1. 下放前准备

下放前的准备与起升前准备基本相同，井架下放应在底座下放后进行，启动辅助刹车，在大钧上挂好并起升三脚架，绷紧起升大绳并使指重表读数略大于参与起升的游吊系统重量1～2t，绞车速度控制手柄回零，同时按压下紧急刹车按钮刹车。

2. 井架下放的程序

① 井架下放应在底座下放后进行。按要求叠放地面猫道及游车大钩支架，将高支架摆放在原起升井架时的位置。

② 拆掉套管台及有碍井架下放的构件或附件。

③ 在起升大绳上施加一定的拉力（按制造商说明），观察井架与底座的关键部位，检查是否有任何异常。

④ 挂合辅助刹车。

⑤ 拆除井架与人字架之间U形螺栓压板总成。

⑥ 利用缓冲装置的液缸将井架推至偏离重心位置，靠井架自重下放井架。

⑦ 用绞车刹车和辅助刹车控制井架下放速度，尽可能缓慢、匀速。下放过程中不能停止下放作业。若必须停止，司钻应缓慢刹车，以避免产生冲击。

⑧ 下放井架（底座）至支撑上，继续下放游车大钩直至平稳落于游车大钩支架上。

3. 井架拆卸

井架拆卸顺序与安装顺序相反，一般后安装的应先拆卸。

三、井架的维护保养

（一）润滑

1. 井架起升滑轮

在每次起升井架底座之前对井架和人字架起升滑轮加注极压润滑脂，直至新加油从滑轮端溢出为止，以防止磨损滑轮轴套。

2. 吊钳滑轮和导向滑轮

每个钻井月应向吊钳滑轮和导向滑轮的轴承内加注锂基润滑脂，人字架横梁上的快绳导轮釉应光滑无锈蚀。导向滑轮应能在轴上自由转动和轴向滑动，并加注锂基润滑脂。

3. 销轴和销孔

井架体上所有穿销轴的孔内应涂润滑脂以利于销轴的打人和防止销轴锈蚀。人字架前腿上的调节丝杠应能灵活转动，并加注锂基润滑脂。

（二）检查与维护

① 井架工应每天对井架进行安全检查，内容包括检查螺栓、销子、别针等紧固件是否连接牢固，是否有磨损现象，焊缝是否开裂；井架构件是否有弯曲、变形、裂纹；梯子栏杆和走台是否完好、安全；连接在井架上的零件及悬挂件是否有跌落的危险等。若发现问题，应及时维修。

② 对井架缓冲装置系统中的管线、液压源等，起升或下放完井架后拆卸入库，而两只液缸固定在人字架上不拆卸，且用防护帽保护管线接口。

③ 井架结构的每个零部件都设计成能分担其所承受的载荷，因此，省掉零件或不正确的安装会损坏结构。在安装螺栓连接的结构时，螺栓的松紧度应保证与井架相邻构件的配合而无变形，并在受力时能锁紧。这种操作程序可保证井架轴线在全长上为一直线，并使载荷分布均匀。在结构完全安装后，应检查所有销轴是否穿好安全销、所有螺栓是否紧固。

④ 井架二层台指梁用以防止立根坠落，指梁应平直，并用安全装置固定。排放的立根也应固定。工作台面是用防滑材料制成的，应保持工作台面清洁、防滑。操作台不应延伸到打钩和游车运行的轨迹内。逃生装置和防坠落装置应一直固定在可靠构件上。

⑤ 井架在一年内必须按 API-4F 的检查内容由安全技术部门进行一次检查，发现问题应及时修复。

项目二　游动系统

【教学目标】

① 掌握天车、游车、大钩的结构组成。

② 掌握天车、游车、大钩的维护保养。

③ 掌握天车、游车、大钩的常见故障及处理方法。

【任务导入】

天车、游车和大钩等作为游动系统的重要组成部分，固定在井架上部的天车，通过柔性连接的钢丝绳，与运动的游车连在一起，它们和大钩、吊环及死绳固定器等组成的游动系统是钻机机械滑车组式起升系统的重要组成部分。游动系统用来将绞车滚筒的旋转运动转换成大钩的直线运动。

【知识重点】

① 天车的功用及型号表示。

② 主滑轮、导向滑轮、捞砂轮和辅助滑轮总成。

③ 天车的润滑。

④ 游车工作前和运行中的检查。

⑤ 游车的润滑。

⑥ 游车的常见故障及处理方法。

⑦ 大钩工作前的检查。

⑧ 大钩工作期间的检查。

⑨ 大钩的润滑。

【相关知识】

一、游动系统的基础知识

（一）天车

1. 天车的作用及型号

天车作为钻机游动系统中的主要部件之一，是石油钻机中的一个重要组成部分。

天车在石油钻井过程中与游车、大钩等设备配合，不仅担负着起下钻具、下套管、控制钻头送钻等主要工作，同时担负着钻井钢丝绳导向、井架、底座的起放任务和连接支撑顶驱系统导轨、钻井工具的起吊等多种功能，尤其重要的是钻机在钻井过程中通过游动系统后可以成倍减轻钻井钢丝绳和钻井绞车起吊拉力，有效缓解了钻井绞车压力，并使整套钻机的功率配备大大减小。天车的型号表示如下。

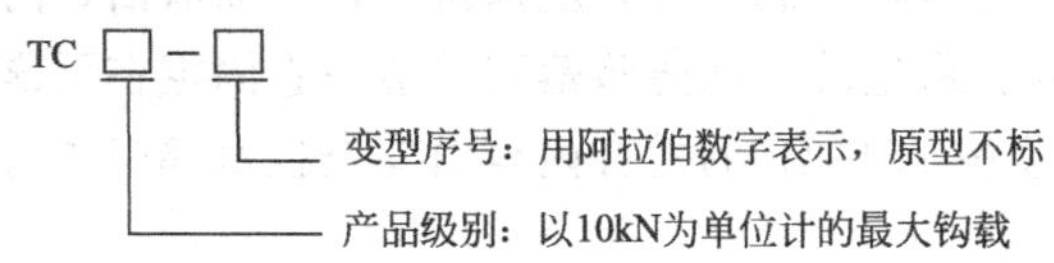

游动系统设备的型号表示方法与天车的基本相同，其中，TC 表示天车，YC 表示游车，DG 表示大钩，YG 表示游钩。

2. 天车的结构

天车主要由天车架、主滑轮总成、导向滑轮总成、捞砂轮总成、辅助滑轮总成、天车起重架、防碰装置、挡绳架及辅助设施等组成，如图 2-7 所示。

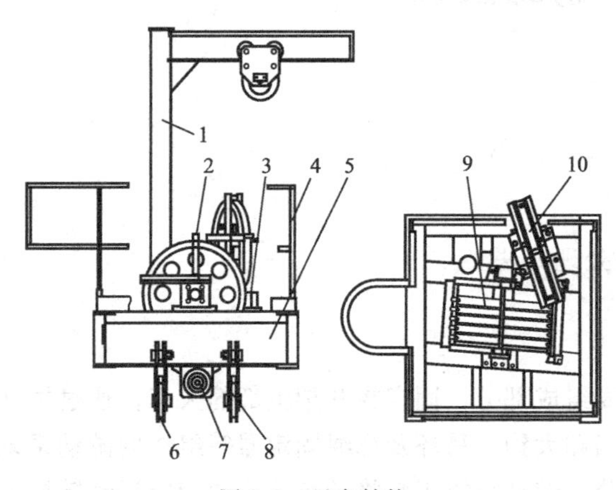

图 2-7 天车结构

1—起重架；2,3—挡绳架；4—围栏；5—天车架；6—捞砂轮；7—防碰装置；8—辅助滑轮；9—主滑轮组；10—导向滑轮

（1）天车架

天车架采用整体焊接结构，承载能力强，刚性好。上部用螺栓分别与主滑轮轴座及导向滑轮轴座、捞砂轮总成连接，天车架与井架之间用螺栓连接。

（2）主滑轮总成

主滑轮总成由主轴、支座、5 个滑轮、轴承等组成。每个滑轮内均装有一副内圈带油孔的轴承，轴端设有给每个滑轮加注润滑脂的黄油嘴，可方便地向轴承内加注润滑脂。在滑轮外缘装有挡绳架，可防止钢丝绳从滑轮槽内脱出，并给主滑轮总成安有护罩，如图 2-8 所示。轮槽表面设计光滑，并经淬火处理，可有效防止滑轮长期在重负荷工作下磨损及轮槽表面产生波纹状沟槽的不良现象；同时可有效防止当滑轮组制动或启动时，钢丝绳会造成的严重磨损等弊端。

（3）导向滑轮总成和捞砂轮总成

导向滑轮总成和捞砂轮总成结构相同，均由轮轴、支座、滑轮、轴承等组成。轴端装有一个黄油嘴，可方便地向轴承内加注润滑脂。在支座上装有挡绳架，可防止钢丝绳脱出滑轮槽。

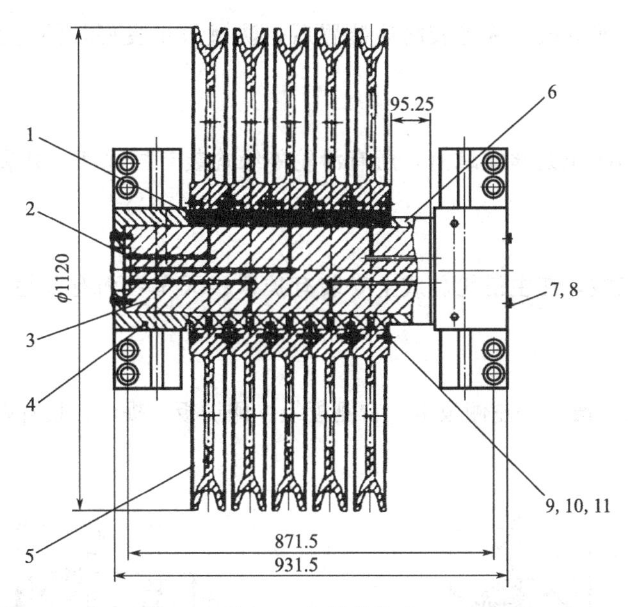

图 2-8　主滑轮总成

1—轴承；2—油杯；3—主滑轮轴；4—轴座；5—滑轮；6—轴套；7—头孔螺栓；8—镀锌铁丝；9—轴承端盖；10—乐泰胶；11—开槽沉头螺钉

（4）辅助滑轮总成

天车上装有 4 组辅助滑轮，滑轮轴端均装有黄油嘴。辅助滑轮总成分别用于两台气动绞车起吊重物、钻杆及悬吊液压大钳。

（5）天车起重架

天车起重架供维修天车用，天车架为桁架式结构。桁架式天车起重架最大起重量为 49kN，可起吊天车上最重的组件（主滑轮总成）。其结构如图 2-9 所示。

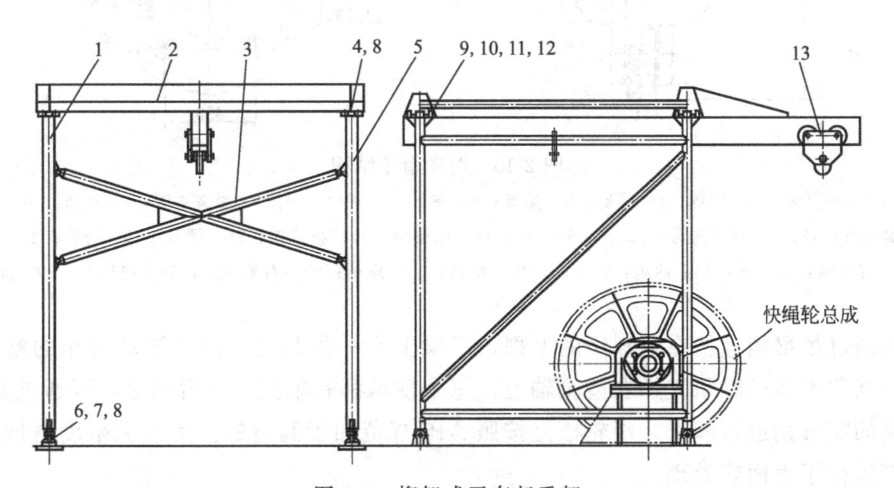

图 2-9　桁架式天车起重架

1—左架；2—顶架；3—后架；4,7—销子；5—右架；6—支座；8—别针，9—螺栓；10—螺母；11—薄螺母；12—开口销；13—5t 手动单轨小车

（6）防碰装置

天车梁下部装有防碰装置，可在游车冲撞天车时起到缓冲作用。原来防碰装置采用木制

形式，近年来，通过研究改进为橡胶防碰装置后，防碰效果良好，同时避免了木制梁易碎、易掉木渣等现象。

（7）挡绳架

为了保护滑轮和防止钢丝绳跳槽，所有滑轮外缘均装有挡绳架，并在主滑轮两侧安装有卡绳板。

（8）辅助设施

为了防止油泥飞溅，在主滑轮总成上安装有护罩；天车台面有围栏，并设有一个入口，入口有两扇安全门。

（二）游车

游车主要由吊梁、滑轮、左侧板组、右侧板组、侧护板、提环、提环销等组成，如图 2-10 所示。

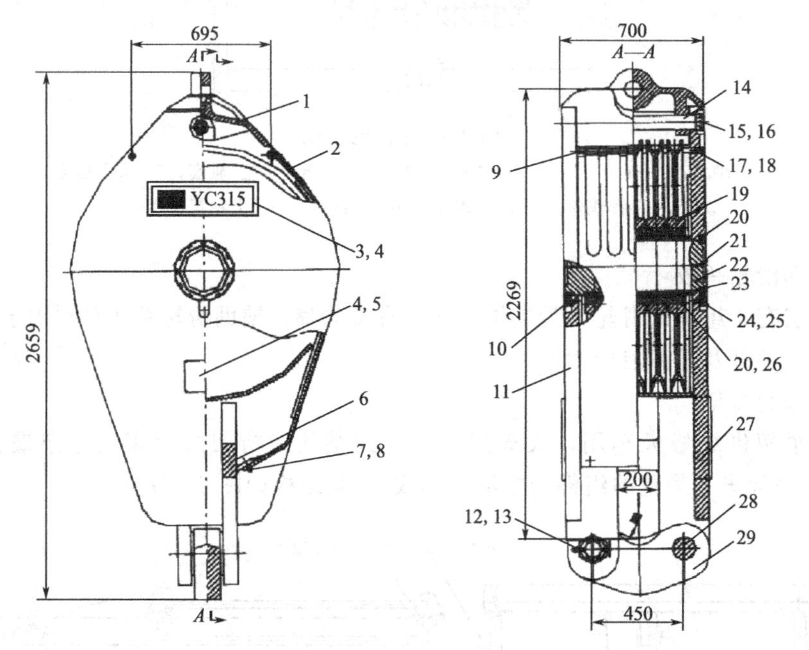

图 2-10 游动滑车结构

1—吊梁；2—侧护板；3—标牌；4—螺钉；5—铭牌；6—座板；7—螺栓；8,25—弹簧垫圈；9—隔套；10—定位块；11—左侧板组；12,15—开槽螺母；13,16—开口销；14—吊梁销；17—护罩销；18—螺塞；19—滑轮；20—圆螺母；21—黄油嘴；22—轴；23—轴承；24—内六角头螺钉；26—压板；27—右侧板组；28—提环销；29—提环

吊梁通过吊梁销连接在侧板组的上部，吊梁上有一吊装孔，用于游动滑车的整体起吊。滑轮由双列圆锥滚子轴承支承在滑轮轴上，每个轴承都有单独的润滑油道，可通过安装在滑轮轴两端的嘴分别进行润滑，滑轮槽是按照 API 规范加工制造的。为最大限度地抵抗磨损，滑轮槽都进行了表面热处理。

为防止钻井液等污物进入游动滑车内部，在游动滑车两侧装有侧护板。侧护板通过护罩销及丝堵与侧板连接起来。为防止钢丝绳跳绳，在侧板组上还焊有下护板，保证钢丝绳安全工作。

提环由两个提环销牢固地连接在两侧板组上。提环与大钩连接部分的接触表面半径符合 API 规范。提环销的一端用开槽螺母及开口销固定着，当摘挂大钩时，可以拆掉游动滑车的任何一个或两个提环销。

为使两侧板组夹紧滑轮轴，通过两侧板组的中部和上部的调节垫片进行调节。用止动块（或键）将轴固定在侧板上，以防止轴转动。

（三）大钩

DG 系列大钩由钩身、筒体、吊环座、内外弹簧、钩杆、吊环和制动装置等组成，如图 2-11 所示。钩身、吊环、吊环座是由特种合金钢铸造而成。筒体、钩杆是由合金锻钢制成，所以该大钩有较高的负荷能力。

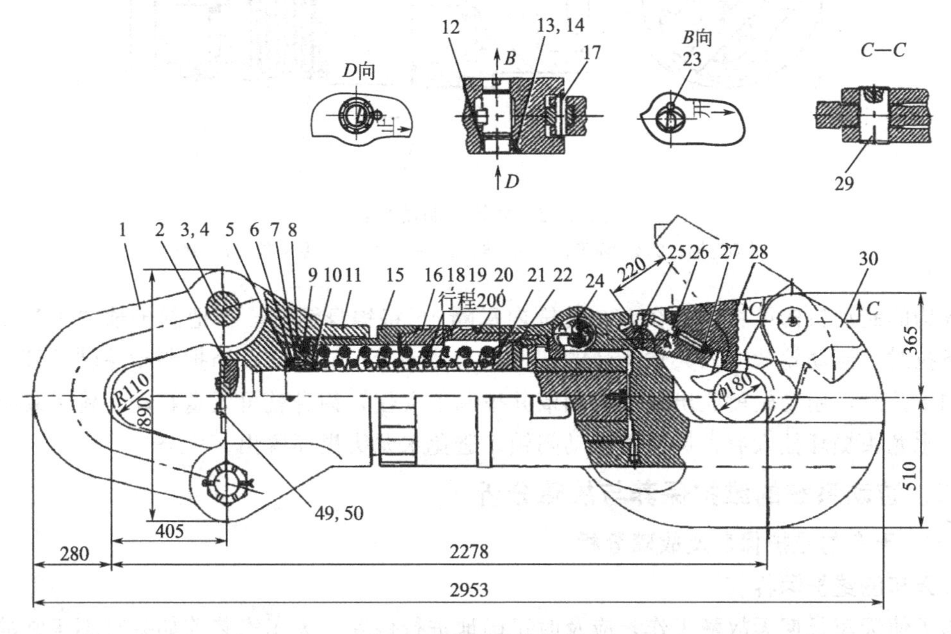

图 2-11 大钩结构图

1—吊环；2—钩杆；3—吊环销；4—螺栓；5—铁丝；6—弹簧密封圈；7—油封座；8—定位盘；9,27—弹簧；10—上衬套；11—吊环座；12—螺母；13—螺钉；14—垫圈；15—上筒体；16—下筒体；17—销轴；18—内弹簧；19—外弹簧；20—O 形密封圈；21—下衬套；22—弹簧座；23—定位块；24—制动装置；25—掣子；26—顶杆；28—安全销体；29—安全销销轴；30—钩身

大钩吊环与吊环座用吊环销连接，下筒体与钩身用左旋螺纹连接，并用止动块防止螺纹松动，钩身和筒体可沿钩杆上下运动，筒体和弹簧座内装有青铜上、下衬套，以减少钩杆的磨损。筒体内装有内、外弹簧，起钻时能使立根松扣后向上弹起。轴承采用推力滚子轴承。

大钩装配好后开有液流通道的弹簧座把钩身和筒体内的空腔分为两部分。当筒体内装有机油后，可借助液流通道的阻力作用消除钩身上下运动时产生的轴向冲击，防止卸扣时钻杆的反弹振动对钻杆接头螺纹的损坏，机油也同时润滑轴承、制动装置及其他零件。

筒体上部有安全定位装置，该定位装置由安装在筒体上端的 6 个弹簧和由弹簧推动的定位盘组成，当提升空吊卡时，定位盘与吊环座的环形面相接触，借助弹簧在环形面之间产生的摩擦力，来阻止钩身的随意转动。这样可避免吊卡转位，便于井架工操作吊卡。当悬挂有钻杆时，定位盘与吊环座脱开，不起定位作用。钩身就可任意转动，避免发生游车转动现象。

大钩设有制动装置，它可以在八个位置锁住钩身，防止钩身转动。大钩的制动装置如图 2-12 所示。

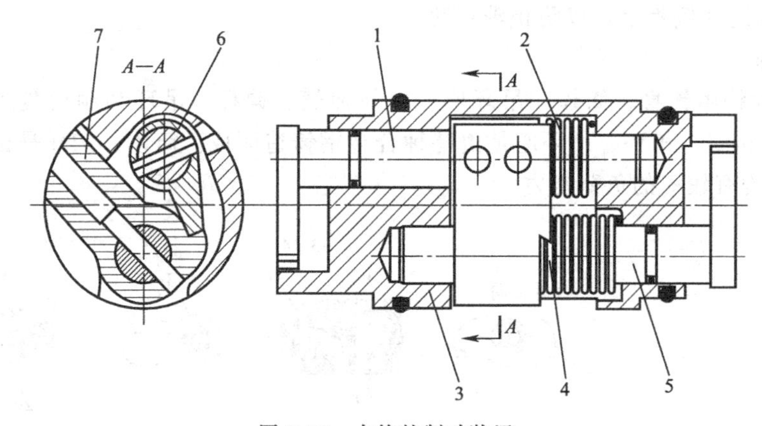

图 2-12 大钩的制动装置

1—制动轮轴；2,4—弹簧；3—壳体；5—制子轴；6—制动轮；7—制子

大钩的制动机构可将钩身在 360°范围内每隔 45°将钩身锁住。当把制子轴“止”端的手把向下拉时，制动轮就嵌入大钩锁环的凹槽内，使钩身不能转动；当把制动轮轴“开”端的手把向下拉时，制动轮就脱出锁环的凹槽并被制子锁住，钩身就可任意转动。钩舌装有闭锁装置，水龙头提环挂入后，钩身可自动闭锁，避免水龙头提环脱出。

二、游动系统的维护保养与故障分析

（一）天车的维护保养及故障分析

1. 天车的维护保养

为了使天车长期无故障工作，应及时正确地进行保养。天车安装前如果有不正常的情况必须排除。天车在工作前应进行以下检查。

（1）工作前的维护检查

① 所有连接必须固定牢靠，不得有松动现象。

② 各滑轮的转动应灵活，无阻滞现象。当转动一个滑轮时，其相邻滑轮不应随着转动。

③ 各滑轮轴承应定期加注润滑脂，并检查润滑脂嘴和油道是否通畅。各滑轮轴承每周加注锂基润滑脂两次。

④ 各滑轮轴承运转正常，且无异常声音。

⑤ 各挡绳架应无碰坏、弯曲现象。

（2）运行中的维护检查

① 根据润滑保养规定，按期加注润滑脂。

② 各滑轮轴承温升不得大于 40℃，最高温度不超过 70℃，运转正常且无异常声音。

③ 在长期使用申，特别是在润滑不好的情况下，滑轮的轴承因磨损导致间隙增大，轴承会发出噪声及滑轮抖动，抖动会降低钢丝绳的寿命，为了避免事故，应及时更换磨损了的轴承。

④ 滑轮有裂痕或轮缘缺损时，严禁继续使用，应及时更换。

⑤ 滑轮槽形状对钢丝绳寿命有很大的影响，应经常检查滑轮槽的磨损情况，定期用专用样板进行检验。当滑轮磨损使其小于所允许的最小半径时，应进行修复或更换。

（3）天车的润滑

① 根据润滑保养规定，按期加注润滑脂。

② 在使用油枪给滑轮轴承加注润滑油脂时，应加到使少量油脂被挤出轴承外面为止，可以清除油路污物及磨蚀颗粒，同时起到防止污物进入轴承的密封作用。

③ 当改变润滑油脂时，必须把轴承中原有油脂全部清除。否则两种不同基的油脂相互作用使油脂黏度降低，造成油脂溢出轴承引发轴承干磨。

④ 润滑点：滑轮组总成轴两端设有五个油杯，快绳滑轮总成轴端及每个辅助滑轮总成轴端分别设有一个油杯。TC-225 天车润滑点及要求见表 2-2。

表 2-2 TC-225 天车润滑点及要求

序号	润滑点	点数	润滑油脂		润滑周期/h	加油量/kg
			夏	冬		
1	滑轮组总成	5	2 号极压锂基润滑脂	1 号极压锂基润滑脂	80	0.5×6
2	快绳滑轮总成	1	2 号极压锂基润滑脂	1 号极压锂基润滑脂	80	0.5×6
3	辅助滑轮总成	3	2 号极压锂基润滑脂	1 号极压锂基润滑脂	80	0.2×1

2. 天车常见故障及排除方法

天车常见故障及排除方法见表 2-3。

表 2-3 天车常见故障及排除方法

序号	故障现象	原因分析	排除方法
1	滑轮轴承过热	油路阻塞	清洗油路，注油至溢出
		润滑油脂不足	加注润滑油脂
		润滑油脂不清洁、变质、失效	清洗油路，更换润滑油脂
		轴承内外圈松动	更换轴承，调整间隙
2	滑轮运转存在杂音	轴承磨损严重	更换轴承
		轴承保持架损坏	更换轴承
		轴承内进杂质	清除杂质，更换润滑油脂
3	滑轮晃动、卡死或卡组	有杂物	清洗
		轴承缺少润滑	加注润滑油或润滑脂
		轴承损坏	更换轴承
4	有金属摩擦声	钻井钢丝绳磨护罩或护罩松动	调整、紧固护

（二）游车的维护检查与故障分析

1. 游车的维护检查

（1）工作前的检查

① 所有连接必须固定牢靠，不得有松动现象。

② 如果滑轮边缘破损，钢丝绳就可能跳出滑轮槽，使钢丝绳发生剧烈跳动，损坏钢丝绳，所以在这种情况下应及时更换滑轮。

③ 检查紧固件是否牢固可靠。

④ 各滑轮轴承应定期加注润滑脂，并检查润滑油道是否通畅。各滑轮轴承每周加注 ZL-3 锂基润滑脂两次。

（2）运行中的维护检查

① 根据润滑保养规定，按期加注润滑脂。

② 当轴承发热温升超过环境温度40℃时，应查找原因，更换润滑脂。

③ 在使用过程中，轴承发出噪声及由不平稳运动造成的滑轮抖动，是双列圆锥滚子轴承间隙增大的结果。轴承润滑不当会导致磨损的加剧。滑轮不稳和抖动会降低钢丝绳的寿命。为了避免事故，应及时更换磨损了的轴承。

④ 游车侧护板变形会影响滑轮的正常转动，应按要求校正侧护板的形状。

⑤ 滑轮槽形状对钢丝绳寿命有很大影响，应经常检查滑轮槽的磨损情况，定期用专用样板进行检验。当滑轮磨损小于所允许的最小半径时，应进行修复或更换。

⑥ 定期检查左右侧板、提环、提环销及吊梁各受力区域，发现裂纹等情况应立即停止使用。

⑦ 各滑轮轴承温升不大于40℃，最高温度不超过70℃，运转正常，且无异常声音。

（3）游车的润滑

游车润滑的注意事项与天车润滑相同，但润滑点稍有差别，滑轮组总成轴两端设有五个油杯，游车的润滑点及要求见表2-4。

表2-4 游车润滑点及要求

润滑点	点数	润滑油脂		润滑周期/h	加油量/kg
		夏	冬		
滑轮组轴承	5	2号极压锂基润滑油	1号极压锂基润滑油	80	0.5×5

2. 游车的常见故障及排除方法

游车的常见故障及排除方法见表2-5。

表2-5 游车的常见故障及排除方法

序号	故障现象	原因分析	排除方法
1	滑轮轴承过热	油路阻塞	清洗油路、注油至溢出
		润滑油脂不足	加注润滑油脂
		润滑油脂不清洁、变质、失效	清洗油路，更换润滑油脂
		轴承内外圈松动	更换轴承，调整间隙
2	滑轮运转存在杂音	轴承保持架松动	更换轴承
		轴承内进杂质	清除杂质，更换润滑油脂
3	滑轮晃动、卡阻或卡死	有杂物	清洗
		轴承缺少润滑	加注润滑油或润滑脂
		轴承损坏	更换轴承
4	有金属摩擦声	钻井钢丝绳磨护罩或护罩松动	调整、紧固护罩
		滑轮卡死	检查，更换破损零件

（三）大钩的维护检查与故障分析

1. 大钩的检查维护

（1）工作前的检查

① 钩身、钩杆、提环等主要部件应完整无损。

② 按规定润滑轴承、中心轴销及提环轴销等。

③ 钩身转动灵活，提环摆动好，安全锁体和止动锁紧装置性能良好。

④ 弹簧性能符合要求。

⑤ 应能保证水龙头提环自由进出。

(2) 工作期间的检查

① 钩身应转动灵活，制动可靠。

② 安全锁紧装置、耳环固定牢固。

③ 弹簧性能良好，钩杆自由伸缩。

④ 锁紧装置性能可靠操作方便。

(3) 大钩的润滑

大钩安全定位装置的定位盘、安全销体的销轴、顶杆掣子用油枪注入锂基润滑脂润滑，每周一次。

筒体内轴承、衬套等用机油润滑，加油时大钩应空负荷，同时打开筒体上的两个油孔，干净的机油从一个加油孔注入，直到油位到达对面的油孔位置。

2. 大钩的常见故障及排除方法

大钩的常见故障及排除方法见表 2-6。

表 2-6　大钩的常见故障及排除方法

序号	故障现象	原因分析	排除方法
1	钩口安全锁紧装置失效	滑块，拨块或弹簧损坏	修理或更换损坏部件
2	大钩行程缩短	弹簧疲劳松弛	更换弹簧
3	钩身转动不灵活	主轴承损坏	更换轴承
		轴承缺少润滑	加注润滑油或润滑脂
4	钩头深处后收不回去	弹簧断裂	更换弹簧
5	钩身制动装置失灵，锁不住	制动销弯曲变形或弹簧损坏，失去弹性	修理或更换制动销、弹簧

项目三　绞车

【教学目标】

① 了解绞车的传动原理。

② 掌握绞车的结构组成。

③ 掌握绞车的维护、保养和润滑。

④ 掌握绞车的常见故障及排除方法。

【任务导入】

绞车是钻机的主要机组之一，是组成钻机的核心部件，是一种集电、气、液控为一体的机械传动设备。通常绞车的性能标志着钻机性能的好坏。钻井绞车是起升系统的主要设备，用来起下钻具和下套管；悬持静止钻具，钻进过程中控制钻压，起吊重物及进行井场的其他辅助工作。当采用整体起升式井架时，可使井架起立。

【知识重点】

① 绞车的类型及型号。
② 四档和六档绞车传动原理。
③ 绞车的日常检查。
④ 绞车的润滑。

【相关知识】

一、绞车基础知识

（一）绞车的作用

① 在钻进过程中，悬挂钻具，送进钻柱、钻头，控制钻压。
② 在起下作业中，起下钻具和下套管。
③ 作为转盘的变速机构和中间传动机构。
④ 对于自升式井架钻机，用来起放井架。
⑤ 利用绞车的捞砂滚筒，进行提取岩心筒、试油等工作。

（二）绞车的结构

钻井绞车的结构如图 2-13 所示。

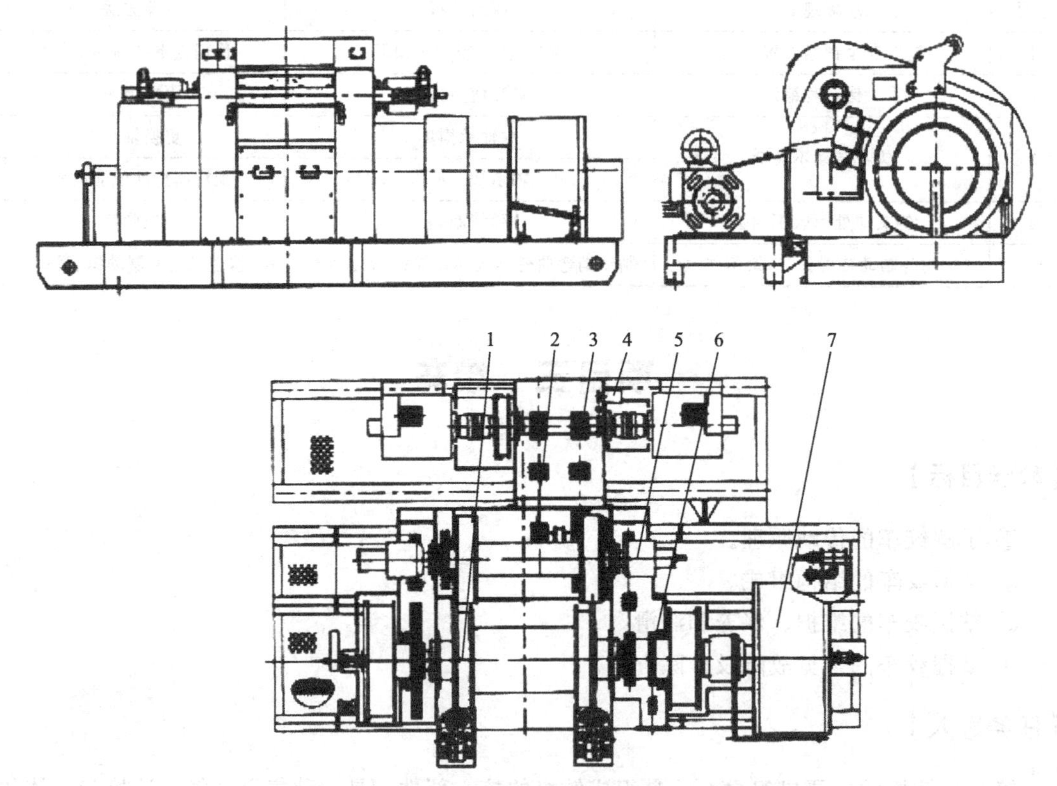

图 2-13 钻井绞车结构图

1—液压盘式刹车；2—传动轴总成；3—输入轴总成；4—机油润滑系统；5—捞砂滚筒轴总成；6—滚筒轴总成；7—辅助刹车装置

1. 滚筒轴总成

滚筒轴总成是绞车的关键部件，它由滚筒体、刹车盘、轴承座、轴和仪表装置、水葫芦等组成。工作时，滚筒上缠有钻井钢丝绳，通过控制轴的正反转使钢丝绳在滚筒体上缠绳或放绳，以实现钻具起升或下放等目的。为了保证安全及绞车滚筒正常工作，建议起井架前，在快绳绷紧的情况下，滚筒预缠绳一层半。井架起升后，将游车下放至钻台面时，调整快绳，使绞车滚筒上第一层应留有 10 圈的缠绳量。

2. 绞车架

绞车架用以定位并支撑电动机、滚筒轴、齿轮减速箱等。绞车架主体为型钢组焊框架式外封板结构，墙板内侧用槽钢等组焊成整体骨架。绞车底座主梁均采用了焊接工字钢结构。滚筒体下方用钢板封底，避免油污等滴漏，底座四周设有绞车起吊用的吊耳，底座右侧正后方设有油箱，用于储存左、右齿轮减速箱润滑机油等。

3. 护罩

绞车护罩呈流线型结构，用插销或合页与绞车架连接，根据需要护罩上开有活动“小门”，以方便调整刹车，滚筒前方有前护板。

4. 天车防碰装置

天车防碰装置由防碰肘阀、继气器、梭阀、刹车气缸、防碰曲拐、防碰控制管线和防碰控制阀等组成。当游车上升至安全高度时，滚筒上快绳排绳到预定位置，防碰肘阀阀杆被碰斜，使该常闭阀打开，主气通过防碰肘阀进入常闭继气器，切断进入司钻阀的进气，从而使滚筒离合器放气，绞车停止转动，发动机油门气缸切断，发动机回到怠速运转，提升系统停止运动，达到天车防碰的目的。

5. 盘式刹车的冷却方式

盘式刹车的冷却主要是刹车盘的冷却，有自然冷却、风冷和水冷三种形式。在中小型钻机上一般采用自然冷却，尤其是在自然环境温度较低地区；在大型钻机上，刹车盘可以加工成带风道或水道的，采取风冷或水冷。

6. 紧急刹车装置

紧急刹车系统是利用天车防碰装置的刹车制动机构，由司钻人为地控制绞车刹车系统，该系统可以通过防碰装置。在司钻台上设有紧急刹车控制阀，需要紧急制动时只需按一下此阀，绞车便可在 1.5s 内停止转动，使大钩停留在安全的位置。

（三）绞车的分类及型号表示方法

绞车是钻机的核心部件，其工作性能的好坏直接影响钻机的钻井质量、钻井效率和钻井成本。随着工业技术和石油装备的不断发展，钻井绞车也有了很大的发展，其型式呈现多样化，功率大型化，性能更趋先进合理，而且体积和重量等指标在不断下降。

1. 绞车的分类

（1）按驱动形式分类

绞车按驱动形式不同，可分为机械驱动绞车、电驱动绞车和液压驱动绞车。

① 机械驱动绞车。目前机械驱动绞车基本是以柴油机为动力，它又可分为机械传动和液力传动。柴油机驱动机械传动就是以柴油机为动力，经链条或胶带带动绞车的传动形式；柴油机驱动液力传动就是以柴油机为动力，经液力变矩器或耦合器，再经链条或胶带带动绞车的传动形式。

② 电驱动绞车。电驱动绞车就是以电动机驱动的绞车。电驱动绞车又可分为直流电驱

动、交流电驱动和交流变频电驱动。直流电驱动绞车可分为直流-直流电驱动（DC-DC）和可控硅直流电驱动（AC-SCR-DC）；交流电驱动绞车是靠电力给交流电动机来驱动绞车；交流变频电驱动绞车以柴油机为动力，驱动交流发电机，经变频单元（VFD）供电给交流变频电动机驱动绞车。

③ 液压驱动绞车。液压驱动绞车就是以液压马达驱动的绞车。

（2）按传动方式分类

绞车按传动方式不同，可分为链传动绞车、齿轮传动绞车或齿链混合传动绞车。

（3）按变速方式分类

绞车按其变速方式不同，可分为内变速绞车和外变速绞车。内变速绞车由于其结构较为复杂，一般都为墙板式结构；外变速绞车一般都带有专门的变速箱，动力经变速箱变速后再传给绞车。

2. 绞车的型号

目前，我国钻井绞车已形成标准化、系列化产品，其型号表示如下。

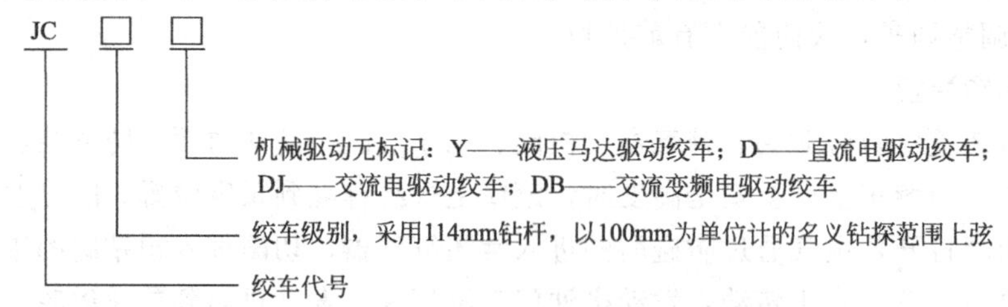

二、绞车的传动原理

（一）机械驱动绞车

机械驱动绞车采用柴油机为动力，在传动方式上不具有无级调速的特点，因此在结构上多采用二轴、三轴等多轴形式，而且通常采用六档或四档，多为内变速结构。

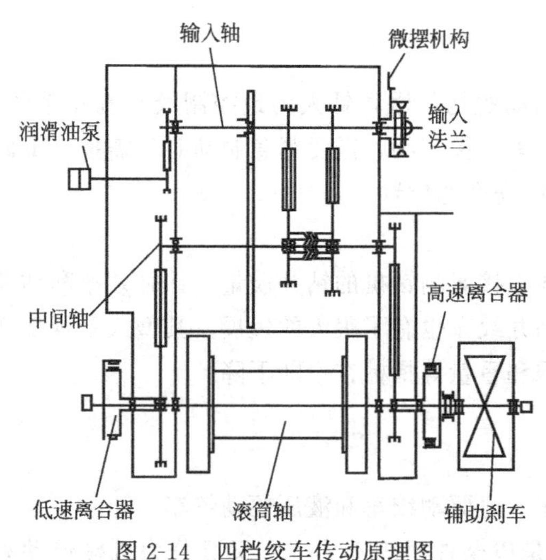

图 2-14 四档绞车传动原理图

1. 四档绞车传动原理

四档绞车传动原理如图 2-14 所示。该绞车为三轴式结构，即由输入轴、中间轴及滚筒轴等组成。绞车动力通过安装在输入轴上的多排链轮输入，并通过输入轴与中间轴之间的两挂链条形成两个档位，中间轴与滚筒轴之间的两挂链条又形成两个档位，共产生 2×2 正档，1×2 倒档。在滚筒高速端带有转盘动力接口。绞车输入轴与中间轴之间的换档采用机械换档，中间轴与滚筒轴之间的换档采用气胎离合器换档。绞车主刹车采用带刹或液压盘式刹车，辅助刹车采用电磁涡流刹车。

2. 六档绞车传动原理

六档绞车传动原理如图 2-15 所示。绞车动力通过输入法兰输入，通过输入轴与中间轴之间的三挂链条形成三个档位。换档通过气胎离合器换档，一个离合器安装在输入轴上，另外两个离合器安装在中间轴上，与滚筒高低速离合器共形成 3×2 个正档，通过输入轴与中间轴间的一对链轮形成 1×2 个倒档。在滚筒高速端通过链轮将动力传输给角传动箱，角传动箱再将动力输出。绞车主刹车采用带式刹车，辅助刹车采用电磁涡流刹车。

（二）交流变频电驱动绞车

目前，交流变频电驱动绞车多为单轴、齿轮传动、外变速绞车。交流变频电动机的调速范围较大，绞车采用一档或两档传动形式便可满足钻井工况要求。交流变频电驱动绞车传动原理如图 2-16 所示。交流变频电驱动绞车由交流变频电动机经联轴器同步将动力输入齿轮减速箱输入轴，经齿轮减速后传给滚筒轴，绞车整个变速过程完全由主电动机交流变频控制系统操作实现。绞车可选配自动送钻装置，自动送钻装置由一台交流变频电动机提供动力，经一台立式齿轮减速机减速后驱动滚筒实现自动送钻功能。不同功率的绞车可根据情况选择一台、两台或多台交流变频电动机和一档或两档齿轮减速箱以满足钻井工艺的要求。

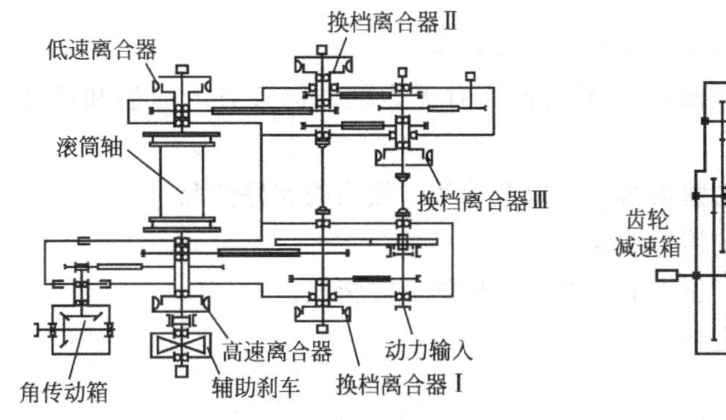

图 2-15 六档绞车传动原理图

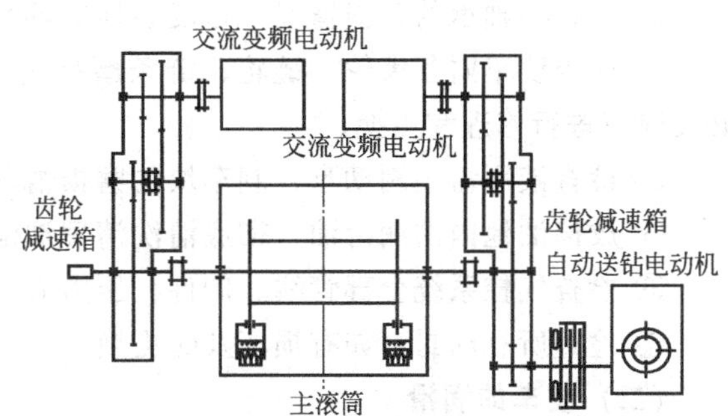

图 2-16 交流变频电驱动绞车传动原理图

三、绞车的检查与维护

为使设备能够持续的正常工作，使各零部件具有尽可能长的寿命，除了按规程进行正确的操作使用外，还必须进行检查、维护和保养。在设备的使用期间内，应进行周期性的检查、维护和保养。

（一）绞车的检查

1. 每班检查项目

① 绞车与底座连接销及螺栓、快绳绳卡上 U 形螺栓、刹车机构固定螺栓应齐全，不得有松动现象。

② 停机检查油池油位，如油位太低应及时补充润滑油；检查润滑油压力表读数是否正常，如超出许可范围应及时查找原因或进行调整；检查润滑系统工作是否正常，润滑管线是否漏油，各喷嘴有无堵塞，如有异常，应及时排除。

③ 检查每个轴端轴承温升情况，各传动轴承温升不得高于 40℃，最高温度不得高于 85℃，如有异常，应停机检查。

④ 绞车内各轴承转动灵活，声音正常，无异常响声。

⑤ 检查各种气阀、气管线、接头等有无漏气现象，确保气源压力在规定的范围内。

⑥ 检查绞车刹车机构的冷却情况，保证刹车机构在良好的冷却状态下工作。

⑦ 检查钻机防碰装置，并进行可靠性试验，确定下述两项试验合格后才能开始工作。

ⅰ. 在绞车停止状态下，用手搬动过卷阀，盘刹应立即刹车，把过卷阀手柄搬正，按规定恢复到正常工作状态。

ⅱ. 在无钻具情况下，接通动力使绞车在低速下运转，试验上碰下砸功能，当游车上升至规定高度时开始报警，再继续上升即切断动力并刹车。

2. 每季或每打完一口井的定期检查项目

① 检查液压盘式刹车制动盘的磨损情况，检查紧固连接螺栓，必要时须更换。

② 检查液压盘式刹车块的磨损情况，必要时须更换。

③ 检查盘刹系统蓄能器充氮压力，压力不足时及时补充氮气。

④ 润滑系统：检查润滑油是否变脏或变质，否则要换新油并确保畅通；检查润滑油过滤器滤芯是否堵塞，如堵塞应及时清理或更换。

3. 每年的定期检查项目

① 连接件的螺栓螺母应重新紧固，开口销、防松垫圈、锁固钢丝等应完好，如有损坏应更换新件。

② 检查各轴承的磨损情况，过度磨损的轴承应予以更换。

③ 检查绞车内各齿轮、链轮、链条磨损情况及齿面有无点蚀、链条有无断裂和损坏，必要时应进行修理和更换。

④ 检查液压盘刹制动盘、刹车块的磨损情况，以及管线、接头的完好情况。

⑤ 放掉油池内的润滑油，彻底清洗清理油池。

⑥ 检查气控系统全部管线、阀件、压力表及执行机构的完好情况。

⑦ 检查所有油封，如有损坏及时更换。

（二）绞车的润滑

1. 绞车各部件润滑

绞车各部件润滑情况见表 2-7。

表 2-7 绞车各部件润滑情况

部件名称	润滑部位	润滑点数	润滑规格		加油周期/h	检查周期/h
			冬季	夏季		
绞车	链传动装置	5	液压油 L-HL22	液压油 L-HL32	1500	24
	绞车机架两侧润滑点	12	3 号锂基润滑脂		24	100
	单、双导龙头	2	3 号锂基润滑脂		24	100
	辅助刹车	4	3 号锂基润滑脂		24	100
	刹车操纵系统	8	3 号锂基润滑脂		24	100
	滚筒刹车支架座	6	3 号锂基润滑脂		24	100

2. 润滑的一般注意事项

用油枪或油杯给光滑的轴颈或迷宫密封轴承加润滑脂时，应加到有少量油脂被挤出轴承外面为止。若轴承有密封，应注意只加到足以更替用过的润滑脂为止，过多会损坏密封。若为装有密封圈的轴承加润滑脂时，在重装密封圈以前，应拆开轴承并彻底清洗。

当改变润滑脂品种时要特别注意，把轴承中的旧润滑脂全部清除，否则两种不同基的润滑脂会互相作用，使黏稠度降低，造成油脂流出轴承。

当改用不同牌号的润滑油或改用具右不同添加剂的润滑油时，比较安全的办法是冲洗和清扫整个润滑系统。

项目四　刹车机构

【教学目标】

① 掌握带式刹车组成及维护。
② 掌握液压盘式刹车的维护保养。
③ 了解辅助绞车。

【任务导入】

绞车的刹车机构是绞车的核心部件，典型的刹车型式有：带式刹车、液压盘式刹车、电磁涡流刹车等。按其在钻井作业中的作用可分为主刹车和辅助刹车。主刹车用于各种刹车制动；辅助刹车用于下钻时将钻柱刹慢，吸收下钻能量，使钻柱匀速下放。

【知识重点】

① 带式刹车的结构组成和刹带、刹车块的更换。
② 液压盘式刹车的结构组成和维护保养。
③ 电磁涡流刹车和伊顿刹车。

【相关知识】

一、主刹车

（一）带式刹车

带式刹车装置是石油钻机绞车的一种传统的主刹车装置，其在新制造的钻机上已被刹车性能更好、更安全的盘式刹车装置所取代。

1. 结构组成

带式刹车装置由控制部分（刹把）、传动部分（传动杠杆或称刹车曲轴）、制动部分（刹带、刹鼓）、辅助部分（平衡梁和调整螺钉）、气刹车等组成，如图 2-17 所示。

机构工作步骤为：下压刹把、刹把轴转动、主动拐、连杆、被动拐、刹带轴、刹车拐、拉紧刹带的活动端，使之围包刹车毂（包角 280°）达到刹车的目的。

打开气动刹车开关，可启动气刹车。气刹车起到辅助刹车和安全制动作用。平衡梁是用来均衡左、右刹带的松紧程度，以保证其受力均匀。当刹块磨损使刹带与刹鼓初始间隙增大导致刹把的刹止角过低时，可通过调整螺母到合适的初始间隙。

2. 刹把的调节与刹带、刹车块的更换

① 刹把的调节：在钻井过程中随着刹车块磨损量的增加，刹把终刹位置逐渐降低，当刹把终刹位置与钻台面夹角小于 30°时，操作不便，因此，必须对刹带进行调节。调节时，先用平衡梁上的专用扳手松开锁紧螺母，调节拉杆的长度，直到刹紧刹车鼓，刹把与钻台的夹角为 45°时为止，然后拧紧锁紧螺母。

② 更换刹带：更换刹带时，先卸下刹带拉簧、托轮和刹带吊耳，然后将刹带向内移到滚筒上，再往下将其取出，以免造成刹带失圆。

③ 更换刹车块：当刹车块磨损量达到其厚度的一半时，就要更换刹车块。

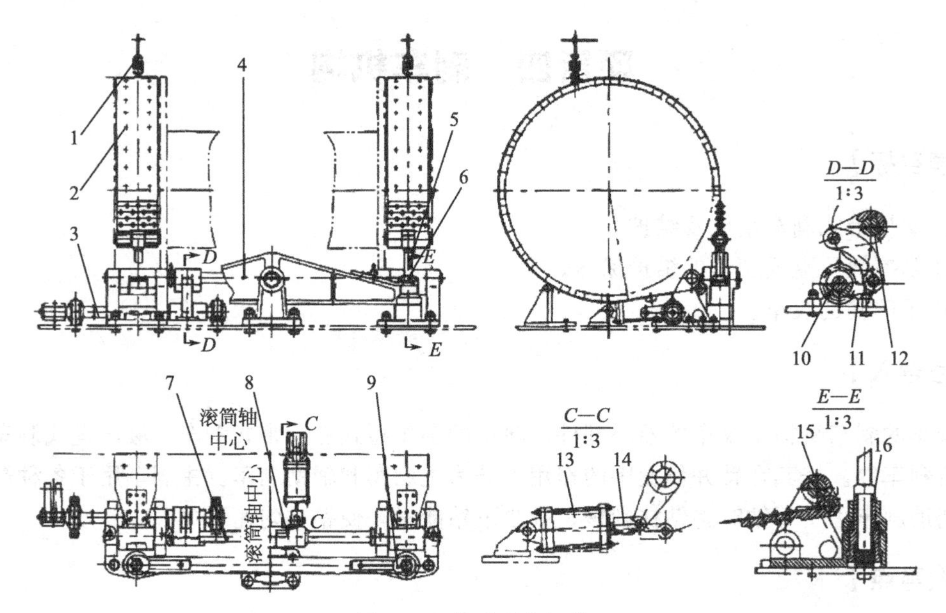

图 2-17　带式刹车机构

1,16—弹簧；2—刹带；3—刹把轴；4—平衡梁；5,11—拉杆；6—螺母；7—刹车轴；8—刹车气缸曲柄；9—六角扳手；10—主动拐；12—被动拐；13—气缸；14—气缸叉头；15—刹车拐

3. 机械式带式刹车的维护

① 刹车机构上除平衡梁上支座上的润滑点外，其余所有润滑点均集中在平衡梁下面左右两块润滑孔板上，用锂基润滑脂对各润滑点每天注油一次。

② 刹车机构的各销轴连接处及平衡梁两端的球面支座处应经常浇 30 号机械油润滑。

③ 若刹带失圆或新刹带不满足圆度要求时，应对刹带进行整圆。刹带整圆方法是：以刹带半圆为半径在钻台上画圆，将卸下的刹带与该圆比较，用大锤对刹带不圆处敲击整圆，直到刹带与所画半圆一致为止。调节或更换刹带后，都应调节带刹上方的拉簧，以及后面和下面的托轮位置。

④ 更换时刹车块，最好单边交叉更换，以免由于新刹车块贴合度差而刹不住车。

4. 注意事项

① 严禁在游车起升或下放时调整刹把。

② 两刹带应同步调整；要使其均匀受力，刹把与水平面的夹角一般以 45°为宜。

③ 切记刹带调节螺母的转动方向，不可调反。

④ 调节完毕必须试刹车后再开吊卡，以防刹车失灵造成顿钻。

⑤ 刹把使用气刹时，防止刹把下砸伤人。

（二）液压盘式刹车

液压盘式刹车装置为机、电、液一体化产品，它是绞车的重要部件。目前在各种类型的钻机上得到了广泛的应用。

1. 液压盘式刹车的功能

① 工作制动：通过操作刹车阀的控制手柄，调节工作钳对制动盘的正压力，从而为主机提供大小可调的刹车力矩，满足送钻、起下钻等不同工况的要求。

② 紧急制动：遇到紧急情况时，按下红色紧急制动按钮，工作钳、安全钳全部参与制

动，实现紧急刹车。

③ 过卷（防碰）保护：当大钩提升重物上升到某位置，由于操作失误或其他原因，应该工作制动而未实施制动时，过卷阀或防碰阀会发出信号，工作钳和安全钳全部参与刹车，实施紧急制动，避免碰天车事故。

④ 驻车制动：当钻机不工作或司钻要离开操作台时，拉下驻车制动手柄，安全钳刹车，以防大钩滑落。

2. 液压盘式刹车的结构组成

液压盘式刹车装置如图 2-18 所示。

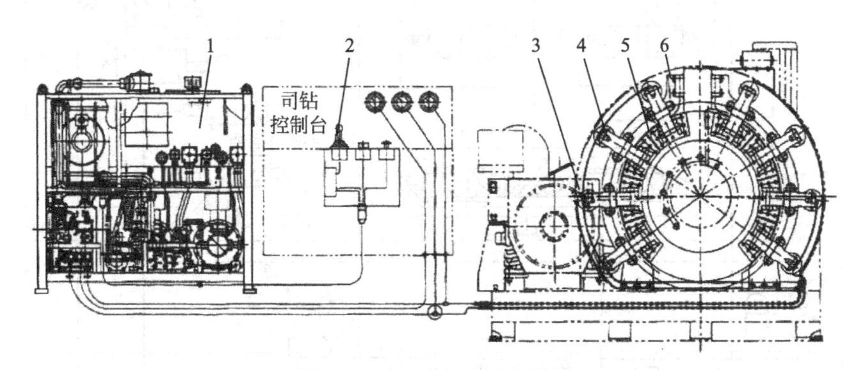

图 2-18 液压盘式刹车装置

1—液压站；2—控制台；3—安全钳；4—工作钳；5—刹车盘；6—钳架

(1) 液压站

液压站包括油箱组件、泵组、控制块总成、加油组件、电控箱等。其液压系统原理如图 2-19 所示。

① 油箱组件：包括油箱、吸油阀、放油阀、液位液温计、冷却器等元器件。

② 泵组：是液压系统的心脏。系统配备两台同样的柱塞泵，分别由防爆电动机驱动，一台工作，另一台备用，工作时可交替使用。

③ 控制块总成：由油路块、蓄能器、截止阀、单向阀、安全阀和高压滤油器等元器件组成。

ⅰ. 蓄能器可降低液压回路的压力脉动，并在泵无法正常工作时提供一定的储存能量，保证工作钳仍可正常制动 5～6 次。

ⅱ. 截止阀用来释放蓄能器油压，在正常工作时，截止阀一定要关严。否则，系统压力将建立不起来。

ⅲ. 单向阀的作用是把两台泵的出油口隔开，使其组成三个相互独立而又相互联系的油路，保持蓄能器的油液不回流。

ⅳ. 安全阀是一个溢流阀，起安全保护作用。

ⅴ. 高压滤油器过滤系统高厌油，保证液压系统的清洁。

④ 加油组件：由一台手摇泵、一台过滤器组成。油箱加油时，通过加油泵组完成，以保证油液的清洁度。

⑤ 电控柜：主要用来控制电动机和加热器的启动、停止，电控柜采用隔爆处理。

(2) 制动执行机构

制动执行机构包括工作钳、安全钳、刹车盘和钳架四部分，其结构及布置如图 2-20 所示。

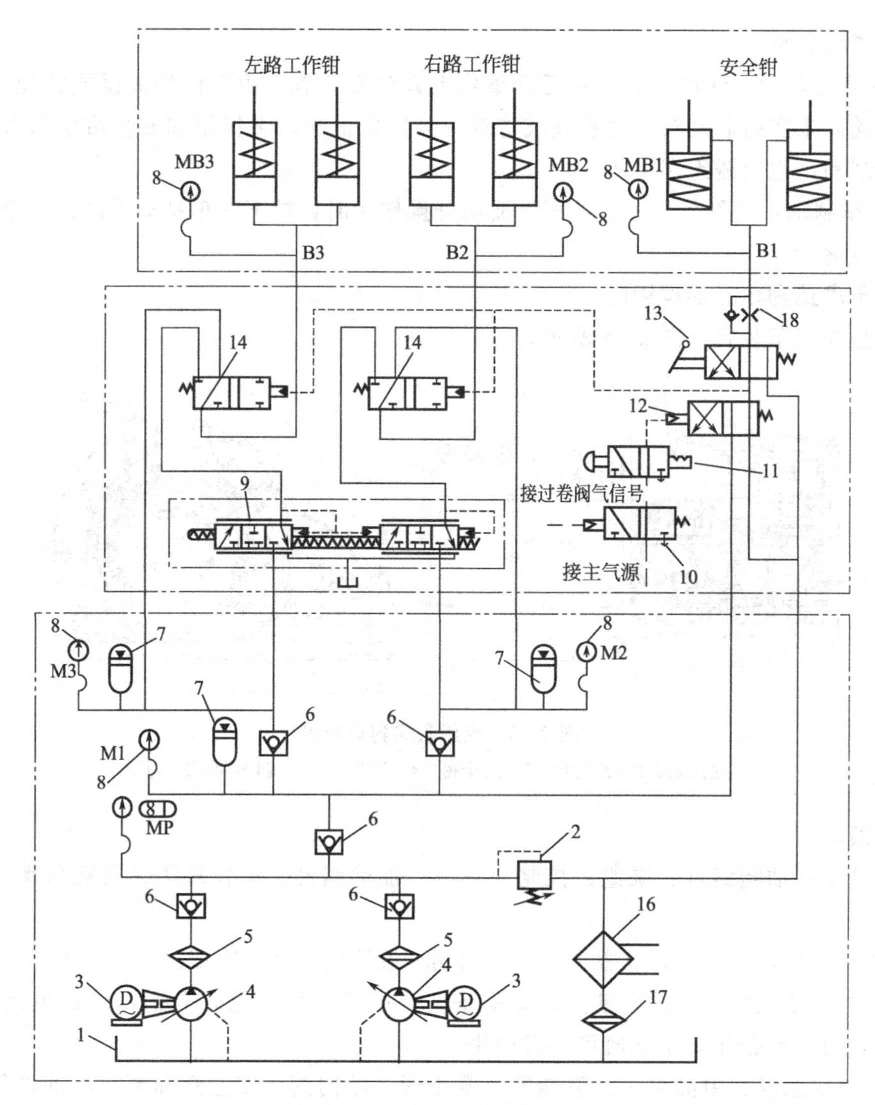

图 2-19　液压系统原理图

1—油箱；2—安全阀；3—电动机；4—油泵；5—精滤油器；6—单向阀；7—蓄能器；8—压力表；9—刹车阀；10—气控换向气阀；11—紧急按钮阀；12—气控换向阀；13—驻车刹车阀；14—液控换向阀；15—保护阀；16—冷却器；17—回油滤油器；18—单向节流阀

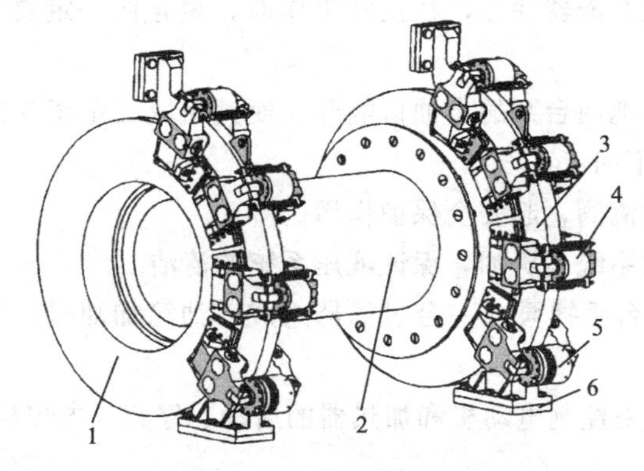

图 2-20　制动执行机构

1—刹车盘；2—滚筒；3—钳架；4—工作钳；5—安全钳；6—过渡板

① 工作钳：由常开式单作用油缸、复位弹簧、杠杆及刹车块组成，如图 2-21 所示。当给常开式单作用油缸输入压力油时，油压作用在油缸活塞上，活塞杆伸出，通过连杆、销轴和闸靴，使刹车块接触刹车盘，通过拉杆将推力传递到刹车块端，从而作用于刹车盘，产生正压力。在正压力的作用下产生摩擦力，即制动力。制动力与油压成正比，当油压为零时，在复位碟形弹簧的作用下，活塞回到原始位置，使刹车块脱离刹车盘，工作钳处于完全打开状态。

② 安全钳：其工作原理与工作钳的相反。当给油缸输入额定工作压力油时，油压产生的力克服碟形弹簧弹力压缩碟形弹簧，油缸活塞杆缩回，通过连杆、销轴和闸靴，使刹车块脱离刹车盘，实现松刹。当放油时，油压为零，碟形弹簧的弹力作用于活塞的端面，油缸活塞杆伸出，通过连杆、销轴和闸靴，使刹车块接触刹，车盘，弹力传递到刹车块端，从而作用于刹车盘，产生制动力，实现刹车。安全钳结构如图 2-22 所示。

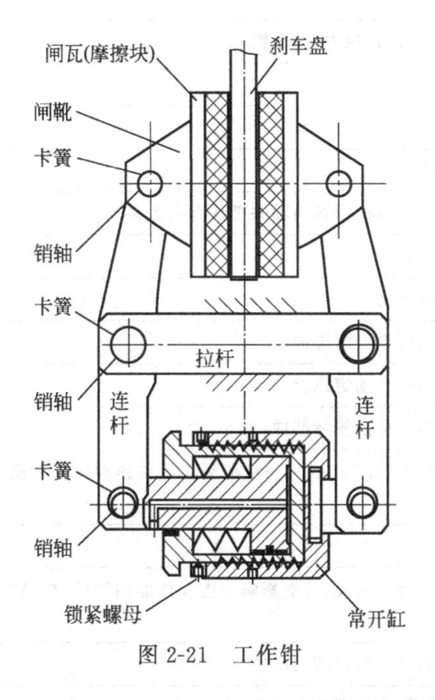

图 2-21　工作钳

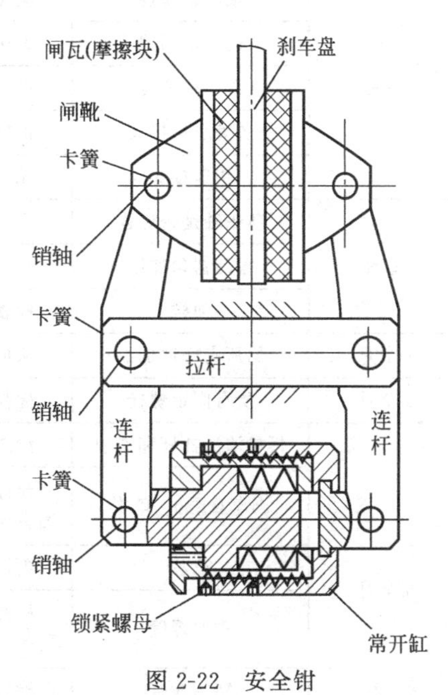

图 2-22　安全钳

③ 刹车盘：刹车盘与刹车块组成刹车副。刹车盘按冷却方式分为水冷式、风冷式两种。其中水冷式刹车盘内部设有水冷通道，在刹车盘内径处设有进、出水口；外径处设有放水口，用来放尽通道内的水，以防止寒冷气候时刹车盘冻裂。正常工作时，放水口用螺塞封住；刹车系统工作时，给刹车盘通冷却循环水，以平衡刹车副摩擦产生的热量。风冷式刹车盘内部有自然通风道，靠自然通风道和表面散热。

④ 钳架：是一个弯梁，工作钳及安全钳均安装在其上。通常配备两个钳架，钳架上下通过螺栓分别固定在绞车横梁和绞车底座上，位于滚筒两侧的前方。

（3）操作系统

操作系统可分为机械操作系统和电子操作系统两种，由刹车阀组件、驻刹阀组件、控制阀组、管路、压力表等组成。操作台位于钻台操作室，司钻通过操作台上的控制手柄对盘式刹车集中控制。

3. 液压盘式刹车的维护保养

液压盘式刹车的维护保养见表 2-8。

表 2-8　液压盘式刹车的维护和保养

序号	保养周期	检查内容	要求
1	每班	液位	最高液位以下，最低液面以上，加油时，须从手摇泵加油口加油
		温度	
		系统压力	PSZ75.8MPa、PSZ65、PSX50.6MPa
		滤油器	堵塞指示器指针应指在绿色区
		泵组运转声音温度	无异常高温、噪声
		防碰天车系统	触动防碰阀并确保刹车设置正确
2	每天	油缸密封性	应无地漏
		刹车块间隙	工作钳：调节拉簧拉力；安全钳 0.5mm
		刹车块厚度	最小厚度 12mm
		各管线机接头	密封良好无渗漏
		快速接头	无渗漏损坏
3	每周	各销轴是否黏连	无载荷情况下，拉、推各销轴并确认自由无黏连
		蓄能器预冲压	充氮压力应为 4MPa
		油样	检查并清除杂质
4	1 个月	给所有部件加油	从加油孔给所部加润滑油
5	3 个月	所有固定螺栓	检查并紧固所有固定螺栓
6	6 个月	拆检清洗杠杆和销轴	清洗刹车粉尘更换损坏部件
		刹车盘磨损、龟裂	允许最大磨损厚度 10mm，热疲劳裂纹不得影响强度和漏水，否则因更换
		滤芯	更换滤芯
		钳架焊缝	检查焊缝是否有裂纹，若有影响强度和性能的裂纹，应及时修复或更换
		结构检查	检查刹车系统中所有结构部件
		清洗净化液控系统	清洗净化油箱及所有液压回路
7	12 个月	安全钳港碟形弹簧	更换全部碟形弹簧

4. 液压盘式刹车的故障现象及原因

液压盘式刹车的故障现象及原因见表 2-9。

表 2-9　液压盘式刹车的故障现象及原因

序号	故障现象	原因分析
1	系统压力不合适	泵的调压装置没有设置正确或失灵
		系统安全阀设置不正确或失灵
		蓄能器的截止阀未关严
		油箱液位太低
		液压油受污染油脏
		泵的吸油、回油管路上截止阀没有打开

续表

序号	故障现象	原因分析
2	油温过高	安全压力阀设置太低失灵而旁流
		油箱液位太低
		液压油受污染油脏
3	噪声过大或震动	油箱液位太低
		吸入和回油管接头松而使系统有气
		电动机和泵轴不对中
		电动机底座螺栓松动
4	液压操作不灵敏	供油压力过低
		系统压力过低
		供油滤芯被阻塞
		蓄能器漏失或预压力过低
		控制阀被阻塞或有缺陷
		压力油漏失
5	销轴黏连	润滑不良
		刹车粉尘堆积在销轴或轴孔处
		过度磨损或腐蚀
		零件损坏
6	主刹车钳释放缓慢	回油阻力大
		复位弹簧刚度太弱

（三）辅助刹车

辅助刹车的作用是在下钻的过程中，通过制动滚筒轴来制动下钻载荷，帮助主刹车进行下钻。辅助刹车包括水刹车、电磁刹车和伊顿盘式刹车。目前，水刹车已逐渐被电磁刹车和伊顿盘式刹车所取代，下面主要介绍电磁涡流刹车和伊顿盘式辅助刹车。

1. 电磁涡流刹车

电磁刹车可分为感应式电磁刹车（又称为涡流刹车）和磁粉式电磁刹车两种。按电磁刹车的冷却方式可分为风冷式和水冷式两种，目前钻机中常用的是风冷式电磁涡流刹车。下面以风冷式电磁刹车为例说明其结构及工作原理。

（1）风冷式电磁涡流刹车的结构。

风冷式电磁涡流刹车由刹车主体、可控硅整流装置及司钻开关等三部分组成。它的空气换热系统与刹车主体组成一个整体。

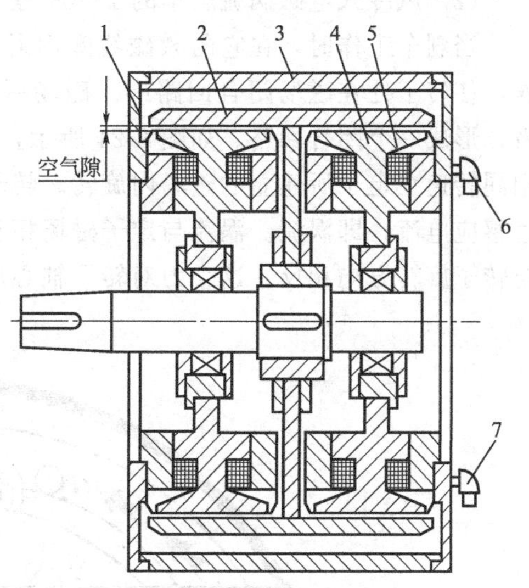

图 2-23　风冷式电磁涡流刹车结构示意图

1—端盖；2—转子；3—机座；4—定子；5—激磁线圈；6—上呼吸器；7—下呼吸器

① 刹车主体。刹车主体由两个基本部分组成，如图 2-23 所示。其一为静止部分，称为定子；其二为转动部分，称为转子。在定子与转子

之间有一定的气隙，称为工作气隙。风冷式涡流刹车的刹车主体采用外电枢结构的型式，也就是说，其转子在定子外面旋转。

刹车的定子由磁极和激磁线圈构成。磁极是磁路的一部分，采用电工钢制成，这种材料的导磁系数高，矫顽力小，满足下钻时有用制动扭矩大，而起空吊卡时无用制动扭矩小的要求。

激磁线圈是刹车的电路部分，工作时通以直流电流，它固定于磁极上，与磁极组成一个整体成为定子。刹车在运行时要产生大量的热量，因此激磁线圈采用了耐高温的电磁线与相应的绝缘材料，以保证线圈在高温下仍具有良好的绝缘性能。

刹车的转子通过牙嵌离合器或齿式离合器与绞车滚筒轴相连，由绞车滚筒驱动，与滚筒同速旋转。转子既是磁路的一部分，又是电路的一部分，采用电工钢制成。它和定子磁极、工作气隙构成刹车的完整磁路。

空气换热系统是风冷式电磁涡流刹车能否正常工作的关键所在。该刹车采用了风源为离心式通风机的轴向通风冷却结构，可以提高传热效率，强化换热系数。除了采用强制通风冷却结构外，还应用了高效的翅片式空气换热器。

② 可控硅整流装置。可控硅整流装置由整流变压器和可控硅半控桥式整流电路组成。用以将钻机交流发电机或交流电网供给的交流电压变成可调直流电压，给激磁线圈通以可调直流电流。考虑到使用风冷式电磁涡流刹车进行下钻作业时，其下钻速度的调整精度、调节系统的稳定性以及过渡过程动态品质方面的指标都要求不高，因此采用比较简单的闭环调节系统即可满足钻井工艺的要求。通过调节激磁线圈的直流电流，便可调节刹车的制动扭矩，从而改变钻具的下放速度。

③ 司钻开关。司钻开关实际上是一台可调的差动变压器，由铁芯、线圈、调节机构等部分组成。将铁芯位置的变化转换成交流信号电压的变化，经桥式整流作为给定信号电压，去控制可控硅的导通角，达到改变电流电压，从而改变激磁线圈直流电流，改变制动扭矩，调节滚筒转速的目的。

(2) 风冷式电磁涡流刹车的工作原理

当刹车工作时，在它的激磁线圈内通入直流电流，于是在转子与定子之间便有磁通相连，使转子处在磁场闭合回路中。磁场所产生的磁力线通过磁极、气隙、电枢、气隙、磁极，形成一个闭合回路。如图 2-24 所示，下钻时，绞车滚筒旋转，通过离合器驱动转子以相同转速在定子所建立的磁场内旋转。转子切割磁力线，转子表面产生感应电动势，从而产生感应电流，即涡流。涡流与定子磁场相互作用产生电磁力，该力沿转子的切线方向，并且与转子旋转方向相反。这个力对转子轴心形成的转矩称为电磁转矩，也就是电磁涡流刹车阻

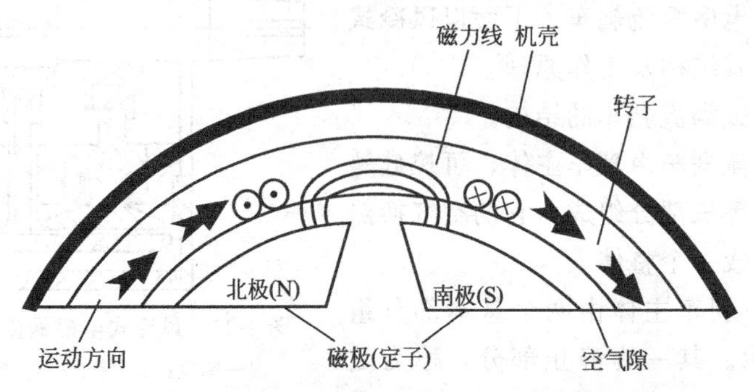

图 2-24 风冷式电磁涡流刹车工作原理示意图

止滚筒旋转的制动扭矩。司钻通过调节司钻开关手柄位置，调节激磁电流的大小，改变制动转矩的大小，从而达到了控制钻具下放速度的目的。

(3) 风冷式电磁涡流刹车使用之前的检查

① 检查风机进风口及刹车排风口是否畅通无阻。钢板网处不允许有杂物和垃圾存在；风叶转动灵活自如，不得有任何卡阻现象或其他故障；在平时应保持风机清洁，清除钻井液等污物，在刹车内腔应保持清洁，清除垃圾、泥石、灰砂、螺栓、钉子等杂物，保持风道整洁畅通。

② 用手盘动牙嵌式或齿式离合器，涡流刹车转子应转动灵活，不得有任何卡阻现象，转子与定子的空气隙中绝不允许有砂粒、金属切削、杂物和垃圾等存在，如有发现，必须立即消除。

③ 在刹车两侧的轴承腔内注入足够的锂基润滑脂，用黄油枪打入时保证至少注满轴承腔的三分之二。在正常使用的情况下，一般应每星期注入一次润滑脂。

④ 在牙嵌式或齿式离合器的滑动与转动部分注入足量机油，确保牙嵌与花键，内齿圈与外齿圈，拨叉等部件的润滑，使离合器运动自如，“离”“合”可靠。

⑤ 接通电源，使可控硅整流装置与司钻开关处于工作状态。

⑥ 启动风机，使风机运转。在整个下钻作业过程中，风机始终不停地运转，如有故障应及时排除，确保风机正常工作。在风机故障排除之前，涡流刹车不得投入使用。

(4) 风冷式电磁涡流刹车的维护保养。

① 检查涡流刹车的固定螺栓是否有松动，包括刹车与绞车底座的紧固螺栓及涡流刹车本身的紧固螺栓。如有松动，应及时拧紧。

② 经常消除风机进风口及刹车排风口的垃圾、泥石、灰砂、金属铁屑等杂物，特别是刹车下部的垃圾杂物，保持风道整洁畅通。

③ 每次下钻前，在刹车两侧的轴承腔内注入足够的锂基润滑脂。

④ 位于刹车两侧上方的呼吸器，是在线圈受热或冷却时通气用。位于刹车两侧下方的呼吸器，是用于线圈受热或冷却时排出产生的冷凝水，防止在线圈中积聚水分，造成线圈损坏。在搬运安装时切忌碰撞损坏，对呼吸器内的垃圾及时清除，保持干净与畅通。

⑤ 牙嵌式或齿式离合器经常注入机油进行润滑，拨叉螺栓不得松动，检查“离”“合”位置是否正常。

⑥ 及时清除转子与定子的空气隙中的垃圾、泥浆、砂石、金属铁屑等杂物，保持气隙整洁与无任何卡阻现象，确保工作正常。

⑦ 保持可控硅整流装置整洁、不淋雨、不受潮、不在阳光下曝晒，保护电气元件不受损伤，确保工作安全可靠。

⑧ 保持司钻开关整洁，手柄运动灵活，在钻机搬运时保护手柄不受机械外力致伤，确保工作安全可靠。

⑨ 经常检查每根电缆是否受压受伤，绝缘是否良好，如发现绝缘损坏，应及时更换，特别是有接头的电缆，接头处的绝缘是否安全可靠。如有不良情况应及时采取措施，确保人身与设备安全。

2. 伊顿刹车

伊顿刹车（WCB气动水冷却盘式刹车）是目前比较理想的辅助刹车，是为恒定张力应用而设计的，特别适用于大惯量的持续制动，并且制动力可随气压的变化而改变。伊顿刹车可以安装在轴的中间或轴的末端。

伊顿刹车有 6 种规格尺寸，刹车盘的直径从 20.32cm（8in）到 121.92cm（48in），每个刹车最多可有 4 个刹车盘。324WCB2 表示有 3 个直径 60.96cm（24in）动摩擦盘，0436WCB2 表示有 4 个直径为 91.44cm（36in）动摩擦盘。

（1）伊顿刹车的结构

伊顿刹车由安装法兰组件（左定子），气缸（右定子），静、动摩擦盘，复位弹簧，活塞，齿轮转子等组成，如图 2-25 所示。

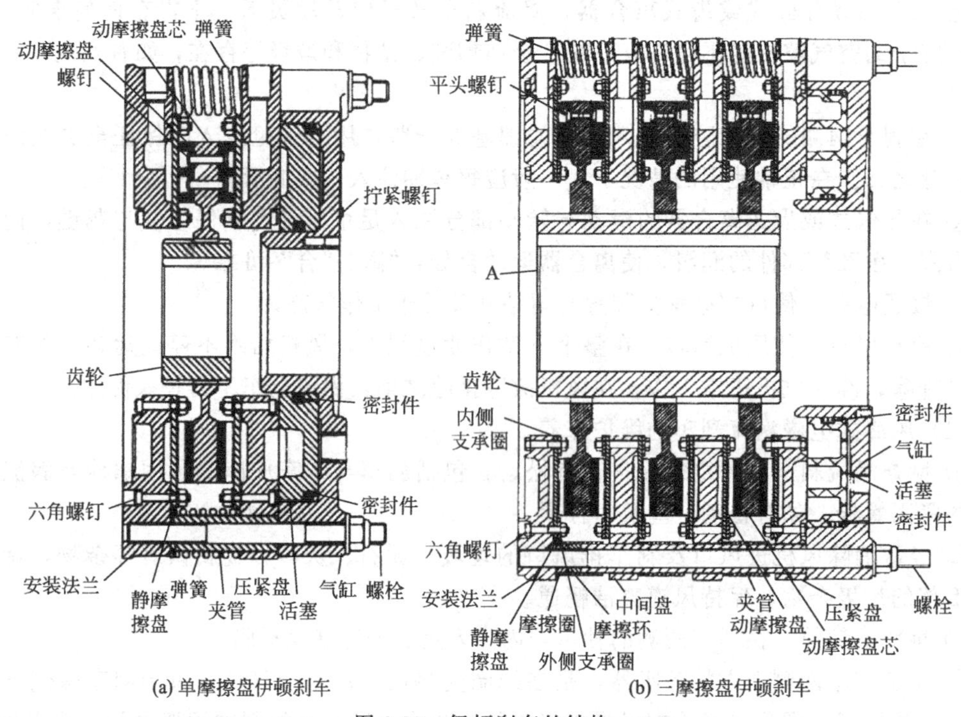

图 2-25　伊顿刹车的结构

① 安装法兰组件：由安装法兰盘、静摩擦盘、连接螺栓等组成。安装法兰组件构成该辅助刹车的定子。静摩擦盘通过螺栓固定在安装法兰盘上，二者皆是圆环件，在安装法兰盘顶部设有冷却水出口。

② 摩擦盘组件：由动摩擦盘、动摩擦盘芯、齿轮等组成。动摩擦盘通过螺栓固定在动摩擦盘芯上，每个动摩擦盘芯上固定两个动摩擦盘。动摩擦盘芯是圆盘件，其内径是内齿圈，与齿轮啮合，因此，摩擦盘组件构成了该辅助刹车的转子。

③ 气缸总成：由气缸、活塞、压紧盘组件、复位弹簧等组成。气缸的下部有锥螺纹进气孔，在气缸的环形空间中装有活塞，活塞可沿气缸内孔左右移动，从而推动压紧盘压紧摩擦盘。压紧盘组件由压紧盘、静摩擦盘、螺栓等组成，静摩擦盘通过螺栓固定在压紧盘上。在压紧盘的顶部设有冷却水排出口。压紧盘可沿螺栓上的夹管左右移动，其作用是推动摩擦盘，产生制动力矩。复位弹簧安装在安装法兰与压紧盘之间，其作用是使压紧盘复位，使静、动摩擦盘脱离。

（2）伊顿刹车的工作原理

当来自钻机气控制系统的压缩空气从气缸上的进气孔进入气缸后，推动活塞向左移动。

活塞推动压紧盘移动，压紧盘克服弹簧力向左移动，将动摩擦盘压紧，从而产生制动力矩。当切断气缸进气孔处的压缩空气时，压紧盘在弹簧的作用下向右移动，推动活塞复位，同时动摩擦盘脱离两个静摩擦盘，使盘式刹车处于非工作状态。

(3) 伊顿刹车使用注意事项

① 辅助刹车的气压控制。转动司钻控制台上的辅助刹车手轮，可调节气压大小，使刹车力矩适合相应吨位负荷的辅助制动。下放时，挂合控制气阀手柄，起升时，摘除辅助制动。

② 辅助刹车的冷却。伊顿刹车的力矩是由压缩空气时压缩摩擦盘产生的摩擦力形成的，该刹车在工作状态下摩擦盘长时间摩擦所产生的大量热量，必须由冷却水流带走，经常观察冷却水流的实际情况，保证刹车得到充分的冷却。理想的出水口的温度在66℃以内，若出水温度超过80℃以上，将严重影响刹车性能和使用寿命，导致摩擦片开裂、水腔漏水等故障，其后果是刹车力矩急剧减小，刹车时有刺耳的噪声。

(4) 常见故障分析及原因

伊顿刹车常见故障分析及原因见表2-10。

表2-10　伊顿刹车常见故障分析及原因

序号	故障现象	原因分析
1	漏水	静摩擦盘密封失效
		异物划伤静摩擦盘
		静摩擦盘烧裂
2	漏气	活塞密封失效
		气缸内壁划伤
3	低负荷抱死	摩擦盘烧坏
		静摩擦盘过度磨损
		控制阀件初始压力控制太高
		刹车安装的同轴度或垂直度没有达到要求
4	异响	摩擦面之间有异物
		刹车安装的同轴度或垂直度没有达到要求
5	刹车力下降	摩擦副过度磨损
		摩擦面之间有油污
		气缸漏气
		气路控制系统出现故障
6	刹车响应慢	齿轮缺润滑油
		控制阀流量没有达到刹车所需求流量
		控制气路不合理

学习情境三

石油钻机的旋转系统

钻机的旋转系统是旋转钻机的重要组成部分，主要用来旋转钻柱、钻头，破碎岩石，形成井眼。钻机的旋转系统包括转盘、水龙头和顶部驱动钻井系统三大部分，它们都是钻机的地面旋转设备。本章将分三个项目逐一介绍。

项目一　转盘

【教学目标】

① 了解钻井工艺对转盘的要求。
② 了解转盘的主要技术参数。
③ 掌握转盘的结构组成。
④ 掌握转盘的安装和维护保养。
⑤ 掌握转盘驱动装置的安装和维护保养。

【任务导入】

转盘是目前旋转钻井中不可缺少的设备，它属于钻机组成中的旋转系统。实际上，它是一个减速增扭装置，能把发动机传来的水平旋转运动转变为垂直旋转运动。在石油钻井过程中，动力传到转盘后，通过一对锥齿轮副实现减速，使转台获得一定范围内的转速和扭矩输出，通过方补心驱动方钻杆来带动钻柱旋转，实现钻井作业。

【知识重点】

① 转盘的作用及代号。
② 转盘的结构。
③ 转盘和转盘驱动装置的安装。
④ 转盘和转盘驱动装置的维护和保养。

【相关知识】

一、转盘基础知识

（一）转盘的作用

① 在钻进过程中，转盘把发动机的动力通过方补心传给方钻杆、钻杆、钻铤和钻头，

驱动钻头旋转，从而实现进尺，钻出井眼。

② 在起下钻和下套管过程中，承托井下全部套管或钻具的重量。

③ 井下动力钻井时，通过使转盘制动，以承受井下动力钻具的反扭矩。

（二）钻井工艺对转盘的要求

① 具有足够大的扭矩和多档的转速。

② 具有足够抗震、抗冲击和抗钻井液腐蚀的能力，尤其是上轴承应有足够的强度和寿命，并要求其承载能力不小于钻机的最大钩载。

③ 能正、反转，且具有可靠的制动机构。

④ 转盘中心孔的直径应能满足通过最大号钻头。

⑤ 在结构上应具有良好的密封、润滑和散热性能，以防止外界的钻井液、污物进入转盘内部损坏主辅轴承。

（三）转盘的型号

转盘的型号表示如下：

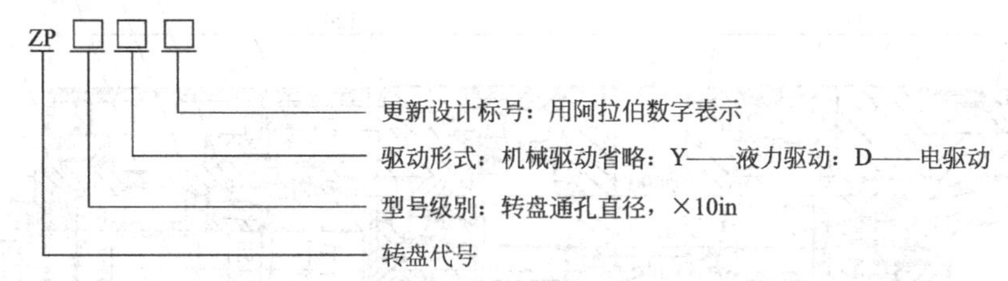

例如，ZP275 转盘，其转盘通孔直径为 27½in（696.5mm）。

二、转盘的主要技术参数

1. 通孔直径

转盘通孔直径是转盘的主要几何参数，比第一次开钻时最大号钻头直径至少大 10mm。

2. 最大静载荷

最大静载荷是转盘上能承受的最大重量，应与钻机的最大钩载相匹配；该载荷经转台作用到主轴承上，因此决定着主轴承的规格。

3. 最大工作扭矩

转盘在最低工作转速时应达到的最大工作扭矩，决定着转盘的输入功率及传动零件的尺寸。

4. 最高转速

最高转速是指转盘在轻载荷下允许使用的转速。

5. 中心距

中心距是指转台中心至水平轴链轮第一排轮齿中心的距离。我国油田钻机所用转盘有下列几种类型，其主要技术参数见表 3-1。

表 3-1　我国油田钻机所用转盘的技术参数

钻机代号	ZJ20K	ZJ50/3150L ZJ40/2250CJD	ZJ45J	ZJ70/4500DZ ZJ50/3150DB-1	ZJ90/6750
转盘代号	ZP175	ZP275	ZP205	ZP375	ZP475
通孔直径/mm	444.5	698.5	520.7	952.5	1206.5
最大静载荷/kN	2250	4500	441.3	5850	—

续表

钻机代号	ZJ20K	ZJ50/3150L ZJ40/2250CJD	ZJ45J	ZJ70/4500DZ ZJ50/3150DB-1	ZJ90/6750
最高转速/(r/min)	300	250	350	300	300
主轴承(长×宽×高)/(mm×mm×mm)	500×600×60	600×710×67	800×950×120	800×950×120	—
质量/kg	3888	6163	6182	8026	—

三、转盘的结构组成

图 3-1 中是我国深井钻机中广泛使用的 ZP-275 转盘，由输入轴总成、转台总成、制动机构及壳体等部分组成。

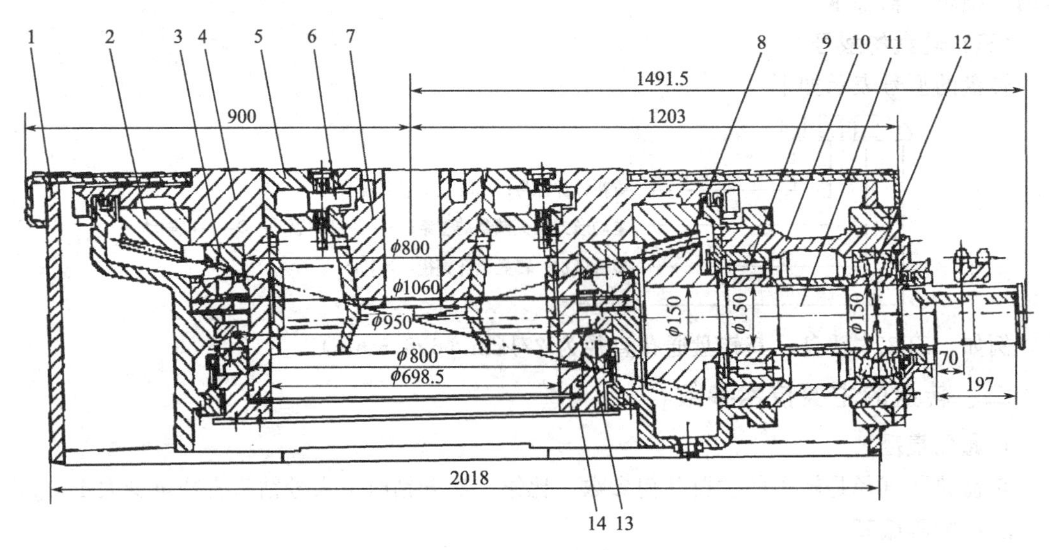

图 3-1　ZP-275 转盘

1—壳体；2—大圆锥齿轮；3—主轴承；4—转台；5—大方瓦；6—大方瓦与方补心锁紧机构；7—方补心；8—小圆锥齿轮；9—圆柱滚动轴承；10—套筒；11—输入轴；12—双列向心球面滚子轴承；13—辅助轴承；14—调节螺母

(一) 输入轴总成

输入轴总成由链条驱动的动力输入链轮或万向轴驱动的连接法兰、输入轴、小锥齿轮、轴承套和底座上的小油池组成。水平轴由两副轴承支承，靠近小锥齿轮的轴承是向心短圆柱轴承，它只承受径向力。靠近动力输入端的轴承是双列向心球面滚轴承，它主要承受径向力和不大的轴向力，在水平轴的另一端装有双排链轮或连接法兰。小锥齿轮与水平轴装好后，与两个轴承一起装入轴承套中，再将轴承套连同套内的各件一起装入壳体。为了保证大、小锥齿轮之间有合理的间隙，可通过轴承套与壳体之间的调整垫片予以调节。

(二) 转台总成

转台总成是转盘用于输出转速和扭矩的旋转件，由大锥齿圈、主轴承及下座圈等零件组成，转台通孔直径符合 API7K 的规定，大锥齿圈与转台紧配合装在一起，主轴承采用主辅一体式结构的角接触推力球轴承，既可承受最大钻柱和套管柱负荷，也可承受钻井和起下钻时来自井下向上的冲击负荷，转台迷宫圈（图 3-2）装在转台外缘上，与体上的两道环槽形成动密封，防止钻井液及污物进入转台井损坏主轴承。

辅助齿轮的作用是：一方面承受钻头、钻柱传来的径向载荷；另一方防止转台摆动，起扶正转台的作用。主轴承的轴向间隙是通过主轴承下圈和壳体之间的调节垫片来调节的，辅助轴承的轴向间隙是通过辅助轴承下圈和下座圈之间的垫片来调整节的。大方瓦为两体式方形铸件，每个方瓦上有两个制动销，一个用于将大方瓦与转台锁在一起，防止大方瓦在钻井过程中从转台中跳出，另一个制动销可将大方瓦与方补心锁在一起，以防止方补心跳出。从转台中取出方瓦是用两个方瓦提环操作的。

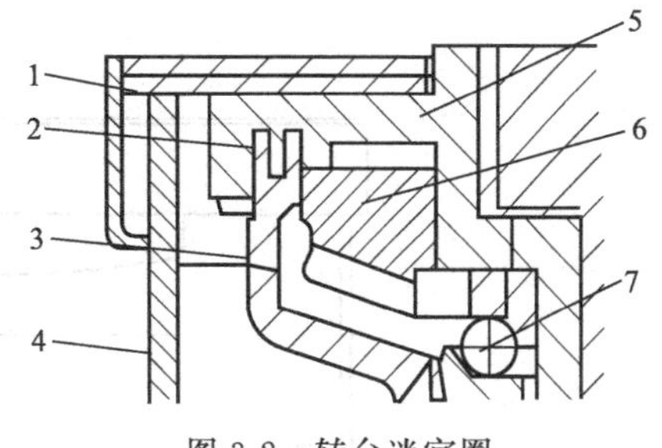

图 3-2　转台迷宫圈

1—护罩；2—迷宫圈；3,4—壳体；5—转台；6—大圆锥齿轮；7—辅助齿轮

（三）制动机构

在转盘的上部装有制动装置，以控制转台转动方向，以适应顶驱系统钻井、动力钻具钻井或特殊钻井作业时承受反扭矩的需要。制动装置由两个操纵杆、左右掣子和转台外缘上的 26 个燕尾槽组成。当需要制动转台时，扳动操纵杆，将左右掣子之一插入转台 26 个燕尾槽的任意一个槽中，即实现转盘制动，当掣子脱离燕尾槽时，转台即可自由转动。

（四）壳体

壳体相当于转盘的底座，由铸钢件和板材焊接而成。壳体主要是作为主辅轴承及输入轴总成的支撑，同时也是润滑锥齿轮和轴承的油池。其内正对着小锥齿轮下方的壳体上形成半圆形大油池，用以润滑主轴承。在水平轴下方的壳体上形成小油池，用以润滑支撑水平轴的两个轴承。

四、转盘的维护保养

（一）润滑

① 新用转盘运转 30 天后就需更换润滑油，以后根据润滑保养规定按期加注润滑脂，更换润滑油。

② 当改变润滑油脂时，必须把轴承中原有的油脂全部清除，否则两种不同基的油脂相互作用使油脂黏度降低，造成油脂溢出轴承，引发轴承干磨。

③ 转盘的锥齿轮副、轴承为飞溅润滑，使用加防锈、防腐蚀、抗泡沫和硫磷型极压抗磨损添加剂的工业齿轮油（按油标尺），每两个月更换一次，油位应以停车 5min 后的液面为准，当油位降至或低于油标尺下限时则应补充润滑油，加油量一般以接近或达到油标尺上限为宜，润滑油过量则会引起转台下迷宫密封处的泄漏现象。

④ 转盘锁紧装置（图 3-3）的销轴为脂润滑，使用锂基润滑脂 1 号（冬季）、2 号（夏季），每周润滑一次。

⑤ 输入轴总成上的油杯采用锂基润滑脂 1 号（冬季）、2 号（夏季），每班加注润滑脂一次。

（二）定期维护检查项目

① 每完成一口井应检查一次连接螺栓有无松动，松动则应以 690N·m 的力矩上紧。

② 每完成一口井应检查一次输入链轮有无轴向窜动，松动者则应上紧轴端压板螺钉。

③ 每完成一口井应检查一次输入链轮轮齿的磨损及变形情况，磨损或变形较大时应予以更换或修复。

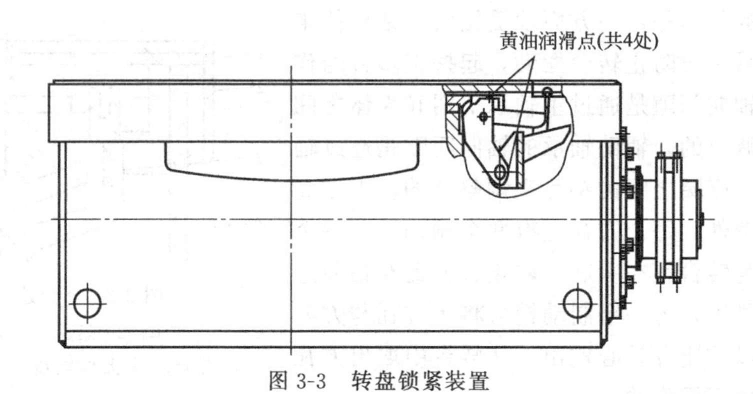

图 3-3　转盘锁紧装置

④ 每完成一口井应检查一次补心装置的磨损及变形情况，磨损或变形较大时应予以更换或修复。

⑤ 转盘累计钻井进尺达 90000～100000m 时，应对锥齿轮轮齿、轴承滚道的磨损及点蚀情况进行检查，达到相关标准者应予以更换。

五、转盘的常见故障及排除方法

转盘的常见故障及排除方法见表 3-2。

表 3-2　转盘常见故障及排除方法

序号	故障	现象	原因分析	排除方法
1	转盘壳体发热（超过 70℃）	油池发热	油面过高或过低	检查油位
			机油污染	更换机油
			轴承损坏	更换已坏轴承
		齿轮发热	齿侧间隙不正确	重新调整侧间隙
		转台发热	转盘中心和井架中心不对中	检查并调整转盘
2	异常噪声	间断的噪声和冲击声	齿轮磨损	检查及更换齿轮
			轴承磨损	检查及更换轴承
			齿轮侧隙过大	检查及重调齿轮侧隙
3	油池漏油	从密封处漏油	密封垫片损坏	更换垫片
		从轴套处漏油	轴套损坏	更换轴套
4	转台轴向窜动	不均匀噪声和转台跳动	轴承挡圈螺栓松动	重新上紧各螺栓
5	转盘无法转动	转盘卡死	锁紧装置没有松开	松开锁紧装置
			轴承卡死或烧坏	更换轴承
			传动齿轮损坏	更换齿轮
			动力输入设备传动部分故障	检查动力输入设备

六、转盘的驱动

转盘驱动装置安装在钻机底座上，是钻机的重要配套部件，它为转盘的旋转提供动力供动力、转速、扭矩等，保证转盘各项功能的顺利完成。

（一）转盘的驱动分类

转盘驱动装置根据不同的钻机具有不同的结构形式和分类方式。

①根据钻机动力可分为电驱动和机械驱动。②根据驱动形式可分为转盘独立驱动和绞车联合驱动。③根据底座撬装结构可分为分体式和整体式。④按传动方式可分为齿轮传动和链传动。

转盘电驱动装置是目前钻机的主要驱动形式，它分为直流电动机驱动和交流变频电动机驱动。直流驱动一般用于直流钻机，交流变频驱动一般用于交流变频钻机和复合传动钻机。转盘独立驱动的控制不受绞车档位的影响，控制方便，速度调节范围较宽，钻井质量较好。

（二）转盘驱动装置的结构

下面以 ZP375 转盘驱动为例进行说明，转盘驱动装置如图 3-4 所示。

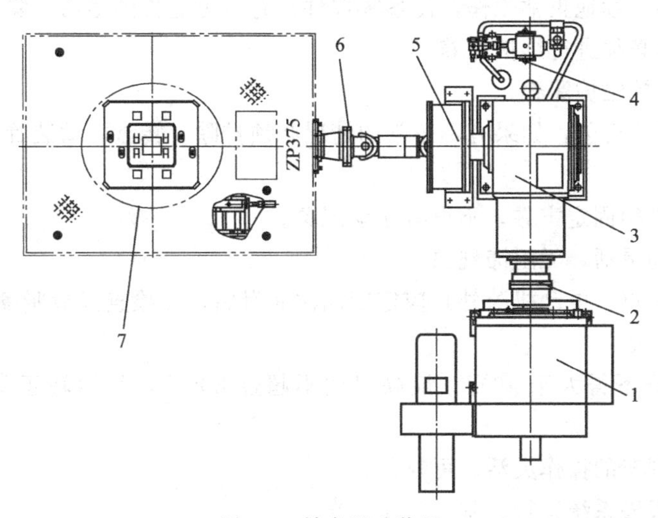

图 3-4 转盘驱动装置

1—主电动机；2—联轴器；3—减速箱；4—润滑系统；5—惯性离合器；6—万向轴；7—转盘总成

转盘驱动装置从功能看，主要由以下几个部分组成。

① 传动部分：引入并传递动力，包括联轴器、减速箱等。

② 支撑部分：担负着转盘、减速箱、传动件等的定位和安装任务，包括转盘梁、减速箱等。

③ 控制部分：用于控制转盘运转及调速，包括惯刹离合器、气路及电气路阀件、管线等。

④ 润滑部分：用于减速箱及各运转部位轴承等件的润滑。润滑系统分为强制润滑和润滑脂润滑两部分。变速箱采用强制润滑，万向轴、联轴器、电动机轴承采用润滑脂润滑。

（三）转盘驱动装置的安装

① 该装置整体装在钻台走台底梁上，交流变频电动机与变速箱输入轴通过联轴器连接，联轴器与输入轴相连接，同轴度应达到 0.05mm 内，找正后，即用定位块将交流变频电动机固定。搬迁时，随走台整体运输。

② 转盘安装在转盘梁上，通过万向轴与变速箱输出轴相连，万向轴的连接螺栓在每次安装前，必须涂防锈润滑脂，以防止螺纹生锈。

③ 转盘驱动装置安装好后，应按转盘使用说明书的规定加足润滑油。

④ 按要求连接主电动机、油泵电动机的电缆，连接油压表与司钻控制室之间的信号电

缆，连接惯性刹车的气胎离合器的控制气路。

（四）转盘驱动装置的调试

在钻机每次安装后对各项保护功能进行调试，对于安全功能必须每班调试。首先启动电动齿轮油泵，待油压稳定在0.08～0.33MPa后，方可启动主电动机。将主电动机的转速设定在零位，启动风机，然后启动主电动机，主电动机的速度由零缓慢加速到1200r/min。摘合惯性刹车离合器4次，检查惯性刹车的灵活性、可靠性。在调试过程中应进行以下检查。

① 电气系统的运行参数是否符合要求，各种保护功能是否有效。

② 各传动设备是否有异常振动、异常响声、漏油、过热等现象。

（五）转盘驱动装置的维护和保养

为使设备能够持续地正常工作，使各零部件具有尽可能长的寿命，除了按规程进行正确的操作使用外，还必须进行维护保养。

1. 运行前的常规维护保养

转盘驱动装置运行前，如果有不正常的情况必须排除。转盘驱动装置在工作前应进行以下检查。

① 所有连接必须固定牢靠，不得有松动现象。

② 各轴应转动灵活，无阻滞现象。

③ 对各脂润滑点（电动机除外）应定期加注润滑脂，并检查润滑脂嘴和油道是否通畅。加脂周期为一周一次。

④ 各轴承温升不得大于40℃，最高温度不超过800℃，且运转正常，应无任何异常噪声。

⑤ 气动惯性刹车的操作灵活、可靠。

⑥ 电子油压报警系统运行正常。

⑦ 主电动机的各项保护功能运行正常。

⑧ 对长时间未运行，或处于潮湿环境里停机1h以上的主电动机，在运行前应进行绝缘检查，必要时进行烘干处理。定子绕组与机壳的绝缘电阻低于0.5MΩ，必须进行烘干处理。

2. 运行中的常规维护保养

在转盘驱动装置工作中应进行以下维护检查。

① 按照润滑保养规定，按期加注润滑脂。

② 轴承温升超过40℃或温度超过80℃，应查找原因，对脂润滑轴承应更换润滑脂。

③ 检查转动件运行是否有异常振动、异常响声等不正常现象。

④ 检查气路管线是否有漏气现象。

⑤ 检查固定件是否松动。

3. 气胎离合器的维护与保养

气胎离合器经过一段时间使用后，刹车毂或摩擦片不断磨损，致使刹车力矩能力不断下降，当摩擦片的厚度减薄至原厚度的2/3时必须更换，刹车毂的直径方向磨损量（以与原始直径的差值度量）超过4～6mm时必须更换。离合器的摩擦表面决不允许进入油脂、液体等杂质，油脂或液体将减低摩擦系数，降低刹车力矩，必须用溶剂清洗后擦干。

（六）转盘驱动装置的故障诊断和排除方法

转盘驱动装置的故障诊断和排除方法见表3-3。

表 3-3　转盘驱动装置的故障诊断和排除方法

序号	故障现象	原因分析	排除方法
1	齿轮箱温度过高	油池缺油(漏油)	堵漏,加油
		管线、滤油器堵塞	清洗管线和滤油器
		润滑油变质、过脏	放掉脏油、清洗后重新加油
		齿轮泵损坏	更换齿轮油泵
2	伞齿轮发热	齿侧间隙不对	重新调整齿侧间隙
3	变速箱局部发热	齿轮箱安装不平不正,与电动机轴同轴度偏差过大	调整、校正齿轮箱安装位置
		万向轴法兰面平行度偏差过大	重新校正转盘
4	有间断噪声和撞击声	负荷轴承间隙大	调整负荷轴承间隙
		伞齿轮磨损严重或断齿	更换齿轮
		伞齿轮侧间隙过大	调整伞齿轮间隙
5	齿轮箱漏油严重	密封圈损坏	更换密封圈
		润滑油量过大	将主油路上回油箱的支路阀门开大
6	联轴器发热,有异响	缺润滑脂	补充润滑脂
		输入端和输出端的同轴度偏差过大	重新找正、固定电动机
		内外齿损坏	更换联轴器
7	惯性刹车不灵	控制阀件失灵,管路漏气	修理阀件或更换阀件,检修管路
		摩擦片磨损严重	更换摩擦片
		刹车毂上有油污、水等	清洗、擦干刹车毂
		气压过低	保证气压
8	万向轴有异响	缺润滑脂	补充润滑脂
		花键齿套磨损严重	更换万向轴
		十字轴头磨损严重	更换十字轴头

项目二　水龙头

【教学目标】

① 了解钻井工艺对水龙头的要求。
② 了解水龙头的主要技术参数。
③ 掌握水龙头的结构组成。
④ 掌握水龙头的使用与维护。
⑤ 掌握水龙头的常见故障及排除方法。

【任务导入】

水龙头是钻机旋转系统的主要设备，是旋转系统与循环系统连接的纽带。它上部的提环与大钩连接，下部的中心管与方钻杆用反扣连接。目前，水龙头的类型较多，但都由固定、旋转、密封三大部分组成。

【知识重点】

① 水龙头的型号及技术参数。

② 水龙头的结构。

③ 水龙头的使用与维护。

④ 水龙头的常见故障及排除方法。

【相关知识】

一、水龙头基础知识

(一) 水龙头的作用

① 钻进时悬挂并承受井内钻柱的全部重量。尽管钻柱在井筒内的钻井液中由于浮力作用重量会减轻一些。

② 在钻进过程中，游动滑车、大钩和水龙带都是不能旋转的，而转盘驱动钻柱旋转，从不旋转到旋转正是通过水龙头将它们连接起来的。

③ 作为循环钻井液的通道。水龙头与水龙带连接，这样就使来自钻井泵的高压钻井液经高压管汇、水龙带、水龙头、钻柱和钻头到达井底，以便保证钻进的正常进行。

(二) 钻井工艺对水龙头的要求

① 水龙头的各承载件（如中心管、主轴承、提环、提环销等）要有足够的强度、刚度和寿命，并且要求连接可靠，其承载力应不小于钻机的最大钩载。

② 鹅颈管、冲管、中心管内径应使水力损失达到最低程度，并具有耐高压、耐磨、防腐蚀的特性。

③ 水龙头的外形应圆滑无尖角，尺寸大小适中，易于在井架内部空间通过。

④ 水龙头上端与水龙带连接处能适合水龙带在钻进过程中的伸缩弯曲。水龙头下端有反扣的钻具螺纹以便与方钻杆上端反扣连接，并且要求连接可靠，能承受高压，上、卸扣方便。

⑤ 有可靠的高压钻井液密封系统，且耐压、耐磨、耐腐蚀和拆卸迅速、方便。能够自动补偿工作中密封件的磨损。

⑥ 水龙头的易损件如冲管、冲管密封装置、机油密封装置等应耐磨，寿命长，且易于检查、维修并便于更换。

(三) 水龙头的型号及技术参数

水龙头的型号表示如下：

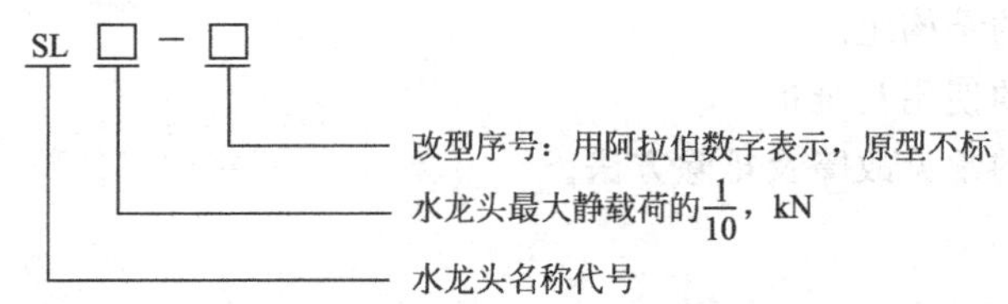

例如 SL450，表示此水龙头能够承受的最大静载荷为 4500kN。

(四) 水龙头的结构

普通水龙头由“三管”、“三（或四）轴承”、“四密封”组成。“三管”即鹅颈管、冲管、中心管；“三轴承”即主轴承、上扶正轴承、下扶正轴承，“四轴承结构”即除上述三轴承外，还有一个防跳轴承；“四密封”即上、下钻井液密封和上、下机油密封。下面以较典型的 SL450 水龙头为例，介绍永龙头的结构组成及特点。

SL450 水龙头包括固定部分、旋转部分、密封部分和旋扣部分（部分厂家型号），如图 3-5 所示。固定部分由外壳、上盖、下盖、鹅颈管、提环等组成；旋转部分由中心管、接头、主轴承、上扶正（防跳）轴承和下扶正轴承组成；密封部分由上、下钻井液密封总成和上、下机油密封装置组成。

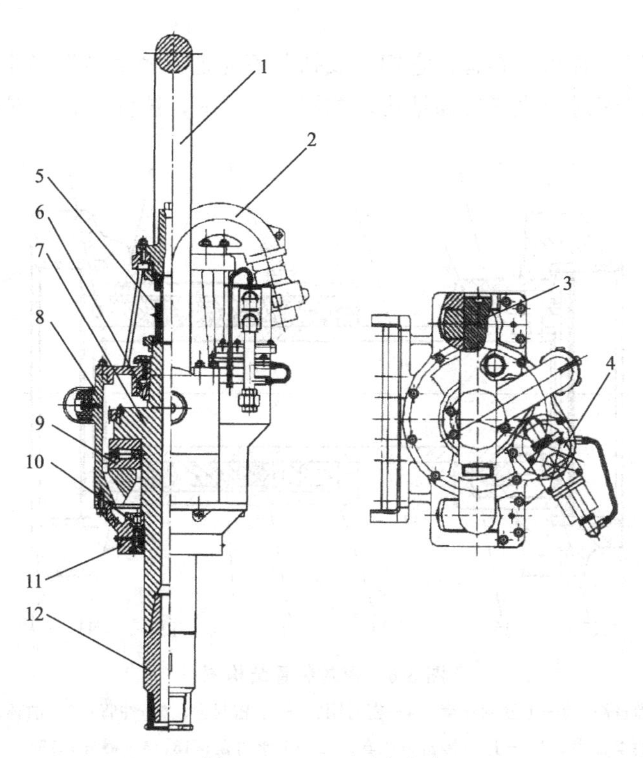

图 3-5 SL450 型水龙头

1—提环；2—鹅颈管；3—提环销；4—旋扣部分；5—冲管总成；6—防跳（上持正）轴承；7—中心管；8—壳体；9—主轴承；10—下扶正轴承；11—下盖；12—接头

1. 固定部分

固定部分以外壳为主体，是一个内部为油池的空心铸钢件，壳体外侧的槽孔用销轴固定提环。壳体内的环形台用来装主轴承，壳体的下半部侧面装有排放机油的放油螺塞，壳体上部装有上盖，上盖压着上扶正轴承和防跳轴承。上盖与壳体之间的垫圈，用来调整防跳轴承间隙，上盖顶端的法兰盘用螺栓与鹅颈管相连接。上盖装有给壳体内加油的注油螺孔，其上装有具有溢流功能的油标尺，当外壳内产生的气压高于外部大气压时，该阀自动打开排气。正常工作时，要求冲管不转动，冲管下部用下密封盒压帽接在中心管的顶端。

外壳下盖用以衬托下扶正轴承，为装下部机油密封盒和防止漏油，在壳体与下盖之间、下盖与压盖之间用石棉板密封。

2. 旋转部分

旋转部分以中心管为主体，承受钻具全部重量和内部的钻井液压力。它通过主轴承将载荷传给壳体，经销轴、提环最后将载荷传给大钩。

防跳轴承是在钻进过程中，承受钻柱传来的反向冲击力，减少中心管可能发生的轴向窜动，以保证水龙头中心管正常运转。上下扶正轴承对中心管起扶正作用，保证其工作稳定性，使中心管扶正。中心管下部配合接头为反扣，以确保旋转时中心管与方钻杆之间不松扣。

3. 密封部分

密封部分分为低压密封和高压密封两部分。由上、下机油密封盒组件组成的低压密封，主要用于防止油池内机油从中心管溢出和钻井液及脏物进入壳体内部。由上、下钻井液冲管密封盒组件组成的高压密封，其作用是通过多层密封填料进行高压密封防止钻井液从该处刺漏。

密封装置连接鹅颈管和中心管，它们形成钻井液通道。密封装置是密封高压钻井液的重要部件，采用自封式密封和快速拆卸结构。如图 3-6 所示，这种冲管总成结构的特点如下。

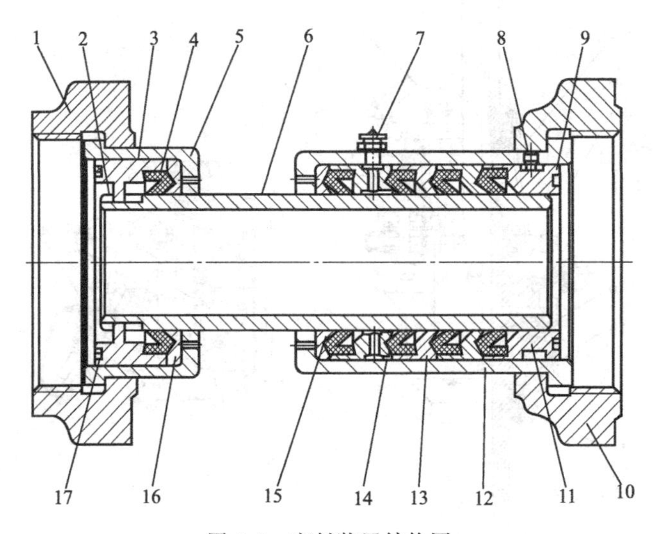

图 3-6 密封装置结构图

1—上密封盒压盖；2—弹簧圈；3—上密封压套；4—密封圈；5—上密封盒；6—冲管；7—油杯；8—螺钉；9,17—O 形密封圈；10—下密封盒压盖；11—下 O 形密封压套；12—下密封盒；13,14—隔环；15—下衬环；16—上衬环

① 浮动冲管。冲管浮动在鹅颈管和中心管之间，工作时不转动，但允许略有轴向窜动，冲管磨损均匀。

② Y 形密封圈与钢制隔环交叠布置。这种密封圈可借助钻井液压力自行封紧。它的唇部在钻井液液压力作用下可始终贴在冲管外壁，工作过程中，即使在密封圈不断磨损情况下，仍能靠钻井液液压力胀开唇部而很好密封。

③ 密封圈数目少（3～4 个）。可通过密封盒上黄油嘴注入黄油，润滑条件好，大大减少了摩擦能量损失和磨损。

④ 冲管和中心管同心性好。密封盒有定位止口，圆柱配合面定心，可提高加工及配合精度，保证冲管与中心管有很好的同心性，不易产生偏磨，延长了冲管和密封圈的寿命。

⑤ 能快速拆装，更换方便。只需将上、下密封盒压盖旋出，就可取出冲管总成，更换密封圈或冲管。

总之，这种结构形式的冲管总成耐高压、磨损小、寿命长、拆卸方便、更换快速，已被现代钻井水龙头广泛采用。

4. 旋扣部分

在两用水龙头中，安装有气动旋扣器，它即可以实现普通水龙头的功能，又可在接单根时旋转上卸扣。这种水龙头由普通水龙头和叶片式风马达、齿轮及气控摩擦离合器等组成。接单根时，风马达工作，带动传动系统中齿轮与中心管上大齿轮啮合，驱动中心管快速旋转，快速上扣。风马达反向旋转时，驱动中心管快速反向旋转，快速卸扣。当风动马达及传动系统拆卸后，用盖板将上盖连接处盖上即可当作普通水龙头使用。

二、水龙头的使用与维护

1. 使用前准备

① 拧下油标尺，向壳体内注入齿轮油，达到油标尺高度要求，并保证油质干净。

② 检查中心管，能够均匀转动。

③ 用油枪润滑各油杯。

④ 检查盘根装置上、下压帽及接头是否拧紧，若松动必须拧紧。

⑤ 拧紧鹅颈管丝堵，以免在钻井时高压钻井液溢出。

⑥ 检查水龙头的各个部位，观察是否有影响整体性能的因素。

2. 工作前检查

① 先卸开放油丝堵，排掉水龙头内积水或防腐油，用煤油或者其他清洗剂进行清洗，清洗干净后，上紧放油丝堵，按加入规定标号的润滑油，要适量。

② 检查提环销、机油密封装置、冲管密封装置是否加足润滑油。

③ 检查保护接头和中心管螺纹，如发现螺纹有损坏或裂纹时，应修复或更换。

④ 检查冲管及冲管密封装置情况，不符合规定应更换。

⑤ 检查下部油封，如漏油应拧紧螺栓或更换油封装置。

⑥ 检查中心管的旋转是否灵活，即一人用 91.44cm 链钳能转动，如转不动则应查明原因，及时处理完后若仍转不动，应更换水龙头。

⑦ 进行水压试验，控制规定最高工作压力或额定压力在 15min 内压力下降不超过 0.3MPa，不刺不漏为合格。

⑧ 检查气路管线连接是否正确，通气是否畅通，禁止风动马达空负荷运转。

⑨ 新的或大修后的水龙头在使用前必须进行试运转。

3. 维护保养

① 水龙头中心管必须带护丝，防止碰坏接头螺纹。

② 必须按照水龙头铭牌上的技术数据进行使用。

③ 每班检查一次油面（根据油标尺为准）和温度，温度不得超过 70℃。

④ 定期检查鹅颈管法兰盘连接螺栓及其他部位的紧固情况，特别注意高低压密封装置紧固情况。

4. 冲管密封装置的更换

（1）拆卸

锤击上、下密封盒压盖（左扣），松开后，推动上、下密封盒压盖直至与中心管齐平，即可从一侧推出密封装置。

（2）检查

① 将下密封盒与冲管分开，去掉油杯，再去掉下密封盒压盖，反转螺钉两三转，从下密封盒中取出 O 形密封压套、隔环、下衬环和钻井液密封圈。

② 从中心管顶部拿去弹簧圈，去掉中心管和上密封盒压盖，再从密封盒中取出上密封压套，钻井液密封圈和上衬环。

③ 取出 O 形密封圈，彻底清理各零件内部的润滑脂和钻井液。

④ 检查上密封压套和中心管的花键是否磨损，检查中心管是否偏磨和冲坏，如有损坏必须更换。

（3）安装

将经检查的合格零件和更新的零件重新安装。

① 用润滑脂装满钻井液密封盒的唇部和上衬环、上密封盒压套的槽，依次将上衬环、钻井液密封圈、上密封压套装入上密封盒中，并装入上密封盒压盖里。它们一起从钻井液管带花键那一端小心地装到钻井液管上，再把弹簧圈卡入钻井液管的沟槽里。

② 先在钻井液密封盒的唇部、下衬环、隔环和下。形密封压套的 V 形槽内涂满润滑脂，依次将下衬环、痕环、钻井液密封圈、下 O 形密封压套装入下密封盒中。必须注意，隔环的油孔应对准下密封盒的油杯孔。拧入螺钉，拧紧后再反转 1/4 转。下密封盒总成和下密封盒压盖从钻井液管另一端装入。

③ 在上、下密封压套上装入 O 形密封圈，在下密封盒上装上油杯，然后将密封装置装入水龙头，上紧上、下密封盒压盖。

5. 水龙头的润滑

① 水龙头体内的油位每班都要检查一次。检查油面是否在要求的位置上（油位不得低于油标尺尺杆最低刻度），润滑油每两个月更换一次，新的或新修理过的水龙头，在使用满 200h 后应更换润滑油。换油时应将脏油排净，用冲洗油洗掉全部沉淀物，再注入清洁的 1-CKC150 闭式工业齿轮油。

② 提环销，密封装置，支架轴承，上部、下部弹簧密封圈，风动马达及传动系统采用锂基润滑脂 1 号（冬季）、2 号（夏季）润滑。提环销每 150h 用润滑脂润滑一次。其余部位每班润滑一次。当润滑钻井液密封盒时，应在没有泵压的情况下进行，以便使润滑脂能挤入密封装置内的各个部位，更好地润滑钻井液管和各个钻井液密封盒。

③ 定期检查油雾器油面高度。油雾器应加注 L-ANI5 号机械油。

三、水龙头的故障及排除方法

水龙头的常见故障及排除方法见表 3-4。

表 3-4 水龙头的常见故障及排除方法见表 3-6

序号	故障现象	原因分析	排除方法
1	壳体发热	油池缺油，未加满或漏掉	消除原因，加足油
		油脏，进入钻井液或杂质	清洗油池，换油
2	油池进钻井液	上部机油密封盒损坏	更换机油密封盒
		橡胶伞损坏	更换橡胶伞
3	下部机油密封盒机油漏油	下部机油密封盒损坏	更换机油密封盒
		中心管偏磨	更换水龙头，送修
4	鹅颈管法兰盘刺钻井液	法兰盘石棉板损坏	更换石棉板
		法兰盘螺栓未上紧或折断	上紧或换螺栓

续表

序号	故障现象	原因分析	排除方法
5	冲管密封盒刺钻井液	密封盒压帽未上紧	上紧密封盒压帽
		冲管密封盒磨损	更换密封盒
		冲管外径磨小或管壁刺破	更换冲管
6	中心管下部螺纹处漏钻井液	下部接头螺纹未上紧	上紧螺纹
		接头螺纹损坏	换中心管，送修
7	中心管转动不灵活或转不动	轴承损坏	检查，更换轴承
		冲管密封盒及机油密封盒过紧	调整密封盒松紧
		防跳轴承间隙小	调整防跳轴承间隙
8	中心管径向摆差大	扶正轴承磨损	送修，换轴承
		方钻杆弯曲	更换方钻杆
9	提环销转动不灵	提环销孔有赃物堵塞	清洁销孔
		提环销润滑不良	注油润滑

项目三　顶部驱动钻井系统

【教学目标】

① 了解顶部驱动装置的类型和结构。

② 掌握顶部驱动装置的维护和保养。

【任务导入】

顶部驱动钻井系统简称为顶驱系统，是一套由游车悬持，直接驱动钻具旋转钻进的驱动装置。自 20 世纪 80 年代以来发展迅速，尤其是在深井钻机和海洋钻机中获得了广泛的应用。考虑到顶驱系统的主要功用是钻井水龙头和钻井马达功用的组合，故将其列为钻机的旋转系统设备。

【知识重点】

① 动力水龙头。

② 管子处理装置。

【相关知识】

顶驱系统是一套安装于井架内部空间、由游车悬持的顶部驱动钻井装置。它由常规水龙头与钻井马达相结合，并配备一种结构新颖的钻杆上卸扣装置，从井架空间上部直接旋转钻柱，并沿井架内专用导轨向下送进，可完成旋转钻进、倒划眼、循环钻井液、接单根、下套管和上卸管柱螺纹等各种钻井操作。

20 世纪 80 年代研制的顶驱系统，在钻井的过程中大大地提高了钻井作业的速度和效率，可节约钻井时间 20%～25%。同时降低了发生井下钻井事故的风险，提高了井口工人的安全，减轻了工人的劳动强度。目前，已被国内外石油界广泛认可和接受，已成为石油钻井先进装备的代表。

一、顶驱基础知识

（一）顶驱系统的特点

① 顶驱系统开钻前先组合钻柱，直接采用立根钻进，节省 273 接单根的时间。

② 操作安全。在起下钻遇阻、遇卡时，管子处理装置可以使中心轴与钻杆在任何位置相接，开泵循环，进行立柱划眼作业，减少卡钻事故。

③ 系统具有遥控内部防喷器，钻进或起钻中如有井涌现象，可及时实施井控，大大提高了在复杂地层、钻井事故地区钻井的安全性。

④ 顶驱系统以立根钻水平井、丛式井、斜井时，不仅减少了钻柱连接时间，还减少了测量次数，容易控制井底马达的造斜方位，节省了定向钻井时间。同时顶驱系统可以在边提钻时边旋转钻柱，变静摩擦力为动摩擦力，其摩擦系数大大降低，从而钻井能力可以比常规转盘钻有明显提高。

⑤ 顶驱系统配备了钻杆上卸扣装置，实现了钻杆上卸扣操作机械化，快速便捷、安全可靠。不用转盘、方钻杆，避免了接单根钻进的频繁常规操作，不仅节省了时间，且大大减轻了钻井工人的体力劳动强度，降低发生人身事故的概率。

⑥ 系统以立根进行取心钻进，改善了取心条件，并提高了岩心质量。

（二）顶驱系统的类型及代号

1. 顶驱系统的类型

根据顶部驱动装置的驱动形式区分，可分为液压驱动和电驱动两大类型。在电驱动顶驱系统中，又可分为直流（AC-SCR-DC）电驱动和交流变频（AC-SCR-AC）电驱动两种形式。在交流变频电驱动中，根据电机类型又可分为交流变频感应电动机驱动和交流变频永磁电动机驱动两种形式。

2. 顶驱系统的型号

国产顶驱系统型号表示如下：

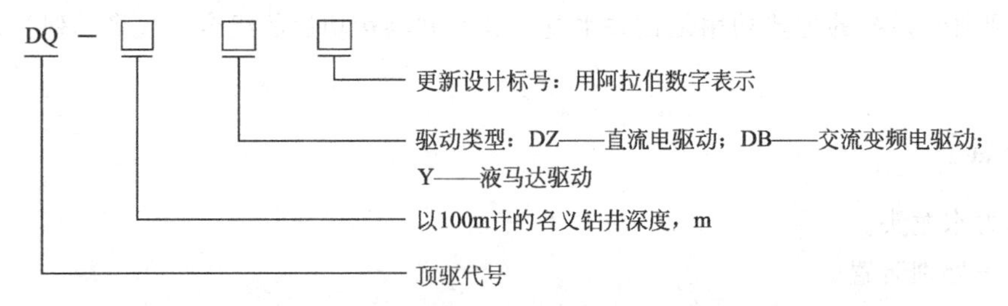

例：DQ-60DB，表示名义钻井深度为 6000m 的交流变频电驱动的顶驱系统。

（三）顶部驱动装置的结构

顶部驱动钻井装置由动力水龙头总成、管子处理装置、导轨与滑车、平衡系统及控制系统组成。顶驱系统主体结构如图 3-7 所示。

1. 动力水龙头总成

动力水龙头总成是顶部驱动钻井装置的主体部件，它由水龙头总成、马达总成、齿轮减速箱和刹车装置等组成，如图 3-8 所示。其作用是由电动机驱动主轴旋转钻井、上（卸）扣，同时循环钻井液，保证正常钻井作业的需要。

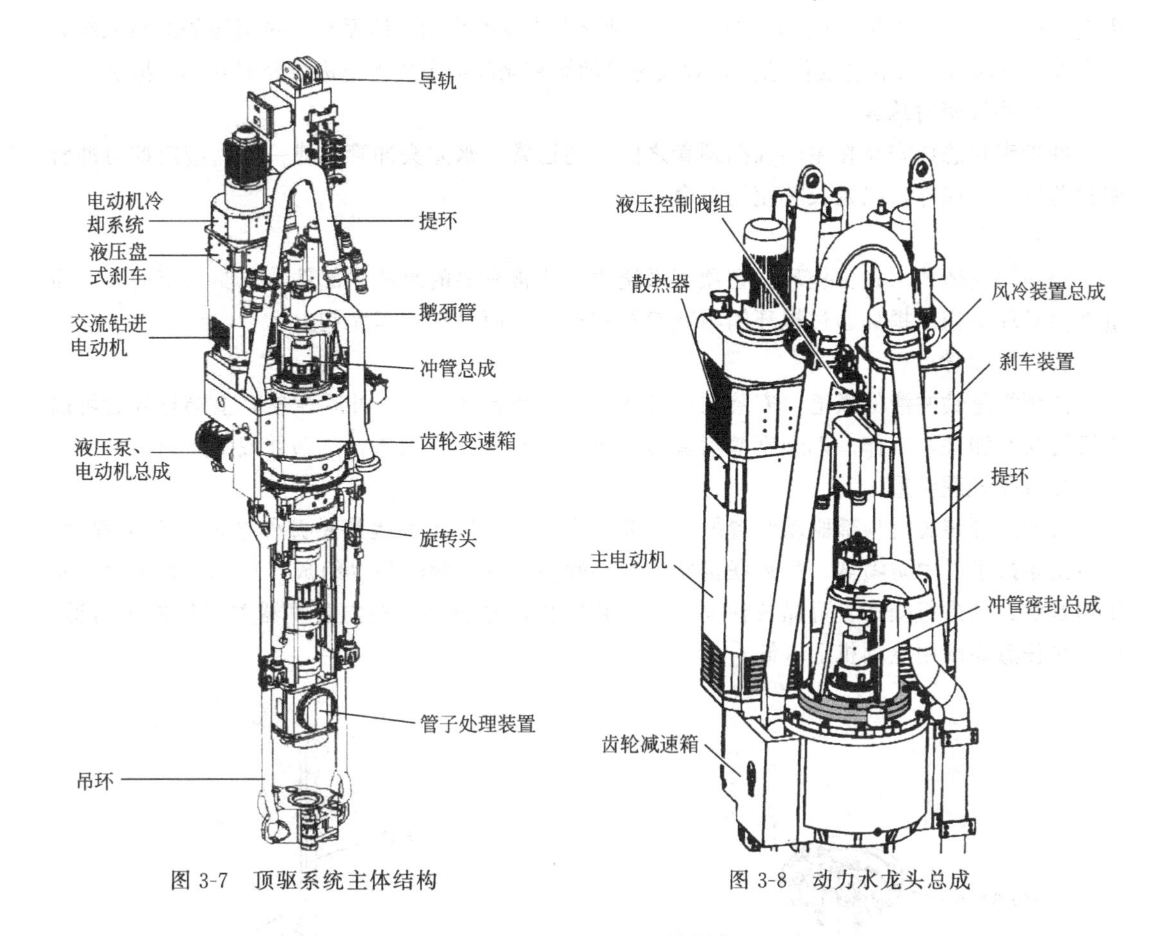

图 3-7 顶驱系统主体结构

图 3-8 动力水龙头总成

(1) 主电动机及风冷装置总成

两台主电动机并排垂直安装在齿轮箱上，电动机有一个双端轴，轴下端安装传动小齿轮，轴上端安装制动器。

在主电动机的上方装有风冷电动机，风机转动后将风从盘式刹车外壳处的吸风口吸入，通过风道压至主电动机上部的入风口内，然后通过电动机内部，由下部的出风口通过双层金属网排出，从而实现对主电动机的强制风冷。在主电动机内部装有温度传感器，用于监测和保护主电动机。

(2) 刹车装置

每个电动机主轴上部的轴伸端装有液压操作的盘式刹车，通过刹车油缸对刹车盘施以夹紧力，以实现刹车，其制动能量与施加的压力成正比。通过刹车装置外盖可以很容易检查和维护刹车装置。在定向作业中，盘式刹车还可以辅助钻柱定向。刹车装置由司钻控制台遥控控制。

刹车装置的每个刹车体带有两个复位弹簧，可以使刹车片在松开刹车时自动复位。刹车摩擦片的磨损量是通过增加活塞行程来自动补偿的。当电动机飞车时，刹车装置起制动作用。

(3) 齿轮减速箱

减速箱在顶驱系统中是非常重要的部件。该减速箱采用二级齿轮传动，传动比大，为10.5∶1。两对齿轮均为斜齿轮，传递扭矩大，噪声低，以适应电动机崩扣时大扭矩的要求。

减速箱的润滑系统采用油泵强制润滑。利用低速液匝马达驱动油泵，过滤后的润滑油通过主支撑轴承、扶正轴承、小齿轮和复合齿轮轴承及齿轮的齿面连续循环。减速箱的润滑系统管路中安装有流量开关和温度传感器，对减速箱油温和循环油泵的流量进行监测并实时报警。

（4）冲管密封总成

冲管密封总成安装在主轴和鹅颈管之间。与通常的水龙头冲管总成一样，应定期对冲管密封总成进行保养，以延长其使用寿命。

（5）提环

提环为整体式水龙头提环，在顶驱系统中是非常重要的承载零部件。顶驱系统的总体质量都由提环负担。提环通过提环销与减速箱相连，上面吊在游车大钩上。

（6）鹅颈管

鹅颈管是钻井液的通道，安装在冲管支架上。鹅颈管下端与冲管相连，上端打开后可以进行打捞和测井等工作。鹅颈管鹅嘴端通过S形管与水龙带相连，是钻井液的入口。

2. 管子处理装置

管子处理装置是顶部驱动装置的重要部分之一，可以大大提高钻井作业的自动化程度。它由扭矩扳手、内防喷器、吊环联接器、吊环倾斜装置、旋转头等组成，如图 3-9 所示。其作用是对钻柱进行操作，可抓放钻杆、上（卸）扣，井喷时遥控内防喷器关闭钻柱内通道。可以在任意高度用电动机上（卸）扣。

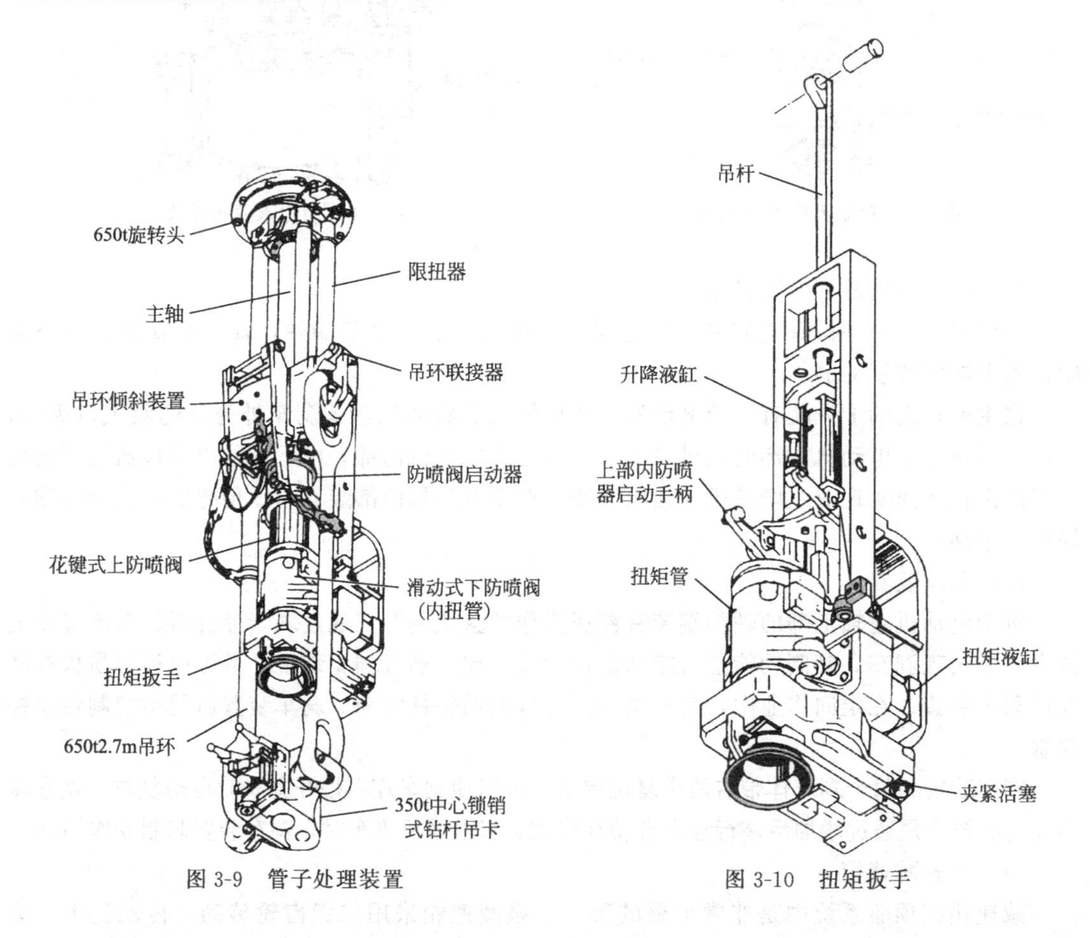

图 3-9　管子处理装置　　图 3-10　扭矩扳手

（1）扭矩扳手

如图 3-10 所示，扭矩扳手由连接在钻井马达上的吊杆支承。卸扣时夹紧活塞（又称夹持爪）先夹紧钻杆内螺纹接头，该动作由夹紧液缸驱动完成。然后，与扭矩管相连的两个扭矩液缸动作，转动保护接头及主轴松扣（即井场上称为“崩扣”的瞬间操作），再启动钻井马达旋扣，完成卸扣操作。钻杆上卸扣装置另有两个缓冲液缸，类似大钩弹簧，可提供螺纹补偿行程 125mm。

（2）内防喷器

内防喷器的作用是当井内压力高于钻柱内压力时，可以通过关闭内防喷器切断钻柱内部通道，从而防止井涌或者井喷的发生。

内防喷器由遥控内防喷器和手动内防喷器组成。上部的遥控内防喷器与动力水龙头的主轴相接，下面的手动内防喷器与保护接头连接，钻井时保护接头与钻杆相接。遥控和手动内防喷器的结构基本相同，手动内防喷器通过操作手柄可使球阀旋转 90°，从而实现钻柱通道的通断。

遥控内防喷器靠液压油缸操作换向，可以在司钻控制台上方便的开关内防喷装置。遥控内防喷器的操作机构由一对悬挂于回转头下的油缸、套筒、扳手等组成。当司钻台给液压控制阀组中的遥控内防喷器回路电控信号时，油缸就推动遥控内防喷器套筒上行，带动曲柄和转销转动关闭遥控内防喷器的球阀，下行则打开控内防喷器球阀。由于油缸与套筒之间的连接下端为滚轮接触，可保证套筒随主轴转动时与油缸活塞杆上的滚轮滚动运动。

（3）吊环联接器

吊环联接器通过吊环将下部吊卡与主轴相连，主轴穿过齿轮箱壳体，后者又同整体水龙头相连。吊环联接器、承载箍和吊环将提升负荷传给主轴，在没有提升负荷的条件下，主轴可在吊环联接器内转动。启吊环联接器可根据起下钻作业的需要随旋转头转动。

（4）吊环倾斜装置

由倾斜油缸推动吊环吊卡作两个方向的运动，可实现前倾、后倾，并具有自动复位功能，使吊环吊卡自动复位到中位。前倾可伸向鼠洞或二层台抓放钻杆；后倾的作用是使吊卡回位，最大后倾时使吊卡离钻台面更远，可充分利用钻柱进行钻进。前倾角度为 30°，后倾角度为 55°（图 3-11），摆动的水平距离与吊环长度有关。

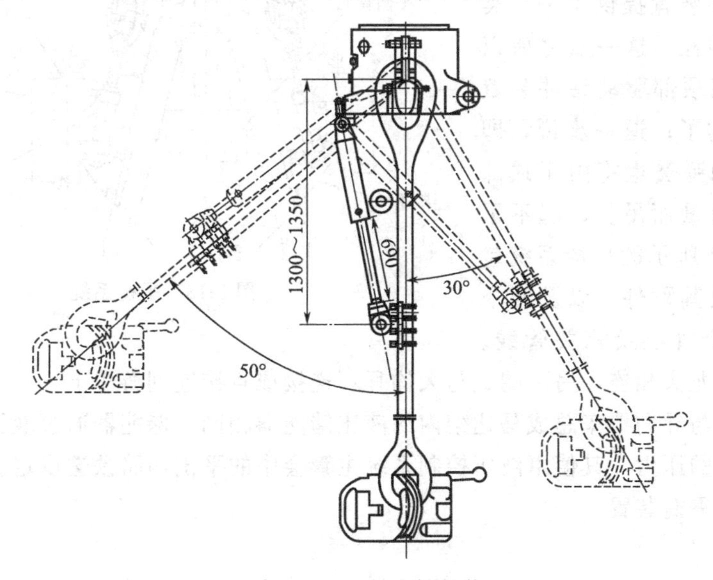

图 3-11　吊环倾斜装置

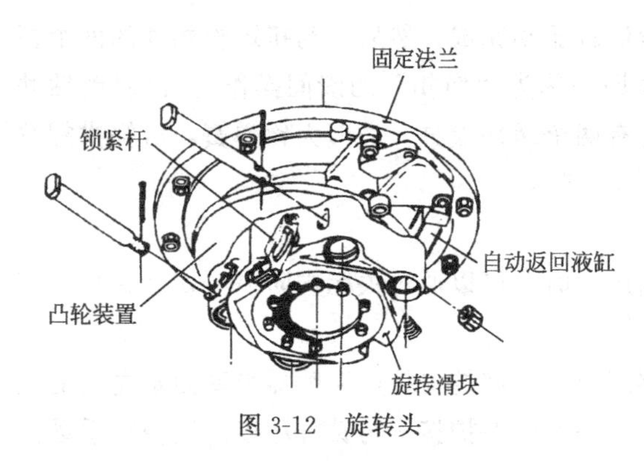

图 3-12 旋转头

(5) 旋转头

顶部驱动钻井装置旋转头是一个滑动总成。当钻杆上卸扣装置在起钻中随钻柱部件旋转时，它能始终保持液、气路的连通，如图 3-12 所示。

固定法兰体内部钻有许多油气流道，一端接软管口，另一端通往法兰向下延伸圆柱部分的下表面。在旋转滑块的表面部分有许多密封槽，槽内也有许多流道，密封槽与接口靠这些流道相通。当旋转滑块位于固定法兰的支承面上时，密封槽与孔眼相对接，使滑块和法兰不论是在旋转还是任一固定位置始终都有油气通过。

旋转头可自由旋转。如果锁定在 24 个刻度中任意刻度位置上，那么通过凸轮顶杆和自动返回液缸对凸轮的作用，旋转头会像标准钻井大钩一样自动返回到原预定位置。

3. 导轨与滑车

导轨—导向滑车总成由导轨和导向滑车框架组成，导轨装在井架内部，通过导向滑车或骨架对顶驱系统钻井装置起导向作用，钻井时承受反扭矩。20 世纪 80 年代顶驱系统大都是双导轨，90 年代的顶驱系统改为单导轨，结构更轻便。导向滑车上装有导向轮，可沿导轨上、下运动，游车固定在其中。当钻井马达处于排放立根位置上时，导向滑车则可作为马达的支撑梁。

4. 平衡系统

平衡系统是顶部驱动钻井装备特色设备之一。它的主要作用是防止上卸接头扣时螺纹损坏，其次在卸扣时可帮助外螺纹接头中弹出，这依赖于它为顶部驱动钻井装置提供了一个类似于大钩的减震冲程。这一点之所以必要，是因为使用顶部驱动钻井装置后没有再安装大钩了；退一步说，即使装有大钩，它的弹簧也将由于顶部驱动钻井装置的重量而吊长，起不了缓冲作用。图 3-13 所示的平衡系统包含两个相同油缸及其附件，以及两个液压储存器和一个管汇及相关管线。油缸一端与整体水龙头相连，另一端或与大钩耳环连接或直接连到游车上。

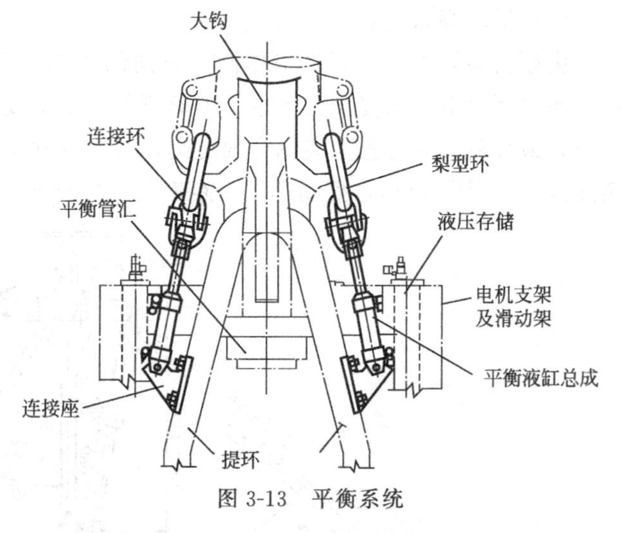

图 3-13 平衡系统

这两个液缸还与导向滑车总成马达架内的液压储能器相同。储能器通过液压油补充能量并且保持一个预设的压力，其值由液压控制系统主管会中的平衡回路预选设定。故这种装置又称为液气弹簧式平衡装置。

5. 控制系统

顶部驱动钻井装置的控制系统由司钻仪表控制台、控制面板、动力回流等组成。控制系统为司钻提供了一个控制台，通过控制台实现对顶部驱动钻井装置自身的控制。司钻仪表控制台由扭矩表、转速表、各种开关和指示灯组成。顶部驱动钻井装置可实现的基本控制功能为吊环倾斜、远控内防喷器、马达控制、马达旋扣扭矩控制、紧扣扭矩控制、转换开关等。

钻井时的转速、扭矩和旋转方向由可控硅控制台控制。可控硅控制台装有马达控制指示灯、远控内防喷器指示灯、马达鼓风机指示灯等。

二、顶驱的维护与保养

（一）每日维护保养项目

每日维护保养项目包括润滑维护保养项目和检查项目。每日润滑维护保养项目的内容见表 3-5，每日检查项目的内容见表 3-6。

表 3-5　每日润滑维护保养项目

序号	项目	润滑点	润滑介质
1	冲管总成	1	润滑脂
2	内防喷器驱动装置滚轮	2	润滑脂
3	背钳扶正环	2	润滑脂

表 3-6　每日检查项目

序号	项目	检查内容	采取措施
1	顶驱系统电动机总成	螺栓、安全锁线、开口销等	按需要修理或更换
2	管子处理装置	螺栓、安全锁线、开口销等	按需要修理或更换
3	内防喷器	操作确认	按需要修理或更换
4	冲管总成	磨损及泄漏	按需要修理或更换
5	滑车和导轨	导轨销轴、锁销等	按需要更换
6	液压系统和液压油	液位、压力、温度、清洁等	按需要修理或更换
7	液压管线	检查液压系统管路泄漏情况； 检查液压观览的表面； 检查胶管接头有无起泡	按需要修理或更换
8	齿轮箱和齿轮油	液位、温度、清洁等，空气滤清器的损坏	按需要修理或更换
9	电缆	损坏、磨损和断裂点	按需要修理或更换
10	电缆接头	损坏、松动情况	按需要修理或更换
11	夹紧装置	位置、锁紧情况	按需要调整
12	油缸各连接处	松动情况	按需要调整

（二）每周维护保养项目

每周维护保养项目包括润滑维护保养项目和检查项目每周润滑维护保养项目的内容见表 3-7。每周检查项目的内容见表 3-8。

表 3-7　每周润滑维护保养项目

序号	项目	润滑点	润滑介质
1	上压盖密封	1	润滑脂
2	提环销	2	润滑脂
3	回转头	2	润滑脂

续表

序号	项目	润滑点	润滑介质
4	上部内防喷器	1	润滑脂
5	滑车总成	16	润滑脂
6	平衡系统油缸销	2	润滑脂
7	倾斜机构油缸销	4	润滑脂

表 3-8 每周检查项目

序号	项目	检查内容	采取措施
1	喇叭口和扶正套	损坏和磨损情况	按需要更换
2	防松装置	螺栓扭矩、防松等情况	按需要更换
3	内防喷器	扳动力矩、密封情况	按需要修理或更换
4	内防喷器驱动装置滚轮	磨损情况	按需要修理或更换
5	滑车、导轨和支撑臂	连接件、锁销、焊缝等	按需要修理或更换
6	滑车滚轮	磨损情况	按需要更换
7	主电动机出风口	百叶窗与防护网破损情况	按需要修理或更换
8	风机总成	螺栓的松动或丢失、风压，进风口散热器、刹车清洁情况	按需要调整、更换和清洁
9	电动机电缆	破损	按需要修理和更换
10	刹车片	磨损情况	按需要更换

(三) 每月维修保养项目

每月维护保养项目包括润滑维护保养项目和检查项目。每月润滑维护保养项目的内容见表 3-9。每月检查项目的内容见表 3-10。

表 3-9 每月润滑维护保养项目

序号	项目	润滑点	润滑介质
1	主电动机	4	专用润滑脂
2	液压泵电动机	2	润滑脂

表 3-10 每月检查项目

序号	项目	检查内容	采取措施
1	上主轴衬套	因冲管泄漏引起的腐蚀	按需要更换
2	吊环倾斜机构液缸销	磨损情况	按需要更换
3	天车耳板和导轨连接件	焊接点损坏或出现裂缝	按需要更换
4	调节板、螺栓和卸扣	开口销或安全销丢失	按需要更换
		卸扣或螺栓磨损	按需要更换
		吊板眼磨损	按需要修理或更换

(四) 每季维修保养项目

每季检查项目的内容见表 3-11。

表 3-11 每季检查项目

序号	项目	检查内容	采取措施
1	减速箱齿轮油	油样分析	更换
2	液压系统液压油	油样分析	更换
3	吸油管滤网	堵塞情况	更换

(五) 每半年检查项目

每半年检查项目的内容见表 3-12。

表 3-12 每半年检查项目

序号	项目	检查内容	采取措施
1	齿轮齿	麻点、磨损和吃间隙	按需要更换
2	齿轮箱润滑油泵	磨损或损坏	按需要修理或更换
3	主轴	轴向偏移	按需要调整
4	提环、提环销	磨损	按需要更换
5	储能器	痰气压力	更换胶囊或蓄能器

(六) 年度维修保养计划

1 年：导轨、主要承载件探伤检查。

3 年：设备检修。

5 年：设备大修。

以上所有项目需根据现场具体使用情况进行及时检查及维护保养。

学习情境四

石油钻机的循环系统

循环系统的主要设备有钻井泵、钻井液循环管线、水龙带、水龙头、钻井液净化设备及钻井液配制设备等。

循环系统的核心是钻井泵，它是循环系统的工作机，是循环系统的心脏，主要用来给钻井液的循环提供必要的能量，即以一定的压力和流量，使具有一定密度、黏度的钻井液完成整个循环过程。由于目前国内外石油钻机中采用的钻井泵都是往复式的压力泵，所以习惯上也把钻井泵称为往复泵。

本章主要阐述钻井泵的工作原理、典型钻井泵的结构和性能特点及钻井泵在使用中的若干问题，同时对钻井液净化控制设备的结构和原理作简单介绍。

项目一　往复泵

【教学目标】

① 掌握往复泵的工作原理。

② 掌握往复泵的主要技术参数。

【任务导入】

往复泵是石油矿场上应用非常广泛的机械设备。往复泵依靠活塞、柱塞或隔膜在泵缸内往复运动使缸内工作容积交替增大和缩小来输送液体或使之增压。往复泵按往复元件不同分为活塞泵、柱塞泵和隔膜泵三种。

【知识重点】

① 往复泵的工作特点。

② 往复泵的分类。

③ 往复泵的主要技术参数。

【相关知识】

往复泵常用于在高压下输送高黏度、大密度和高含砂量、高腐蚀性的液体，流量相对较小。按用途的不同，石油矿场用往复泵往往被冠以相应的名称，例如：在钻井作业中使用的钻井泵（或称泥浆泵），在固井作业中使用的固井泵，采油作业中使用的压裂泵、注水泵、抽油泵等都属于往复泵。

一、往复泵相关知识

（一）往复泵的工作原理

图 4-1 为卧式单缸单作用往复式活塞泵的示意图。当动力机通过皮带、齿轮等传动件带动曲轴或曲柄由 A 点按箭头方向开始旋转经 B 到 C 时，活塞向右边即泵的动力端移动，液缸内形成一定的负压，吸入罐中的液体在液面压力 p_A 的作用下，推开吸入阀，进入液缸，直到活塞移到右止点为止，为液缸的吸入过程。曲柄继续转动（从 C 经 D 到 A），活塞开始向左即液力端移动，缸套内液体受挤压，压力升高，吸入阀关闭，排出阀被推开，液体经排出阀和排出管进入排出池，直到活塞移到左止点时为止，为液缸的排出过程。曲柄每旋转一周活塞往复运动一次，单作用泵的液缸完成一次吸入和排出过程。

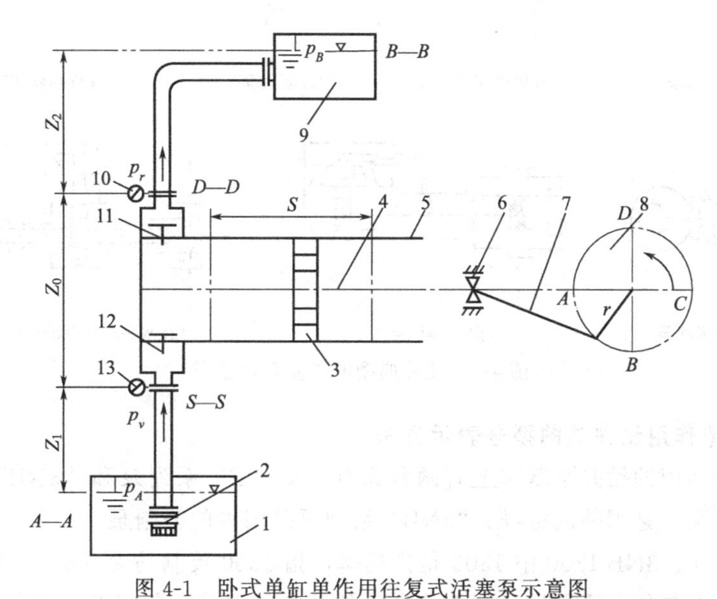

图 4-1　卧式单缸单作用往复式活塞泵示意图

1—吸入罐；2—底阀；3—活塞；4—活塞杆；5—液缸；6—十字头；7—连杆；8—曲柄；9—排出罐；10—压力表；11—排出阀；12—吸入阀；13—真空表

在吸入或排出过程中，活塞移动的距离称为活塞的冲程，以 S 表示；若曲柄半径用 r 表示，则它们之间的关系为 $S=2r$。

（二）往复泵的分类

石油矿场用往复泵大致可以按以下几个方面分类。

① 按缸数分类，可分为单缸泵、双缸泵、三缸泵、四缸泵等。

② 按直接与工作液体接触的工作机构分类，可分为活塞泵及柱塞泵两种。活塞式泵是由带密封件的活塞与固定的金属缸套形成密封副；柱塞泵是由金属柱塞与固定的密封组件形成密封副。

③ 按作用方式分类，可分为单作用泵和双作用泵。

ⅰ. 单作用泵活塞或柱塞在液缸中往复一次，液缸作一次吸入和一次排出。

ⅱ. 双作用泵液缸被活塞或柱塞分为两个工作室，无活塞杆的为前工作室或称前缸，有活塞杆的为后工作室或称后缸，每个工作室都有吸入阀和排出阀，活塞在液缸中往复一次，液缸吸入和排出各两次。

④ 按液缸的布置方案及其相互位置分类，可分为卧式泵、立式泵、V形或星形泵等。

⑤ 按传动或驱动方式分类，可分为机械传动泵、蒸汽驱动往复泵、液压驱动往复泵等。近几年来，液压驱动往复泵在油田越来越受到重视。

石油矿场钻井泵，广泛采用三缸单作用或双缸双作用卧式活塞泵；压裂、固井及注水泵常采用三缸、五缸单作用卧式柱塞泵等其他类型的泵。图4-2是几种典型的往复泵示意图。

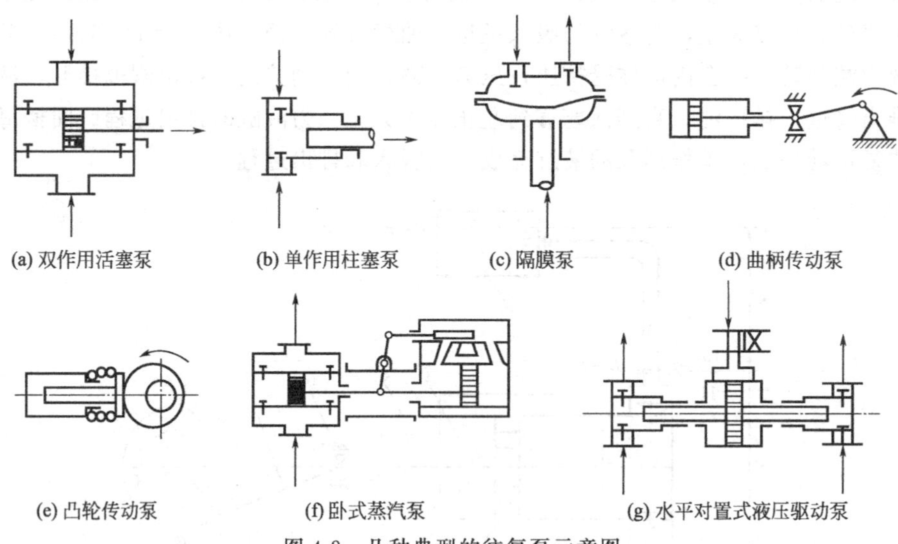

(a) 双作用活塞泵　(b) 单作用柱塞泵　(c) 隔膜泵　(d) 曲柄传动泵

(e) 凸轮传动泵　(f) 卧式蒸汽泵　(g) 水平对置式液压驱动泵

图4-2　几种典型的往复泵示意图

(三) 三缸单作用钻井泵的型号表示方法

目前国内所使用的钻井泵基本上有两种系列，即“F”系列泵和“3NB”系列泵。“F”系列泵是指英制泵，是国外的标准；“3NB”系列泵是国内的公制泵。

例如：F-1300、3NB-1300中1300是指功率，指1300英制马力（hp）。有的钻井泵，为了反映其设计制造单位、适用地区和性能方面的特点，在统一代号前后还标以适用的符号，如SL3NB-1300A，其中SL是汉语拼音“胜利”的字头，A表示发型设计。

“F”系列泵和“3NB”系列泵的区别是在液力端配件不通用，相比而言，F系列的泵维护起来更方便一些。

二、常用钻井泵的典型结构

(一) 钻井泵的结构

我国石油钻机在用的钻井泵主要是三缸单作用泵，由动力端、液力端、喷淋系统、润滑系统、灌注系统等组成，如图4-3所示。

1. 动力端

动力端由机架、曲轴、小齿轮轴、十字头及中间拉杆等组成，如图4-4所示。

动力端具有以下特点：

① 人字齿轮传动；

② 合金钢曲轴；

③ 可更换的十字头导板；

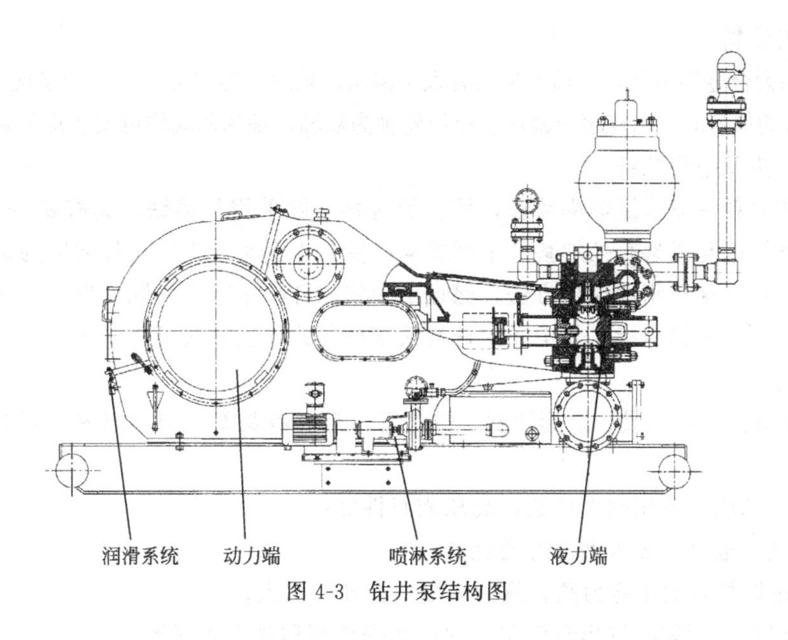

图 4-3　钻井泵结构图

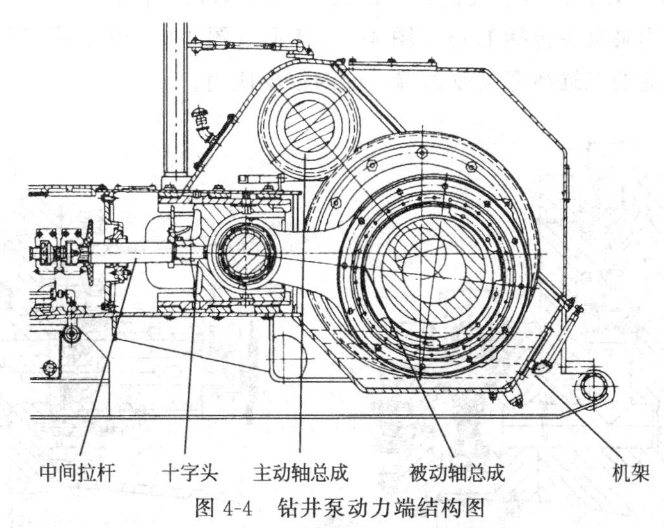

图 4-4　钻井泵动力端结构图

④ 机架通常采用钢板焊接件，强度高，刚性好，重量轻；

⑤ 中间拉杆采用双层密封结构，密封效果好；

⑥ 动力端采用强制润滑和飞溅润滑相结合的润滑方式。

(1) 机架

机架通常由钢板焊接而成，经消除应力处理，刚性好，强度高。机架内设置了必要的油池和油路系统，供冷却和润滑用。

(2) 曲轴

曲轴通常为合金钢铸件。曲轴上分别装有大齿圈、连杆及轴承等。大齿圈为人字齿，大齿圈内孔与曲轴为过盈配合，并用螺栓和防松螺母紧固。连杆大端通过单列圆柱滚子轴承分别装在曲轴的三个偏心拐上，连杆小端通过双列圆柱滚子轴承安装在十字头销上。曲轴两端为双列向心球面滚子轴承。

(3) 小齿轮轴

小齿轮轴为合金钢锻件，在轴上加工有人字齿轮，采用中等硬度齿面。为了便于维修，选用了内圈无挡边的单列向心圆柱滚子轴承。小齿轮轴为双轴，轴的两端均可安装皮带轮或链轮。

(4) 十字头及中间拉杆

十字头的材料一般采用球墨铸铁，导板的材料一般采用灰铸铁，具有良好的耐磨性能。可以通过在下导板与机架孔处加垫片来调整同心度。十字头与中间拉杆之间为销孔配合定位的法兰螺栓连接。这种刚性连接方法，保证了中间拉杆与十字头的同心度。中间拉杆与活塞杆间采用重量轻的卡箍连接，使中间拉杆与活塞杆间的连接方便可靠。

2. 液力端

液力端由液缸、阀总成、缸套活塞、排出管、空气包及安全阀等组成，液力端具有以下特点：

① 各密封部位均采用刚性压紧，高压密封性好；

② 直立式液缸具有吸入性能好的优点；

③ L 形液缸具有耐压能力高，阀总成更换方便的优点；

④ 排出口处分别装有排出空气包、剪销式安全阀和排出滤网等。

目前三缸单作用泵泵头包括 L 形（图 4-5）、I 形（图 4-6）和 T 形三种形式，T 形泵头为国外企业设计制造的三缸活塞泵液力端，国内很少使用。

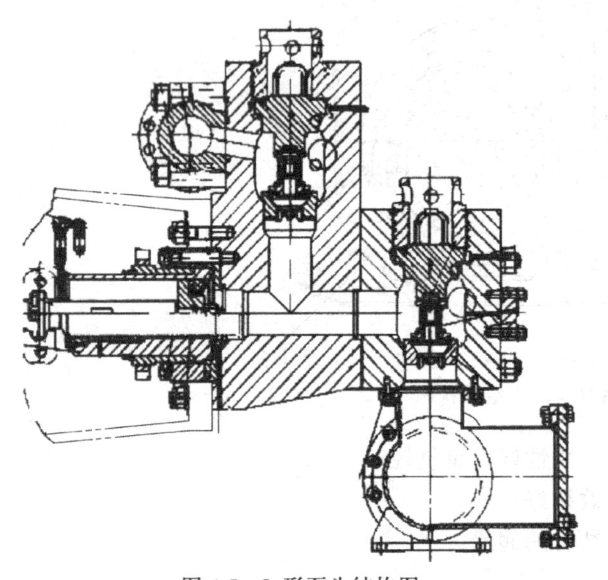

图 4-5 L 形泵头结构图

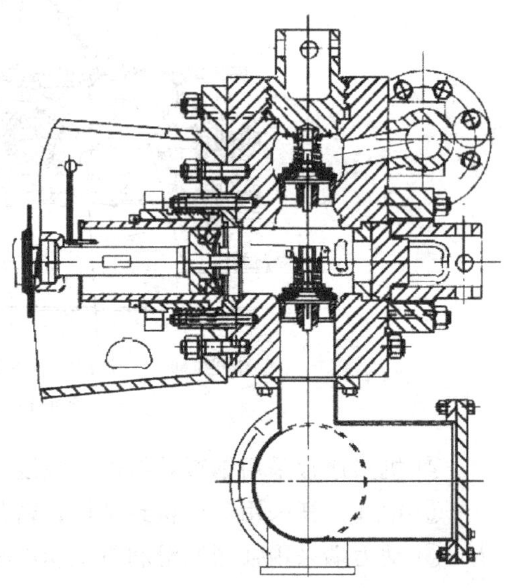

图 4-6 I 形泵头结构图

(1) 泵阀

钻井泵的吸入阀和排出阀一般是可以互换的。泵阀是往复泵控制液体单向流动的液压闭锁机构，是往复泵的心脏部分。泵阀一般由阀座、阀体、胶皮垫和弹簧等组成。

目前钻井泵的泵阀采用盘状锥阀，密封锥面与水平面间的斜角一般为 45°～55°。阀座与液缸壁接触面的锥度一般为 1∶5～1∶8。若锥度过小，则泵阀下沉严重，且不易自液缸中取出；锥度过大，则接触面间需加装自封式密封圈。

如图 4-7 所示，其阀座的内孔是通孔，由阀体和胶皮垫等组成的阀盘上下运动时，由上部导向杆和下部导向翼导向。这种阀结构简单，阀座有效过流面积较大，液流经过阀座的水力损失小，但阀盘与阀座接触面上的应力较大，阀盘易变形，影响泵的工作寿命。

(2) 缸套活塞

往复泵的缸套座与泵头、缸套与缸套座之间多采用螺纹连接，活塞与中间杆及中间杆与介杆之间采用卡箍连接。图 4-8 是三缸单作用泵活塞-缸套总成。

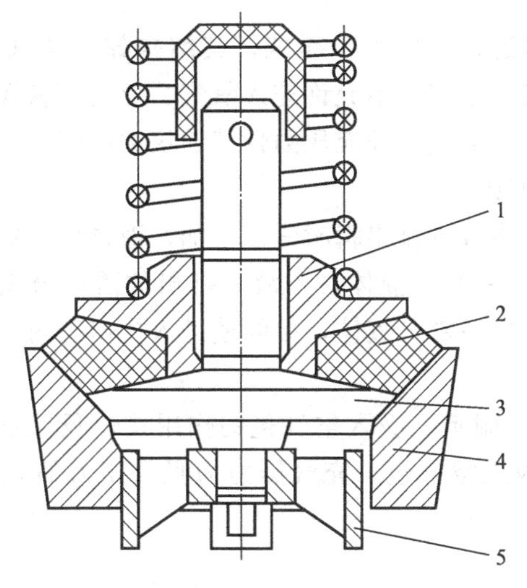

图 4-7 双锥面泵阀

1—压紧螺母；2—胶皮垫；3—阀体；4—阀座；5—导向翼

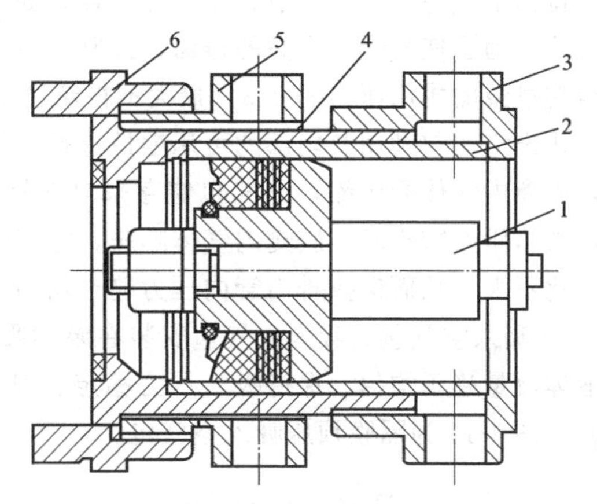

图 4-8 三缸单作用泵活塞-缸套总成

1—活塞总成；2—缸套；3—缸套压帽；4—缸套座；5—缸套座压帽；6—连接法兰

单作用泵活塞由阀芯和皮碗等组成，如图 4-9 所示。活塞一般采用自动封严结构，即在液体压力的作用下自动张开，紧贴缸套内壁。单作用泵活塞的前部为工作腔，吸入低压液体，排出高压液体；后部与大气相通，一般由喷淋装置喷出的液体冲洗和冷却；活塞两边呈对称分布。

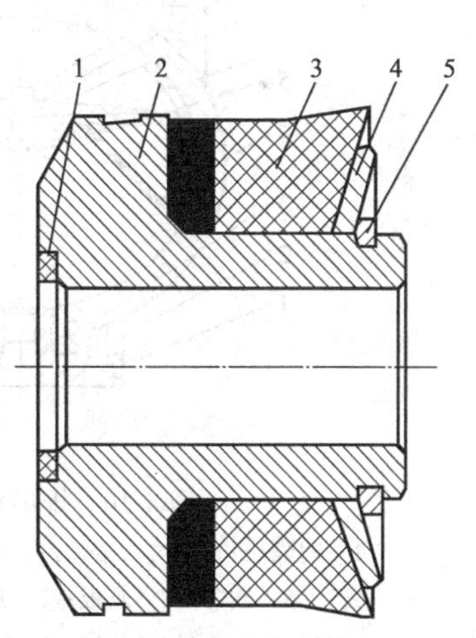

图 4-9 单作用泵活塞

1—密封圈；2—活塞阀芯；3—活塞皮碗；4—压板；5—卡簧

缸套结构比较简单，目前常用的有单一金属和双金属两种。由高碳钢或合金钢制造的单缸套，一般经过整体淬火后回火或内表面淬火，保证一定的强度和内表面硬度；由低碳钢或低碳合金钢制造的单金属缸套，一般经渗碳、渗氮、氰化或硼化等表面硬化处理，将内表面硬度提高到 HRC60 以上，也有的对缸套内进行镀铬、激光处理等。单金属缸套工作寿命短，贵金属消耗量大。

双金属缸套有镶装式和熔铸式两种结构形式，外套材质的机械性能不低于 ZG35 正火状态的机械性能，内衬为高铬耐磨铸铁，硬度 HRC≥60。镶装式内外套之间有足够的过盈量保证结合力。熔铸式利用离心浇铸法加高铬耐磨铸铁内衬；毛坯进行退火处理，机械粗加工后进行热处理，然后进行精加工。目前，国产双金属缸套的平均寿命可达 700h。金属陶瓷缸套是高技术产品，其寿命可达双金属缸套的 2～3 倍。

(3) 空气包

往复泵在工作时，每个液缸在一个冲程中排出或吸入的瞬时流量，都近似地按正弦规律变化，即使有几个液缸交替工作，总的流量也达不到均匀程度。而总流量的不均匀，必然导致压力波动，进而引起吸入和排出管线振动，吸入条件恶化，破坏管线和机件，甚至使泵不能正常工作。为了消除流量不均匀和压力波动，往复泵通常都安装空气包，空气包有排出和吸入之分。

① 排出空气包。排出空气包安装在排出口附近，一般为预压式，其结构如图 4-10 所示。排出空气包内气囊一般充以惰性气体，如氮气或空气，不允许充入氧气、氢气等易燃易爆气体。为了使气囊获得高的寿命，经常使泵的压力与气囊预充压力保持建议的比例，一般不得超过泵的排出压力的 2/3，最大不得超过 4.5MPa。

排出空气包利用其内部的可压缩性进行工作，当液缸排出瞬时流量增加，液体压力加大时，胶囊内气体受压缩，空气包储存来自液缸内的一部分液体，当液缸排出的瞬时流量减少，液体压力减小时，胶囊内气体膨胀，空气包放出一部分液体，始终使进入排出管内的液体变化不大，从而保持排出管内压力趋于均匀。

② 吸入空气包。吸入空气包安装在泵的吸入口附近。吸入空气包的作用是使吸入管中的液体流量趋于均匀，保持吸入压力稳定。对于吸入空气包，充气压力为吸入压力的 80% 左右。图 4-11 为隔膜预压吸入空气包。

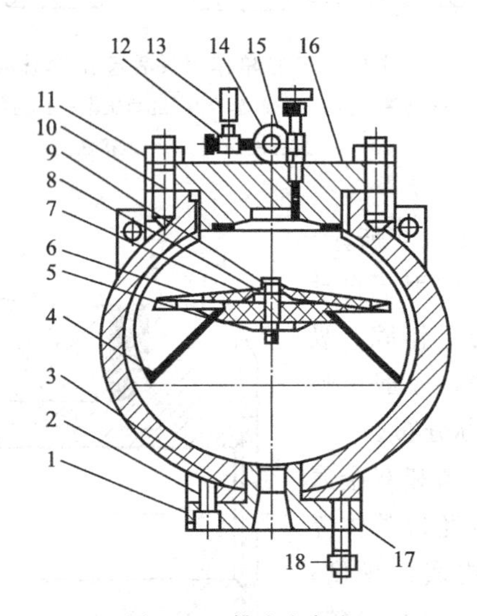

图 4-10　排出空气包

1—间隔块；2—内六角螺钉；3—密封圈；4—气囊；5—铁芯；6—胶板；7—压板；8—垫片；9,11,18—螺母；10,17—双头螺柱；12—截止阀；13—压力表；14—吊环螺钉；15—O 形密封圈；16—压盖

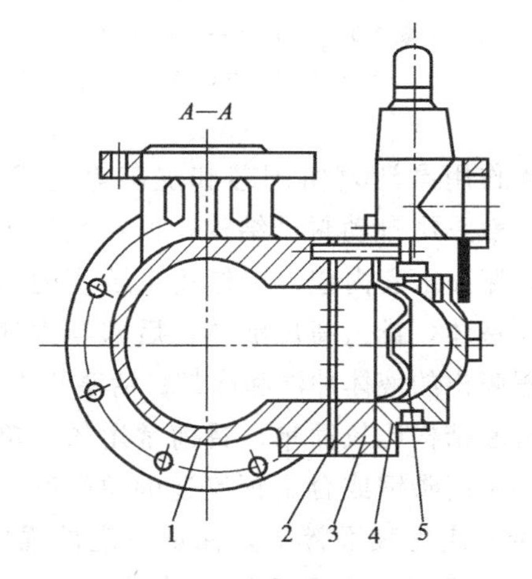

图 4-11　隔膜预压吸入空气包

1—间隔块；2—内六角螺钉；3—密封圈；4—气囊；5—胶皮隔膜

(4) 安全阀

往复泵一般都在高压下工作，为了保证安全，在排出口处装有安全装置（安全阀），以便将泵的极限压力控制在允许的范围内。常见的安全阀有直接销钉剪切式、杠杆剪切式、膜片式和弹簧式等。

① 直接销钉剪切式。直接销钉剪切式安全阀如图 4-12 所示。钻井泵运转工作时，排出

的高压液等压传递到安全阀活塞下部，使安全阀的活塞带着活塞杆及安全销上行，而安全阀的安全销固定帽又不让安全销上行，于是钻井泵排出的高压液体给安全阀活塞下部的力就转化为对安全销的剪切力。钻井泵排出的高压液体压力越高，对安全销的剪切力就越大。当对安全销的剪切力大于安全销所能承受的最大剪切力时，安全销就被剪断，活塞带着活塞杆迅速上行，高压液体就通过安全阀的排泄孔及连接的排泄管排泄，使高压液体迅速降压，起到安全保险的作用。

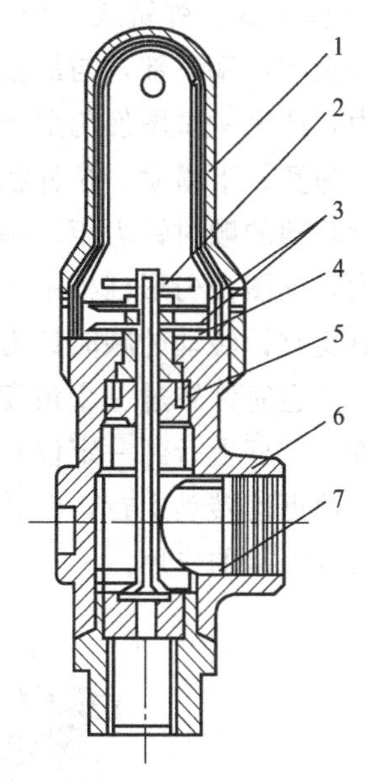

图 4-12　直接销钉剪切式安全阀
1—阀帽；2—活塞杆；3—安全销钉；4—活塞杆；5—密封；6—阀体；7—活塞

② 杠杆剪切式。杠杆剪切式安全阀如图 4-13 所示。钻井泵运转工作时，排出的高压液等压传递到安全阀活塞下部，活塞杆向上的作用力产生一个推动剪切杠杆绕长销轴顺时针转动的力矩，安全销将剪切杠杆和本体穿在一起，产生一个不让剪切杠杆绕长销轴顺时针转动的逆时针力矩。钻井泵排出的高压液体压力越高，产生的顺时针转动力矩越大。当产生的顺时针转动力矩大于安全销所能承受的最大反时针力矩时，安全销就被剪断，剪切杠杆绕长销轴顺时针转动，活塞推着活塞杆迅速上行，高压液体就通过安全阀的排泄孔及连接的排泄管排泄，使高压液体迅速降压，起到安全保险的作用。

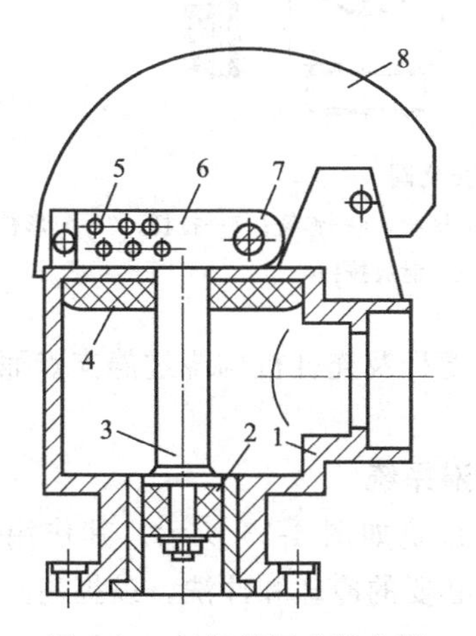

图 4-13　杠杆剪切式安全阀
1—阀体；2—衬套；3—阀杆阀芯总成；4—缓冲垫；5—剪切销钉；6—剪切杠；7—销轴；8—护罩杆

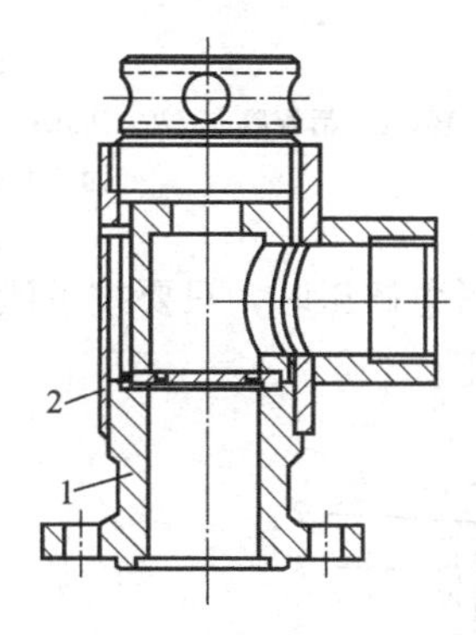

图 4-14　膜片式安全阀
1—阀体；2—膜片

③ 膜片式。膜片式安全阀如图 4-14 所示，钻井泵运转工作时，排出的高压液体直接等压传递到安全阀的铜质膜片上，铜质膜片就承受一张力，钻井泵排出的压力越高，铜质膜片承受的张力就越大，当钻井泵排出的压力高到一定值时，铜质膜片承受的张力就大到极限值而破裂，钻井泵排出的高压液体就通过安全阀的排泄孔及连接的排泄管排泄，起到安全保险的作用。

④ 弹簧式。弹簧式安全阀如图 4-15 所示。钻井泵运转工作时，排出的高压液体等压传递到安全阀活塞下部，与活塞合为一体的活塞杆上行，通过连杆机构给勺形杠杆平衡梁一端一个力，产生一试图使勺形杠杆平衡梁绕支点逆时针转动的力矩；而拧紧调节螺母，通过上横梁、弹簧、下横梁、拉杆在勺形杠杆平衡梁的另一端产生一个不让勺形杠杆平衡梁绕支点逆时针转动的顺时针力矩。钻井泵排出的高压液体压力逐渐升高，活塞杆向上产生的力就逐渐增大，试图使勺形杠杆平衡梁绕支点逆时针转动的力矩也逐渐增大，不让勺形杠杆平衡梁绕支点逆时针转动的顺时针力矩也同等增大，于是就弹簧压缩，拉杆上行，勺形杠杆平衡梁就绕支点逆时针转过一个角度。当钻井泵排出的高压液体压力升高到一定值，弹簧压缩到一定程度，拉杆上行到一定位置，同时在钻井液压力的波动下，活塞杆、连杆机构就会绕过静支点，而迅速转动上行，钻井泵排出的高压液体通过安全阀的排泄孔及连接的排泄管排泄，起到安全保险的作用。

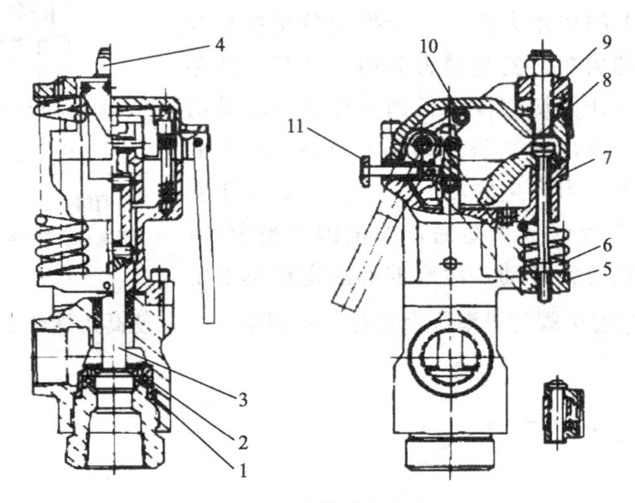

图 4-15 弹簧式安全阀

1—活塞胶皮套；2—活塞胶皮；3—活塞；4—调节螺母；5—下横梁；6—弹簧；7—拉杆；8—勺形杠杆平衡梁；9—上横梁；10—支点；11—泄放按钮

当需要紧急卸压时，只要按下泄放按钮，使活塞杆及连杆机构绕过静支点而迅速转动上行，即可卸压。

3. 喷淋系统

喷淋系统如图 4-16 所示。其作用是对缸套和活塞进行必要的冷却和冲洗，以提高缸套活塞的使用寿命。

喷淋泵为离心泵，驱动方式有两种，一种是在输入轴的轴头上装皮带轮驱动，其转速取决于冲次的大小，在低冲次下喷淋泵的流量可能无法满足使用要求；一种是用电动机单独驱动，其转速不受低冲次的影响。目前，电动喷淋泵得到了更多的应用。

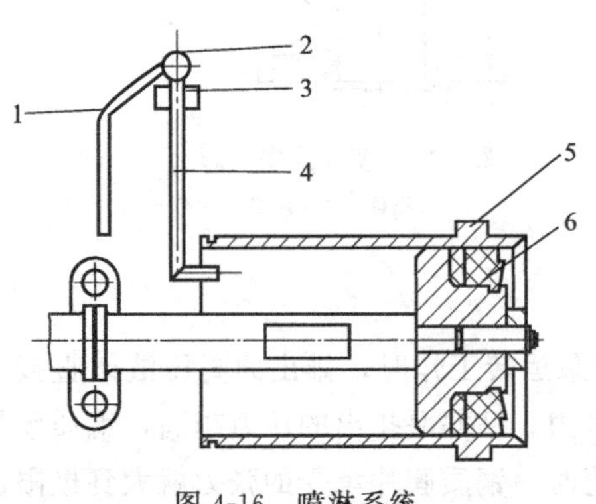

图 4-16 喷淋系统

1—软管；2—钢管；3—支架；4—喷淋管；5—缸套；6—活塞

喷淋管的安装方式有两种，一种是安装在中间拉杆与活塞杆连接的卡箍上，可随活塞往复运动，喷嘴靠近活塞端面，使润滑冷却液始终能冲洗活塞与缸套的接触面，这种方式称为跟随式喷淋管；一种是将喷淋管固定在机架上，喷嘴伸向缸套内部，这种方式称为固定式喷淋管。

喷淋泵冷却润滑介质为清水（或JH-1水基润滑冷却剂）。

三、钻井泵的使用与维护

（一）钻井泵的安装

① 钻井泵及拖座必须放在水平基础上，应使泵尽量保持水平，水平偏差不得超过3mm，以利于运转时动力端润滑油的正确分布。

② 泵的位置应尽量降低，钻井液罐的位置应尽量提高，以利吸入。

③ 泵的吸入管内径不得比泵的连接部位的内径尺寸小。安装前必须将泵的吸入管路清理干净，吸入管线绝不能有漏气现象，阀和弯头应尽量少装一些，阀必须使用全开式阀门。吸入管长度应保持在2.1～3.5m长度范围内，以减少吸入管内的摩阻损耗及惯性损耗，有利吸入，吸入管的端口应高于钻井液罐底300mm。

④ 为了泵平稳操作，延长易损件的寿命，钻井泵需配灌注泵。泵的进口和灌注泵出口之间应设有安全阀，此阀调整至0.5MPa，在吸入管出现超压时，它可使灌注泵免遭损坏。

⑤ 吸入管与钻井液罐的连接处，不能正对钻井液池上方的钻井液返回处，以免吸入钻井液罐底沉屑。

⑥ 牢固地支撑所有吸入和排出管线，使它们免受到不必要的应力，并减少振动，决不能由于没有足够的支撑而使管线悬挂在泵上。

⑦ 为了防止压力过高而损坏钻井泵，在靠近泵的出口处必须装安全阀，安全阀必须装在所有阀门之前，这样如在阀关闭情况下，不慎将泵启动，也不至于损坏泵，必须将安全阀的排出管接长并固定，安全地引入钻井液池，以免当安全阀开启时，高压钻井液排出造成不必要的事故。

（二）泵启动前的准备

① 当启动一台新泵或重新启动一台长期停用的旧泵前，要打开泵上的检查盖，清洗动力端油槽。冬季加入足量的L-CKC220硫磷型中极压齿轮油，夏季加入足量的L-CKC320硫磷型中极压齿轮油，并且在启动前打开泵上的各个检查盖，向小齿轮、轴承、十字头油槽内加油，使泵的所有摩擦面在启动前都得到润滑。

② 检查液力端的缸套、活塞和阀是否装配正常，钻井泵的排出管线是否打开。

③ 缸套的喷淋冷却采用水或用水为基本介质，加入防锈剂的冷却液，喷淋泵系统必须比钻井泵先启动或同时启动，以免烧坏活塞和缸套。

④ 检查喷淋泵水箱内冷却液是否干净，液面是否达到要求。启动前液缸里必须有钻井液或水，以免发生气穴现象，不能在有压力的情况下解除气穴，所以要打开通向钻井泵的阀门，作“小循环”运转到所有空气都被排除为止，这样可以保证钻井泵运行平稳，并延长活塞的使用寿命。

⑤ 拧紧阀盖、缸盖所有螺栓及介杆、活塞杆连接卡箍。

⑥ 检查钻井泵管线上的阀门，是否处于启动前的正确操作状态。

⑦ 检查吸入空气包的充气情况。

⑧ 检查排出预压空气包的充气压力，使压力值是排出压力的30%。

⑨ 打开喷淋泵系统的进排阀门。

⑩ 检查安全阀、安全销是否挂插到与缸套相应压力的销孔上，检查排出安全阀与压力

表是否处于正常状态。

⑪ 打开缸盖，将吸入阀腔内灌进水和钻井液，排出空气。

⑫ 检查十字头间隙是否符合要求。

⑬ 带有强制润滑的，先检查润滑泵，再检查主泵；先启动润滑泵，再启动主泵。

(三) 泵启动后的工作

① 泵的转速要缓慢提高，使吸入管内流体逐步增加，使其跟上活塞的速度，不致发生气穴现象。

② 钻井液密度较大、含气量较多、黏度较高时，泵尽量在较低速下运行。

③ 检查各轴承、十字头、缸套等摩擦部位的温度，是否过高或发生异常现象，一般油温不应起过 80℃。

④ 检查润滑系统是否工作可靠。

(四) 泵运转中的监视

① 检查缸套是否来回窜动，检查活塞杆、介杆卡箍是否有异常响动。检查泵体上的所有螺钉以及阀盖、缸套是否有窜动现象，如发生不正常现象，应查明原因，及时处理。

② 检查各高压密封处是否有泄漏现象，泵阀是否有刺漏声，发现应及时处理。

③ 注意泵压变化，发现异常情况妥善处理。

④ 注意喷淋泵的供液情况是否正常，使缸套活塞冷却润滑情况最佳。

(五) 钻井泵维护检查点

1. 日常维护保养

正确和及时地对钻井泵进行维护保养，是保证钻井泵正常工作，延长钻井泵使用寿命的必要措施。对于任何一个泵的使用，都应重视这一环节。图 4-17 所示是钻井泵日常维护保养检查点，表 4-1 是钻井泵日常维护保养一览表。

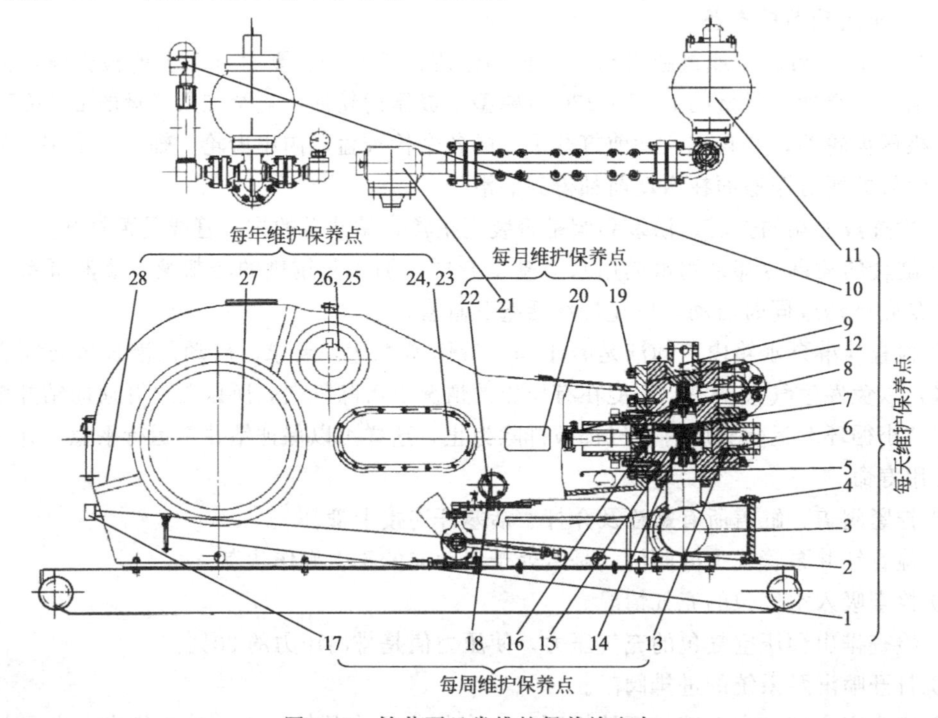

图 4-17 钻井泵日常维护保养检查点

表 4-1　钻井泵日常维护保养一览表

周期	检查点	日常保养内容
每天	1	停泵检查油位，油位太低时应增加到需要的高度
	2	润滑油泵压力表读数是否正常，如压力太低，应及时检查原因
	3	检查空气包的压力是否正常
	4	喷淋泵水箱的冷却润滑液不足时应加满，变质时应更换
每日	5	检查缸套套机架腔，有大量钻井液、油污沉淀时需要清理
	6	缸盖每 4h 检查一次是否松动，上紧时，螺纹涂润滑油
	7	观察活塞、缸套有无刺漏现象，严重时应更换
	8	每天松开活塞杆卡箍一次，将活动塞杆转动 1/4 圈后上紧卡箍
	9	阀盖每 4h 检查一次是否松动，上紧时，螺纹涂润滑油
	10	检查安全阀是否可靠
	11	在停泵时检查排除空气包的预冲压力是否正常
	12	观察警报孔，如有钻井液排出，应及时更换相应的密封圈（共三处）
每周	13	拆卸缸盖、阀盖、出去泥污，螺纹上涂二硫化钼符合锂基润滑脂
	14	检查阀导向器的内套，如磨损超过要求，需更换
	15	检查吸入、排出阀体，阀座，阀胶皮，如有损坏，需更换
	16	检查活塞锁紧螺母是否腐蚀或损坏，若损坏，需要更换（一般用三次）
	17	检查润滑系统过滤网是否堵塞，若堵塞，需清理
	18	旋下排污法兰上的丝堵，排放聚积在油池里的污物及水
每月	19	检查液力端各螺旋是否送退或损坏，如有送退或损坏，应按规定上紧或更换
	20	检查中间拉杆密封盒内的密封圈，若已磨损需更换，至少三个月更换一个
	21	检查排出管内的滤筒是否被堵塞，若堵塞，需清理，螺纹上涂二硫化钼复合锂基润滑脂
	22	每六月换掉动力端油池和十字头沉淀油槽内的脏油并清理
每年	23	检查十字头表面磨损情况，必要时，可将十字头旋转 180°再使用
	24	检查导板是否松动，十字头间隙是否符合要求，否则需进行检查和调整
	25	检查动力端齿轮表面磨损情况，必要时可调面使用
	26	检查小齿轮轴，曲轴总成各部是否完好，如有异常现象须采取措施
	27	检查动力端各轴承有无损坏现象，如损坏，需更换
	28	检查后盖，曲轴端盖等处密封，如起不到良好的密封效果是应换掉

2. 维护保养中的注意事项

① 上中间拉杆与活塞杆的卡箍前，必须将配合的锥面擦干净，同时必须保证中间拉杆与活塞端面不允许有磕拉碰伤引起的凸起。

② 换缸套时，必须将缸套密封圈一起换掉。

③ 冬季停泵后，或临时停泵超过 10 天，必须将阀腔及缸套内的钻井液放尽并冲洗干净。

④ 各检查窗孔应注意密封，以防沙尘混入润滑油内。

⑤ 排出空气包只能充以氮气或空气，严禁充入易燃易爆气体，如氧气、氢气等。

⑥ 在泵运转过程中不允许随便打开各处安全盖板或护罩，如果观察溢流孔需要打开盖

板，应及时合上。

四、钻井泵常见故障及排除方法

（一）钻井泵异常噪声排查

1. 动力端杂音

① 检查十字头的磨损情况，十字头间隙是否过大，十字头销轴是否松动，各处轴承是否磨损严重等。

② 检查介杆与十字头之间的连接部位是否松动。

③ 检查偏心轴或连杆轴承是否松动。

2. 液力端杂音

液力端杂音可归结为机械类杂音和水击声杂音两类。一般情况下，机械杂音发声部位比较明确，声音尖细，可听出金属的铿铬声。若发出声音的部位难以确定，那就是水力敲击。液力端杂音可按下列步骤查明原因。

① 泵更换零部件使用后，立即出现机械杂音，要检查下列各项：

ⅰ. 所更换的零部件是否符合规定，安装是否正确。

ⅱ. 各紧固件是否已按要求拧紧。检查缸套的松紧程度；检查拉杆螺母以及拉杆与中间介杆配合是否松脱；检查密封圈是否密封；检查活塞松紧程度是否合适。

② 泵在工作一段时间后出现机械杂音，要检查下列各项：

ⅰ. 对各连接紧固件，重新检查是否松动。

ⅱ. 检查拉杆的螺纹是否有部分的松动，以致拉杆撞击缸套的顶缸器。

③ 水击杂音只发生在泵的高速运转过程中，这种现象往往是由于液缸没有充满所造成的。应检查下列各项：

ⅰ. 检查吸入滤清器和吸入管线是否被堵塞。

ⅱ. 检查吸入液池面是否过低，使空气进入了吸入管。

ⅲ. 检查吸入管汇各处阀门是否已全部打开，阀杆处及连接法兰是否漏气。

ⅳ. 检查钻井液温度是否过高，气泡是否过多。

ⅴ. 检查固定阀工作是否正常。

在做完上述检查后，若仍存在水击杂音，证明此泵吸入状况很差，在不能采取正确纠正方法时，要增设灌注泵。

④ 水龙带摆动并伴有水击杂音发生要检查下列各项：

ⅰ. 钻井液是否遭气侵。

ⅱ. 吸入管线是否漏气。

ⅲ. 吸入管高点处可能有气袋，检查吸入管斜度是否合适。

（二）钻井泵常见故障原因及排除方法

钻井泵在运转时，如发生了故障，应及时查出原因并予以排除，否则，会损坏机件，影响钻井工作的正常进行，钻井泵常见故障原因及排除方法见表 4-2。

表 4-2 钻井泵常见故障原因及排除方法

序号	故障原因	原因分析	排除方法
1	压力表的压力下降、排量减下，完全不排钻井液	上水管线密封不严密，使空气进入泵内	拧紧上水管线法兰螺栓或更换垫片
		吸入滤网堵死	停泵，清除吸入滤网杂物

续表

序号	故障原因	原因分析	排除方法
2	液体排除不均匀有忽大呼忽小的冲击。压力表指针摆动幅度大。上水管线发出呼呼声	一个活塞或一个阀磨损严重或者已经损坏	更换已损坏活塞检查阀有无损坏及卡死现象
		泵缸内进空气	检查上水管线及阀盖是否严密
3	缸套处有剧烈的敲击声	活塞螺母松动	拧紧活塞螺母
		缸套压盖松动	拧紧缸套压盖
		吸入不良，产生水击	检查吸入不良原因
4	阀盖、缸盖及缸套密封处报警孔漏钻井液	阀盖、缸盖未上紧	上紧阀盖、缸盖
		密封圈损坏	更换密封圈
5	排除空气包充不进气体或充气后很快泄漏	充气接头堵死	清除接头内的杂物
		空气包内胶囊已破	更换胶囊
		针形阀密封不严	修理或更换针形阀
6	柴油机负荷大	排除滤筒堵塞	拆下滤筒，清理杂物
7	动力端轴承、十字头等运动摩擦部位温度异常	油管或油孔堵死	清理油管及油孔
		润滑油太脏或变质	更换新油
		滚动轴承磨损或损坏	修理或更换轴承
		润滑油过多或过少	使润滑油适量
8	动力端、轴承、十字头等处有异常响声	十字头导板已严重磨损	调整间隙或更换已磨损的导板
		轴承磨损	更换轴承
		导板松动	上紧导板螺栓
		液力端有水击现象	改善吸入性能

项目二 钻井液固相控制设备

【教学目标】

① 掌握钻井液固相控制系统的构成。

② 了解固相控制系统设备及工作原理。

③ 掌握离心机的结构和原理。

④ 掌握离心机的维护保养、常见故障及排除方法。

⑤ 了解除气器的结构和原理。

⑥ 掌握除气器的维护保养、常见故障及排除方法。

【任务导入】

钻井液中固相含量过多，将产生不良后果：降低钻井液携带岩屑的能力和钻头的工作效率；使钻井液密度和黏度做不必要的增加；过多的固相加速整个钻井液循环系统机械设备的磨损，影响设备寿命，增加维修工作量。实践证明，钻井液净化是非常必要的，对降低钻井成本、使下套管、电测畅通无阻等方面都具有十分重要的意义。

【知识重点】

① 五级净化系统。
② 振动筛的原理、使用和维护。
③ 水力旋流器的原理、使用和维护。
④ 离心机的结构组成和工作原理。
⑤ 除气器的结构组成和工作原理。

【相关知识】

钻井液固相控制系统简称固控系统，它是石油钻机重要的配套系统之一，主要作用是清除钻井液中不必要的固相颗粒，保持钻井液性能的稳定，以便改善钻井泵和其他钻井设备的工作条件，提高钻井效率。

钻井过程中，从井口返回的钻井液中含有大量的岩屑和砂粒。如果不经过处理，只是简单经过钻井液池和沉淀池的自然沉降，其中的固相颗粒只能少量地减少。继续使用这种钻井液，必然会有相当一部分岩屑和砂粒随钻井液进入钻井泵，并被再次送入井底，造成钻井泵易损件和钻头寿命大大缩短，钻速降低，进尺减少，有时甚至会造成钻井过程中钻杆遇卡事故。

采用配置合适的固相控制系统，并控制和降低钻井液中的不必要的固相含量，使钻井液得到净化，对于改善钻井泵、钻头和钻具的工作条件，延长易损件的寿命具有十分重要的意义。

一、钻井液固相控制系统的构成

钻井液固相控制系统是按照钻井液净化的要求，由相应的钻井液净化设备组成，常用的钻井液净化系统为五级净化系统，如图 4-18 所示。

① 一级净化设备——去除大颗粒。经井底循环返回的钻井液中含有较大的钻屑，钻井液经井口至 1 号罐的连接管进入钻井液振动筛，通过钻井液振动筛将钻井液中粒度大于 74μm 的钻屑颗粒筛分出来，完成一级净化控制。

② 二级净化设备——清除气体。真空除气器是用于去除在钻井过程中侵入钻井液的气体的钻井液专用处理设备，它能够迅速、有效地清除钻井液中所含的气体（包括空气），除气器对于恢复钻井液密度、稳定钻井液的黏度，防止潜在井喷、井塌危险的发生其有重要作用。

③ 三级净化设备——去除较大颗粒。经过钻井液振动筛处理后的钻井液进入到除砂器中。除砂器将钻井液中较大的砂粒（粒度为 40～74μm）分离出来，完成除砂过程，即为三级净化。

④ 四级净化设备——去除小颗粒。经过除砂器处理后的钻井液进入到除泥器中，除泥器将钻井液中小的砂粒（粒度 15～44μm）分离出来。完成除泥过程。即为四级净化。

⑤ 五级净化设备——去除较小颗拉。经过除泥器处理后的钻井液进入到卦式螺旋离心机中，卧式螺旋离心机将钻井液中较小的粒（粒度为 2～15μm）分离出来，完成离心过程，即为五级净化。

五级净化设备主要用于复杂井况和要求较高的井况。在实际使用过程中，可以根据钻井作业的需要，采用其中的不同等级的钻井液净化流程。经过五级钻井液净化控制后的钻井液性能，可以完全达到国内钻井作业对钻井液质量的要求。

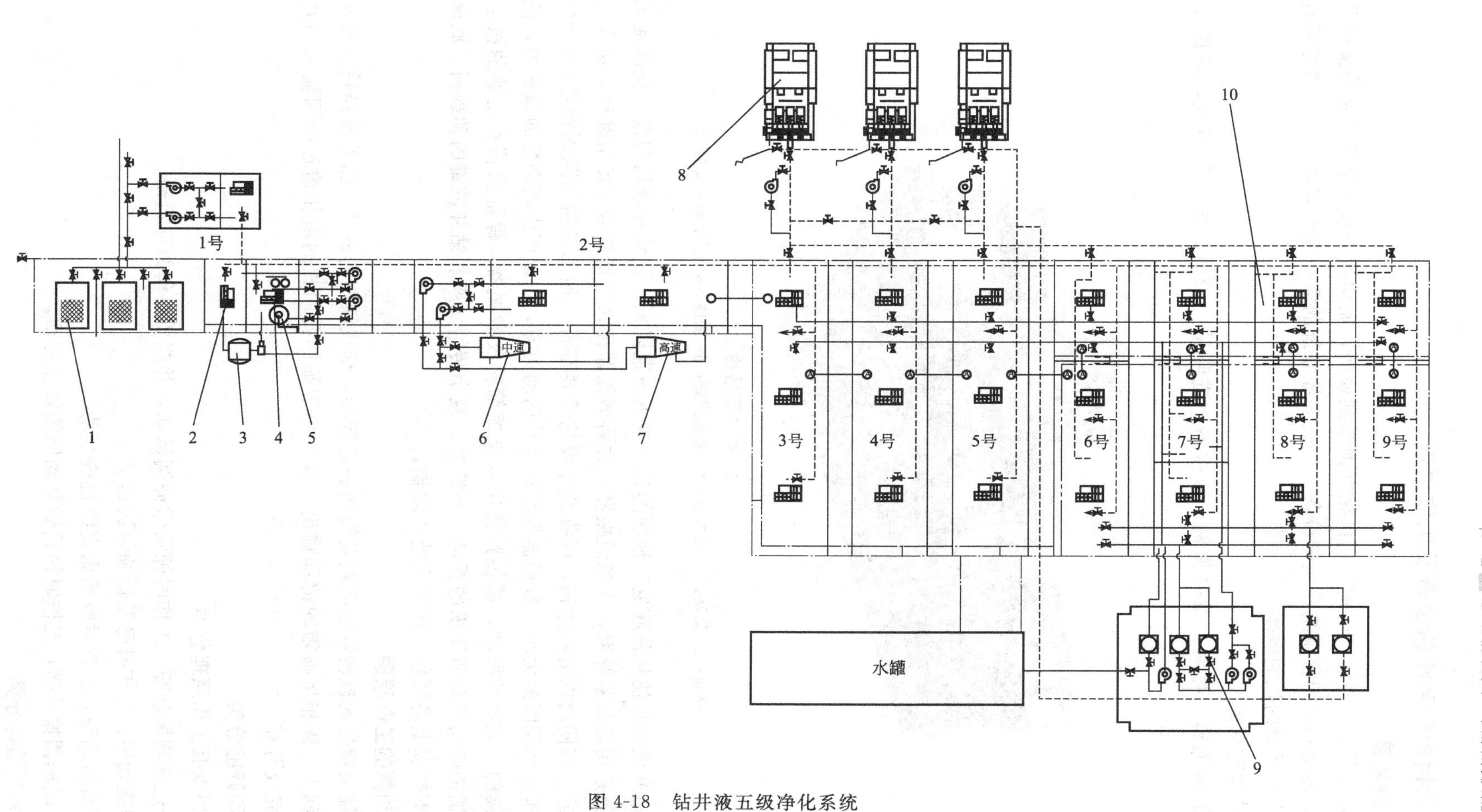

图 4-18　钻井液五级净化系统

1—振动筛；2—搅拌机；3—除气器；4—除砂器；5—除泥器；6—中速离心机；7—高速离心机；8—钻井泵；9—混合漏斗；10—钻井液罐

二、固相控制系统的设备及工作原理

（一）振动筛

在钻井过程中，井底产生的钻屑由钻井液带到地面，振动筛用来将钻屑从钻井液中及时清除出去，振动筛是固控系统中关键设备，也是固控系统的第一级处理设备，它的好坏直接影响整个固控系统的控制效果。

1. 振动筛的结构

振动筛由筛箱、筛网、减振弹簧、激振器、进浆钻井液盒、底座等组成，如图 4-19 所示。

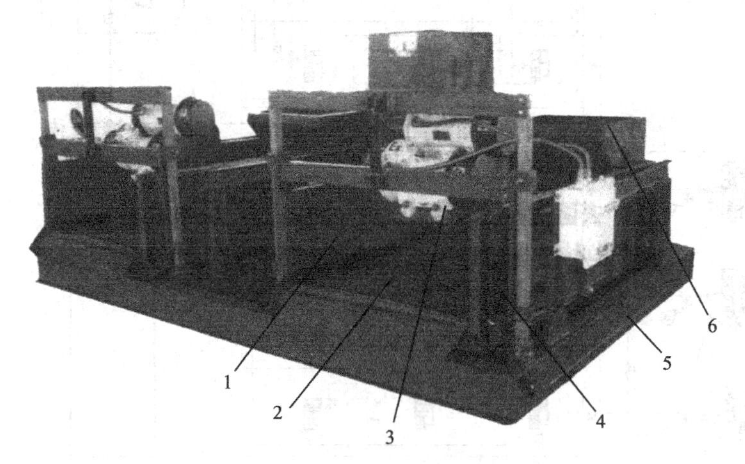

图 4-19　振动筛结构

1—筛箱；2—筛网；3—激振器；4—减振弹簧；5—底座；6—进浆钻井液盒

进浆钻井液盒是使从井底返出地面的钻井液的流速降低，使钻井液均匀地、缓缓地流向筛网。筛箱是用以张紧筛网，支撑激振器，并将激振器传来的持续振动传给筛网，从而达到筛分的目的。筛网用以清除固相，回收钻井液的重要部件，振动筛能筛除固相颗粒的大小，完全取决于筛孔网眼的大小。激振器是筛箱振动的动力源，用以产生周期性的激振力，使筛箱产生持续的、周期性振动。减振弹簧用以支撑筛箱及激振器，保证筛箱有足够的振动空间，同时辅助筛箱实现所要求的振动，并缓冲、减小传给底座和钻井液罐的动载荷。底座主要是用以支撑以上各部件，便于安装和运输。

2. 振动筛的工作原理

振动筛激振器的旋转带动筛箱及筛网一起运动，形成筛网的振动。钻井液经钻井液盒流到筛箱筛网上，固相从筛箱的前部排出，含有小于筛网孔固相的液相透过筛网流入钻井液罐，从而完成分离。

3. 振动筛的分类

（1）根据其工作原理分类

① 普通椭圆振动筛：工作时筛箱做椭圆运动，并绕质心作俯仰运动。

② 圆振动筛：工作时筛箱做圆轨迹运动。

③ 直线振动筛：工作时筛箱做直线轨迹运动。

④ 平动椭圆振动筛：工作时筛箱做平动椭圆轨迹运动。

（2）根据结构分类

① 单筛：一台振动筛单独工作。

② 双联筛：两台振动筛并列安装在同一底座上，可同时处理钻井液。

③ 多联筛：三台或三台以上振动筛并列安装在同一底座上，可同时处理钻井液。

(3) 根据筛网的布置型式分类

① 单层筛：筛箱上有一个筛面。

② 双层筛：筛箱上有上下两个筛面，且两筛面之间有一定的距离。

③ 叠层筛：筛箱上有两个上下交错的筛面。

4. 振动筛筛网的规格

钻井液振动筛中最易损坏的零件是筛网。一般有钢丝筛网、塑料筛网、带孔筛板等，常用的是不锈钢丝的筛网。筛网通常以“目”表示其规格，它表示以任何一根钢丝的中心为点，沿直线方向25.4mm上的筛网数目。例如，某方形孔筛网每英寸有12孔，称作12目筛网，用API标准表示为12×120。对于矩形孔筛网，一般也以单位长度（24.5mm）上的孔数表示，如80×40表示24mm长度的筛网上，一边有80孔，另一边有40孔。

我国工业用金属丝编制方孔筛，根据油田钻井液振动筛的实际情况，发布了国家标准，在国际中已不再使用“目数”作为基本规格，通常用“网孔基本尺寸”来表示。例：筛孔基本尺寸为0.16mm，金属丝直径为0.1mm，平纹编织的筛网，其型号为0.16/0.1（平纹）。表4-3中列出了13类26种规格的振动筛筛网，基本满足石油钻井用的各种筛网使用要求。

表4-3　常用振动筛筛网规格

网孔基本尺寸/mm	金属丝直径/mm	筛分面积百分率/%	单位面积网重/(kg/m^2)	相当英制目数目/in
2.000	0.500	64	1.260	10
	0.450	67	1.040	
1.600	0.500	58	1.500	12
	0.450	61	1.250	
1.000	0.315	58	0.952	20
	0.280	61	0.773	
0.560	0.250	44	1.180	30
	0.280	48	0.974	
0.425	0.224	43	0.976	40
	0.200	46	0.808	
0.300	0.180	36	1.010	50
	0.200	39	0.852	
0.250	0.160	41	0.788	60
	0.140	37	0.634	
0.200	0.125	38	0.607	80
	0.112	41	0.507	
0.160	0.100	41	0.485	100
	0.090	38	0.409	
0.140	0.090	44	0.444	120
	0.071	37	0.302	

续表

网孔基本尺寸/mm	金属丝直径/mm	筛分面积百分率/%	单位面积网重/(kg/m²)	相当英制目数目/in
0.112	0.056	48	0.336	150
	0.050	44	0.195	
0.100	0.063	41	0.307	160
	0.056	38	0.254	
0.075	0.050	39	0.252	200
	0.045	36	0.213	

5. 振动筛的安装、使用及维护

(1) 振动筛的安装

① 振动筛与罐式循环系统配套使用时，振动筛应固定牢靠。

② 振动筛安装以水平面为基准，允许向前倾斜 30°～50°。

③ 安装筛网时，应将上下两层筛网同时绷紧。

④ 安装振动筛皮带应进行张紧，用 100N 力下压单根皮带，下降 10mm 以内为合格。

(2) 振动筛的使用要求

① 启动前必须首先松开筛箱固定装置，然后检查电动机、皮带的松紧，筛网，挡泥板，正常后方可启动运转。

② 接单根作业时不允许停筛。

③ 每次停筛前，空筛运转 5～10min，同时将筛网清洗干净。

④ 钻井液不需要通过筛网时，打开短路盖板。

⑤ 根据所钻地层及钻井液性能要求选用筛网规格。

⑥ 在运输前，必须用筛箱固定装置将振动筛固定好，避免运输中的震动损坏筛箱。

⑦ 筛网上不应放置重物，不应用铁锹等硬物铲、刮、敲、打筛网。

⑧ 更换下层筛网时应仔细检查胶条，如有损坏，应及时更换或修理。

⑨ 对于新筛网，运转 1h 后要进行二次张紧。张紧时，先松开上层筛网，待上紧下层筛网后再紧上层筛网。

(3) 振动筛的维护

① 每班检查振动筛各部件，交接班时应将筛面清洗干净。

② 圆振筛偏心轴轴承每 500h 加注一次润滑脂，直线筛齿轮箱应每个月加油一次，每半年换油一次。

③ 每运转 500h 应进行一次调整、紧固、润滑、清洁检查，并更换部分易损件。

④ 每运转 4000h 进行一次中修。主要内容是检修筛架、轴承、筛网张紧机构，更换隔振弹簧。

6. 振动筛一般故障及排除

振动筛的一般故障及排除方法见表 4-4。

表 4-4 振动筛的一般故障及排除方法

序号	故障现象	原因分析	排除方法
1	电动机过热	电动机需要保养	保养电动机
		电源三相不平衡	检查调整供电线路负荷分配
		电压偏低	设法提高电源电压或降低线损

续表

序号	故障现象	原因分析	排除方法
2	振动不正常或噪声大	底座没垫实	垫实底座
		隔振弹簧上下缺胶垫	加胶垫
		两台电动机同向转动	调整其中一台的旋转方向
		某一部位连接螺栓松动	检查紧固
3	排屑不畅	单电动机工作	排除电动机故障
		电动机转向错误	调整其中一台的旋转方向
		筛网没有充分张紧	张紧筛网
		筛网上沉积物太多	清除沉积物
		流长太短	换上细目筛网以增加流长
4	跑失钻井液	筛网目数偏高	换粗一级筛网
		筛床倾角过低	将筛床倾角调高
		筛网孔眼被沉积物堵塞	用清水冲洗清洁筛网
		岩屑颗粒与筛网孔眼尺寸相近	换细一级筛网
5	筛网寿命太短	筛网没有充分张紧	张紧筛网
		筛床橡胶条缺失或损坏	补装或更换衬条

（二）水力旋流器

从井底返回的钻井液中含有大小不等的颗粒，大颗粒由前置振动筛排除，剩余的则无论大小，都由水力旋流器和超细目振动筛组成的钻井液清洁器来完成。

1. 水力旋流器的结构

钻井液筛一般只能清除25%左右的固相量，74μm以下的细微颗粒仍然留在钻井液中，对钻井速度仍然影响很大。为了进一步改善钻井液性能，一般在钻井液振动筛之后装有水力旋流器，用以清除较小颗粒的固相。水力旋流器分为除砂器和除泥器两种，结构和工作原理完全相同，如图4-20所示。

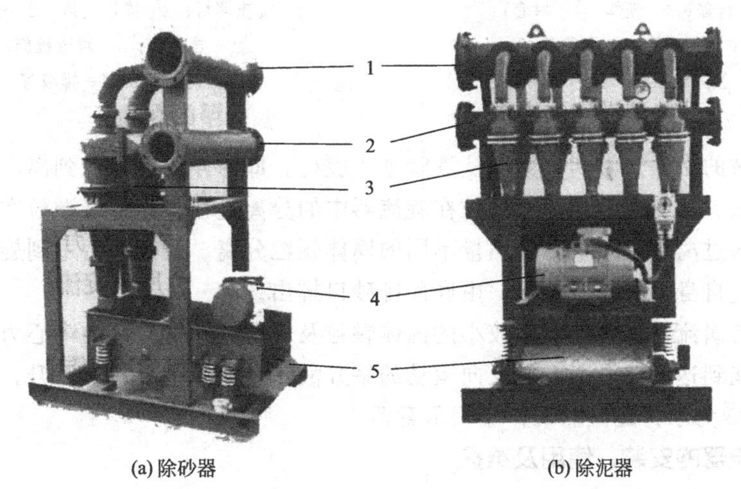

(a) 除砂器　　(b) 除泥器

图4-20　水力旋流器

1—出液管；2—排液管；3—锥筒；4—激振器；5—超细振动筛

除砂器的锥筒内径一般为12.54～30.48cm，能清除大于70μm和约50%的大于45μm的细纱颗粒。除泥器的锥筒内径一般为5.081～12.7cm，能清除大于40μm和约50%大于15μm的泥质颗粒。(锥筒内径是指锥筒圆柱体部分的内径，也称为工作内径。)

水力旋流器锥筒的结构如图4-21所示，其上部呈圆筒形，形成进口腔，侧部有一切向进口管，由砂泵输送过来的钻井液沿切线方向进入腔内。顶部中心有涡流导管，处理后的钻井液由此溢出。壳体下部呈圆锥形，锥角一般为15°～20°，底部为排砂口，排出固相。

2. 水力旋流器的工作原理

离心沉淀原理是水力旋流器的基本工作原理，即悬浮的颗粒受到离心加速度的作用而从液体中分离出来，如图4-22所示。

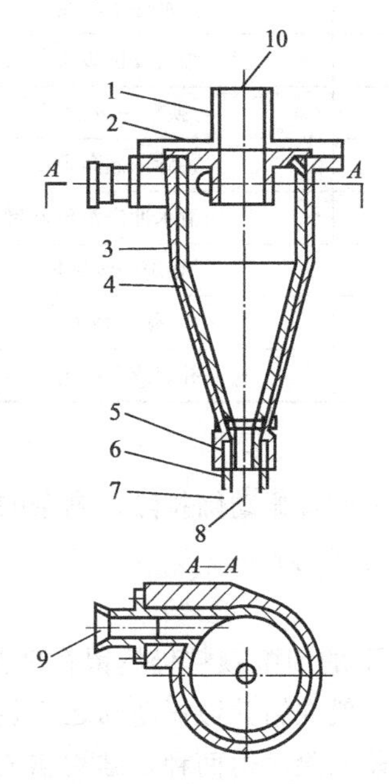

图4-21　水力旋流器锥筒的结构示意图

1—盖；2—衬盖；3—壳体；4—衬套；5—橡胶囊；6—压圈；7—腰形法兰；8—排砂口；9—钻井液入口；10—钻井液出口

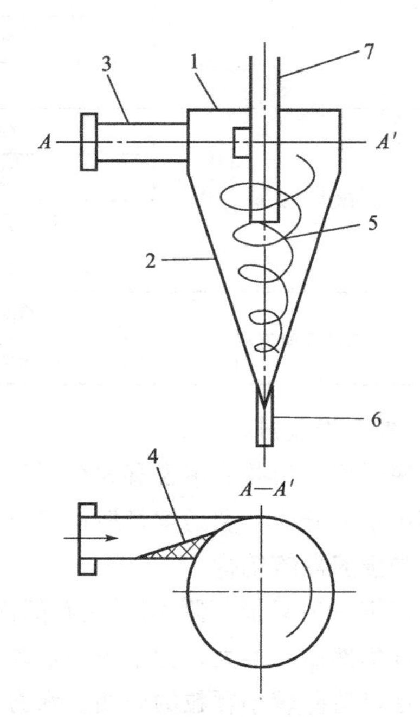

图4-22　水力旋流器的工作原理图

1—旋流器材；2—锥形壳体；3—进液管；4—导向块；5—液流螺旋；6—排砂口；7—排液管

砂泵输送来的钻井液沿切向方向从液管进入腔内，即悬浮的颗粒受到离心加速的作用从液体中分离出来。从本质上说固相颗粒在旋流器中的分离过程更相似于颗粒在沉淀池内的分离过程，就是通过离心力和重力将质量不同的固体颗粒分离。被离心力甩到旋流器内壁上的较大的颗粒通过自身重力向下旋流，由底部排砂口排出。

顶部中心有涡流导流管，质量较小的固体颗粒及轻质钻井液受到的离心力较小，在到达锥底之前，未能到达内壁，因而被反向运动的钻井液带至锥筒中心螺旋上升，由导流管从顶部溢出。图4-23为水力旋流器工作流程示意图。

3. 水力旋流器的安装、使用及维护

(1) 安装

① 除砂器、除泥器安装时允许向前倾斜3°。

② 用联轴节传动的除砂器和除泥起砂泵，其砂泵轴和电动机的同轴度不大于0.5mm。

用皮带传动时应进行张紧；普通三角皮带，用200N力下压单根皮带下降10mm以内为合格；窄V连组皮带，用400N力下压一组皮带下降10mm以内为合格。

（2）使用要求

① 检查旋流体有无损坏，排砂是否畅通，管道有无冻结、堵塞现象，阀门位置、电动机接线是否正确。

② 检查砂泵润滑油量、油质是否符合要求。

③ 先开动钻井液枪、搅拌器，使砂泵吸入口处无沉砂后方可运转。

④ 观察砂泵的工作情况，工作压力必须在0.2～0.4MPa范围内。

⑤ 旋流器工作时底流应呈伞状，底流密度与溢流密度之差应为0.4～0.8g/cm^3。

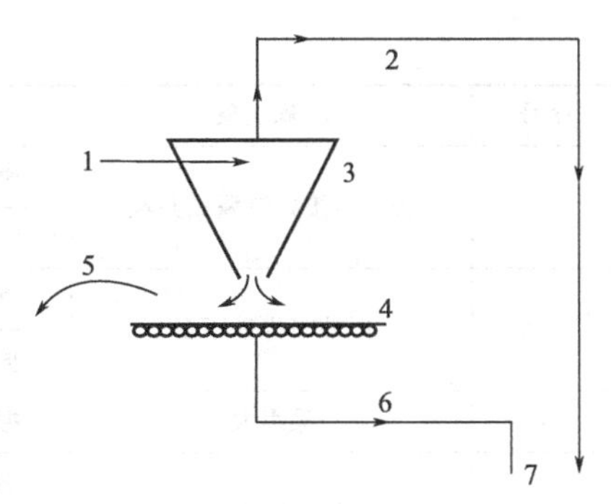

图4-23 水力旋流器工作流程示意图
1—振动筛处理过的钻井液；2—清洁钻井液；3—水力旋流器；4—细目振动筛；5—排出的固体颗粒；6—筛网底流；7—钻井液返回循环系统

⑥ 检查密封装置，泄漏不得超过10mL/min，否则必须调整或更换密封件。

⑦ 底流排砂嘴跑钻井液时，应开动清洁器振动筛回收。

⑧ 停泵时，先关闭砂泵进口阀门，待旋流器内钻井液排尽后方可停泵。

（3）维护

① 砂泵轴承应每12h加注一次润滑脂，每次注润滑脂直到排出口溢出为止。

② 完井停用前应用清水将旋流器及输入排出管线清洗干净。

③ 冬季停用前应检查所有管线、砂泵、旋流器内是否有残留钻井液。

④ 累计运转500h应进行一次维修。

⑤ 累计使用4000h应进行一次中修，主要内容是更换锥斗、蜗壳及砂泵叶轮、砂泵轴承，检查电动机绝缘性。

4. 水力旋流器的故障及排除

水力旋流器常见故障及排除方法见表4-5。

表4-5 水力旋流器常见故障及排除方法

序号	故障现象	原因分析	排除方法
1	底流过干	底流口径大小	换大一号底流口
2	无底流	底流口堵塞	清理堵塞,换大一号流口
3	底流太大	溢流口有堵塞	清理溢流口堵塞物
		底流口直径太大	换小一号底流口
4	清洁筛排屑不畅	混合钻井液量不够	增加混合钻井液流量
		筛网目数太低	更换高目数筛网
5	筛网寿命太短	筛网没有充分张紧	张紧筛网补装
		筛床橡胶衬条缺失或损坏	更换衬条
6	底流口排除物不呈伞装喷射	进入旋流器的钻井液压力不足	检查砂泵和管路阀门
		底流口直径调节不合适	调节底流口直径大小
7	锥体磨损	锥体达到使用寿命极限	更换椎体
		进入旋流器的钻井液压力太高	减小进液口压力

续表

序号	故障现象	原因分析	排除方法
8	法兰连接处渗漏钻井液	密封垫圈损坏	更换密封圈
		螺栓预紧力不均匀	调整螺栓预紧力
9	振动筛排砂不畅	电动机反转	调整电动机转向
		振动筛筛网松弛	调整振动筛框张紧或更换筛网
10	噪声大	振动筛轴承损坏	更换轴承
11	轴承室发热	润滑脂加入过多	去除部分润滑脂
		轴承室缺油,轴承损坏	添加适量润滑脂,更换轴承
12	电动机不能启动	供电电源断开	检查连接电源
		电动机损坏	维修更换电动机

三、离心机

离心机是固控设备中固液分离的重要装置之一，一般情况下安装在系统的最后一级，用于处理非加重钻井液，可以处理掉 2μm 以上有害固相。处理加重钻井液可除去钻井液中多余的胶体，控制钻井液黏度，回收重晶石；处理旋流器底流，回收液相，减少淡水或油的浪费。此外离心机也是处理废弃钻井液，防止污染环境的一种理想设备。

(一) 离心机的分类

离心机根据其工作型式可以分为三种：转筒式离心机、沉降式离心机和水力涡轮式离心机。

离心机根据其工作转速可分为低速离心机、中速离心机和高速离心机。

(二) 离心机的结构及原理

1. 转筒式离心机

转筒式离心机的工作示意图如图 4-24 所示。一个带许多筛孔的内筒体固定的圆筒型外壳内转动，外壳两端装有液力密封，内筒体轴通过密封向外伸出。待处理的钻井液和稀释水从外壳左上方由泵输入后，由于内筒的旋转作用，钻井液在内、外筒之间的环形空间转动，

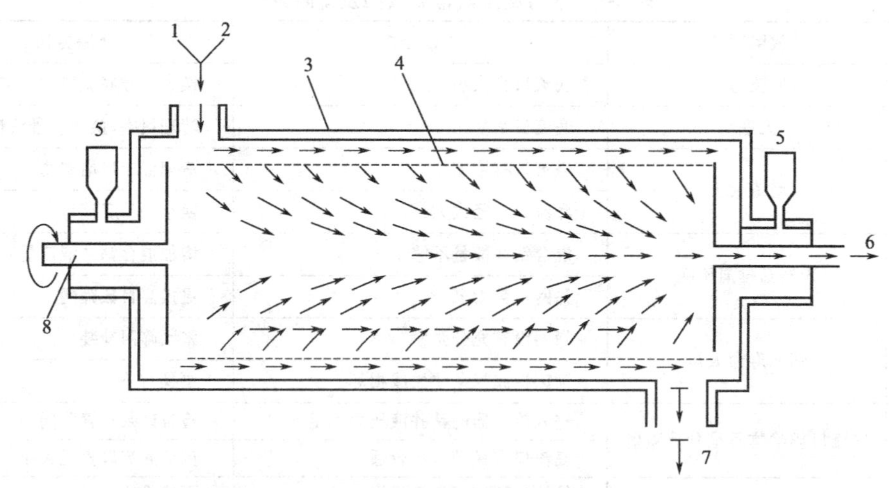

图 4-24 转筒式离心机工作示意图

1—钻井液；2—稀释水；3—固定外壳；4—筛筒转子；5—润滑器；6—轻质钻井液；7—重晶石回收；8—驱动轴

在离心力作用下重晶石和其他大颗粒的固相物质飞向外筒内壁，通过一种专门的可调节的阻流嘴排出，或由以一定速度运转的底流泵将飞向外筒内壁的重质钻井液从底流管中吸出来，予以回收。调节阻流嘴开度或泵速可以调节底流的流量。而轻质钻井液慢速下沉，经过内筒的筛孔进入内筒体，由空心轴排出。这种离心机处理钻井液量较大，一般可回收82%～96%的重晶石。

2. 沉降式离心机

如图 4-25 所示，沉降式离心机的核心部件是由锥形滚筒、输送器和变速器所组成的旋转轴总成。输送器通过变速器与锥形滚筒相连，二者转速不同。多数变速器的变速比为 80∶1，即滚筒每转 80 圈，输送器转 1 圈。因此，若滚筒转速为 1800r/min，输送器的转速是 22.5r/min。

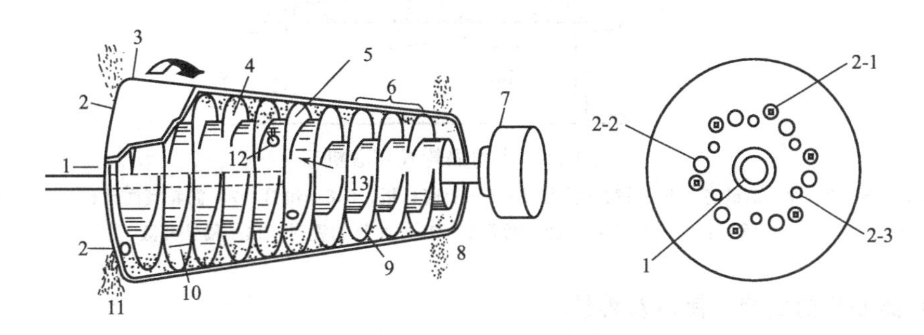

图 4-25　沉降式离心机的旋转轴总成

1—钻井液进口；2—溢流孔；3—锥形滚筒；4—叶片；5—螺旋输送器；6—干湿区过渡带；7—变速器；8—固相排出口；9—滤饼；10—调节溢流孔可控制的液面；11—胶体和液体排出；12—进浆孔；13—进浆室；2-1—浅液层孔；2-2—中等液层孔；2-3—深层液孔

其分离原理是：待处理的加重钻井液经水稀释后，通过离心机旋转轴总成上的一根固定进液管输送器上的钻井液进口，进入到由锥形滚筒和输送器涡型叶片所形成的分离器。此时，钻井液被加速到输送器或滚筒大致相同的转速，在滚筒内形成一个液层。调节溢流口的开度可以改变液层厚度，在离心力的作用下，重晶石和大颗粒的固相被甩向滚筒内壁，形成固相层。固相层由螺旋输送器铲掉，并输送到锥形滚筒处的干湿区过渡带，其中大部分液体被挤出，基本上以固相通过滚筒小头的底流口排出，而自由液体和悬浮的细固相则流向滚筒的大头，通过溢流孔排出。

离心机滚筒有圆锥形和圆锥-圆柱形两种，其输送器有双头和单头螺旋。在结构尺寸一定时，离心机的分离效果与钻井液沉降的时间、离心力的大小和进口钻井液流量等因素有关。而沉降时间又取决于滚筒的大小、形状及液层厚度。钻井液在离心机中的时间通常为30～50s，时间越长、进口量越小，分离效果越好。

3. 水力涡轮式离心机

水力涡轮式离心机构如图 4-26 所示。待处理的钻井液和稀释水经过漏斗，流入装有若干筛孔涡轮的涡轮室。当涡轮旋转时，大颗粒的固相携带同一部分液体被甩向涡轮室的周壁，并经过其上的孔眼进入清砂室聚积到底部。在离心压头的作用下，这一部分浓稠的钻井液再经过短管进入旋流器通过旋流分离。加重剂等从回收口排出，而轻质钻井液则通过管线反入涡轮室。与此同时，涡轮室内的轻质钻井液则通过涡轮上的筛孔、上底孔板的孔及管线排出。

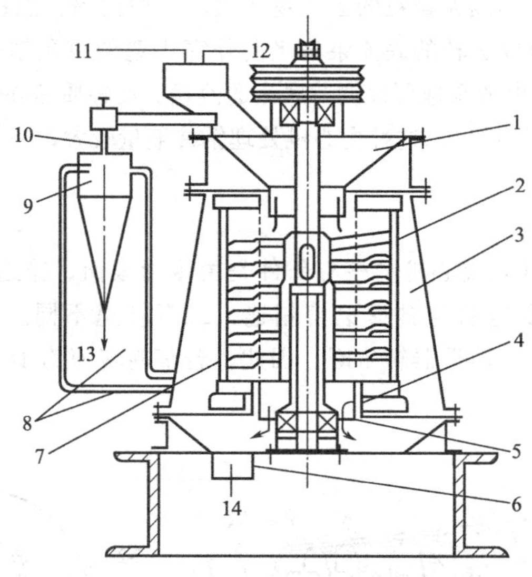

图 4-26　水力涡轮式离心机

1—漏斗；2—涡轮室；3—清砂室；4—稀钻井液腔室；5—上底孔板；6,8—短管；7—涡轮室周壁孔眼；9—旋流器；10—管线；11—钻井液；12—稀释水；13—回收加重剂；14—稀钻井液

（三）离心机的安装、使用及维护

1. 离心机的安装

① 离心机应水平安装，安装时四脚水平高差应小于 10mm。

② 离心机溢流管的倾角应大于 45°，底流槽的倾角应大于 60°。

③ 在离心机的控制箱外应另装电源开关，而不能将离心机的控制按钮作为电源开关。

2. 离心机的使用要求

① 启动时应先启动副驱动电动机，在此之后 20s 再启动主驱动电动机，不应同时启动两个电动机。

② 当主驱动电动机运转后，开启稀释管线，使泵开动运转，并从小到大慢慢调节钻井液输入量，根据钻井液性能调整稀释量。

③ 停机之前先打开水管线阀门，关闭吸浆阀，清洗滚筒直到清水排出后，关闭水管线阀门。

④ 停机时先停主驱动电动机，大约 10min 后，副驱动电动机自动停机。不应通过关闭电源停止副驱动电动机。

⑤ 离心机选用螺杆泵作供液泵时，螺杆泵不应在没有液体的情况下干运转。

3. 离心机的维护

① 每运转 12h 给滚筒轴承、供液泵轴承加注一次润滑脂，输送器轴承每使用 100h 注一次润滑脂，每次注润滑脂直到排出口溢出为止。

② 每运转 100h 检查齿轮箱箱体上的磁塞并清除磁塞上的金属屑。

③ 齿轮箱应使用 30 号机械润滑油冷却，冬季使用 20 号机械润滑油。每运转 500h 应换油一次。

④ 液力耦合器每运转 100h 检查一次油位。若低于油位刻度线，应及时加 20 号或 30 号汽轮机油补充。

⑤ 每运转100h检查皮带的张紧情况，不允许皮带无护罩运转。

⑥ 冬季停机后，应放尽供液泵内的钻井液。

4. 沉降离心机的常见故障与排除

沉降离心机的常见故障及排除方法见表4-6。

表4-6　沉降离心机的常见故障与排除方法

序号	故障现象	原因分析	排除方法
1	离心机振动太大	螺栓松动	拧紧所有螺栓
		罐面太软，产生共振	加固罐面
		长时间停用后，首次启动	按要求对离心机调试
		上次工作后滚筒内固相未清洗干净	开辅机清洗
		进液管装偏，造成进液管与滚筒摩擦或进液管断裂	拔出进液管检查，如有摩擦痕迹，应重新找正进液管，如进液管断裂，应掏出端头后更换新管
		搬家时进液管被撞弯或其他原因造成进液管弯曲	更换新管
		上箱盖未盖正，造成滚筒与箱体摩擦	打开箱盖重新盖正
		排砂口合金套破碎，造成滚筒不平衡	尽量完整的收集喷嘴碎片，以确定喷嘴重量，并通知厂家维修
2	排砂口无固相排出	离心机超负荷运转，使机械安全装置脱落或安全销剪断，推进器和滚筒无转差	换用材质为Q235的相同直径销替换
		电源接错，电动机转向不对	检查主辅电动机转动方向与箭头指向一致
		辅机皮带打滑	张紧辅机皮带
		供液量不足或不供液	检查供液泵及供液管线，查看排液口排液情况，排除供液系统的故障
		进液管折断	检查折断原因，排除后更换新管
3	滚筒小端有钻井液返出	进液量过大	适当分流
		进液管排出口被杂物堵塞	拔出进液管清理
		滚筒与推进器抱死	参见“排砂口无固相排出”中处理方法处理
4	耦合器易熔塞融化	耦合器内油量过多或用油不合格	调整或更换润滑油
		离心机负荷过重或滚筒推进器抱死	按引起离心机负荷过重及抱死的各种原因检查处理
5	滚筒与推进器抱死	滚筒与推进器抱死	把清水灌入滚筒内，把滚筒内壁的滤饼泡软，拆下辅机护罩，用手来回盘皮带轮，使皮带轮能转动半圈以上(如盘不动，可卸下半月盘，把推进器叶片和半月盘之间的泥砂扣出，但注意一定要把半月盘装回原位，不能随意调换位置，以免引起滚筒不平衡)。打开辅机接线盒，把辅机电源反相，启动辅机，往滚筒内不断加入清水，用木棍逐渐煞住滚筒。(注意：千万不能把棍棒插入排砂嘴中来制动滚筒，这样做必然会把排砂嘴撬碎，引起严重后果)这时，滚筒中的泥砂会逐渐从排砂嘴中排出，当泥砂排完后，把辅机重新接回正常相序，扣好护罩、箱体，启动离心机，并检查转动方向是否正确，然后输入清水冲洗10min即可

四、除气器

在钻井过程中，经常会发生钻井液被气侵的现象，也就是说在返回地面的钻井液中含有大量的气体，使钻井液密度明显降低。气侵现象主要是钻进中遇到高压气层或井内钻井液静液柱压力不足使地层的气体进入井内等原因造成的。不明显的气侵现象经钻井液振动筛及搅拌器可消除，但若气侵严重的钻井液不及时处理就会造成不良后果。

除气器虽然不直接参与钻井液的固相控制，但钻井液中气体含量较多时，由于钻井液密度的下降，使离心泵压力降低，继而直接影响到旋流器的工作。因此，除气器在钻井过程中是不可缺少的。除气器应安装在沉砂罐和第一级旋流器之间。

现场常用的除气设备有钻井液-气体分离器和真空式除气器，其中常用的是真空除气器。

(一) 真空除气器的工作原理

一般情况下，当钻井液中的气泡直径大于 4mm 时，能在浮力的作用下很快逸出液体表面而破裂。直径小于 1mm 时气泡被包在钻井液中，出现使钻井液密度下降的气侵现象。利用真空泵或喷射式抽空装置使除气罐中形成一定的真空度。循环罐中气侵的钻井液在真空造成的压差作用下被吸入除气罐内。在负压环境下，使小气泡升至钻井液表面所受到的压力减小，同时小气泡体积增大，增加了小气泡受到的浮力，从而能迅速地升至液面排到空气中。

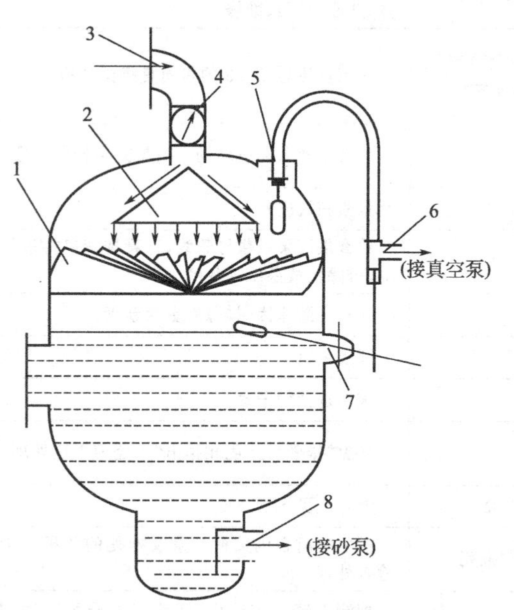

图 4-27 除气罐结构示意图

1—阻流板；2—布流伞；3—钻井液进口；4—蝶阀；5—安全装置；6—气体出口；7—液面自控装置；8—钻井液出口

(二) 真空除气器的结构

下面以 ZCQ 型真空除气器为例，介绍真空除气器的结构。图 4-27 所示为 ZCQ 型真空除气器中除气罐的结构示意图。

真空除气器由除气罐、水环真空泵、砂泵和水气分离箱等组成。工作时，真空泵经除气罐上部的出气口在除气罐内抽吸气体，使罐内气压下降接近真空。气侵钻井液由钻井液进口进入储气罐，首先流经上部的布流伞，使其均匀散开向下淋，流经阻流板，受到剧烈的搅动后，钻井液的气泡不断地暴露于表面并迅速破裂。气体从钻井液析出，由真空泵从罐内抽出；钻井液从分离箱的下部，不断的被砂泵从钻井液出口抽出，并泵入下一级钻井液净化装置。

为防止罐内除过气的钻井液面淹没阻流板而影响除气效率，在罐的中部设有液面自控装置，通过罐内液面升降的浮子、联动球阀的开启与关闭和与大气相通的三通进气口，自动调节罐内的真空度来控制除气罐内的进液量，把罐内液面控制在一个适当的高度内。

除气罐顶部的安全装置由浮子、连杆及球面阀组成，正常情况下浮子悬空，球面阀是开启状态，气体正常抽出。当液面自控装置失灵，液面接近罐顶时，浮子随液面上升，自动关闭球面阀，切断抽气通道，避免钻井液吸入真空泵。

（三）除气器的安装、使用及维护

1. 除气器的安装

① 除气器应水平安装。

② 真空除气器应安装在振动筛和除砂器之间。

2. 除气器的使用要求

① 使用前先检查所有管道是否畅通，阀门位置电动机接线是否正确。

② 检查砂泵、真空泵、减速箱的润滑油量、油质是否符合要求。

③ 根据钻井液性能调节除气室真空度。

3. 除气器的维护

① 完井停用前应用清水将除气室及输入排出管线清洗干净。

② 在除气器工作时，砂泵及真空泵轴承应每 12h 加注一次润滑脂，每次加注润滑脂直到排出口溢出为止。

③ 冬季停用前应放尽所有管线、砂泵、真空泵、除气室内的钻井液。

④ 累计使用 500h 应进行一次维修，主要内容是调整、紧固、润滑、清洁，更换部分失效或损坏的零部件。

⑤ 累计运转 4000h 应进行一次中修，主要内容是检修所有的阀门及砂泵、真空泵轴承，检查电动机的绝缘性。

4. 除气器的常见故障与排除

除气器的常见故障与排除方法见表 4-7。

表 4-7 除气器的常见故障与排除方法

序号	故障现象	原因分析	排除方法
1	真空度不高或为零	真空泵内没有注满或没有注水	给真空泵内注水
		螺栓连接处或真空管线密封不好	紧固螺栓或密封真空管漏气处
		吸入管或排液管没有侵入钻井液	将其侵入钻井液
2	启动后，有异样声音或强烈震动现象	真空泵内进入固体颗粒	打开泵头清洗，若有损坏，应更换
		真空罐内进入异物	打开法兰清除或打开底盖清除
3	启动后，真空泵电动机不运转	真空泵叶轮锈死	用管钳夹紧真空泵与电动机的联轴节，左右旋转数圈，轴转动灵活后在启动电动机

学习情境五 石油钻机的驱动和传动装置

钻机的驱动设备，也称为动力机组，为工作机提供所需要的动力和运动。钻机的传动系统将动力机组和各工作机联系起来，将动力和运动传递并分配给各工作机。所谓动力传动性能好，就是指要满足钻井工艺的要求，配备有足够的功率，并且能充分发挥功率的效能；要满足起下钻操作快和快速钻进的要求；要能提供合适的钻井泵的排量和高泵压，满足洗井以及喷射钻井的要求。

现化石油钻钻机有多种驱动型式，现在常用的为柴油机驱动（机械驱动）和电驱动，其中电驱动包括交变频驱动（VFD）和直流驱动（SCR）。

项目一　驱动方案及类型

【教学目标】

① 了解工作机组对驱动与传动系统的要求。

② 了解三种典型的驱动方案。

③ 了解钻机驱动与传动类型。

【任务导入】

钻机的动力与传动系统关系到钻机的总体布置和主要性能。其设计与制造既要满足钻井工况的要求，又要适应井场搬家的需要，因此钻机的动力与传动系统要稳定可靠，同时也需要结构紧凑。

【知识重点】

① 工作机组对驱动和传动系统的要求。

② 单独驱动、统一驱动和分组驱动的特点。

③ 钻机驱动与传动的类型。

【相关知识】

石油钻机具有绞车、转盘和钻井泵三大工作机组，它们的运行需要动力驱动以及运动的传递和合理分配。

一、工作机组对驱动与传动系统的要求

（一）绞车

钻井绞车的工作特点是载荷大，而且载荷变化也大，在同一档中载荷随立根变化而变化，每起一个立根，载荷变化一次。因而要求驱动、传动系统随大钩载荷的不断变化，能够调节大钩的提升速度，重载时提升速度慢一些，轻载时提升速度快一些。

按绞车的工作特点，对动力机组提出的要求如下。

① 能无级变速，以充分利用功率。

② 具有短期过载能力，以克服启动动载、振动冲击和轻度卡钻。

③ 绞车启、停操作频繁，要求动力传动系统有良好的启动性能和灵敏、可靠的控制离合装置。

（二）转盘

在钻井过程中，随着钻井深度的变化和岩层的变化，转盘载荷也在不断地变化，这就需要及时地改变钻压和转速。因此，钻井工作要求转盘：

① 转速具有一定的调节范围。

② 具有倒转、微调转速的功能，满足处理事故的要求。

③ 具有限制扭矩的装置，防止过载而扭断钻杆。

（三）钻井泵

钻井泵的泵压随钻井深度的增加而增加。在一定的缸套直径下，达到允许的最大泵压后，若继续加深钻井，必须采用降低速度（冲数）的方法调节排量，以保持泵压不超过极限。

钻井泵一般都在额定冲次附近工作，负载的波动幅度也不大，因此对驱动系统的要求比绞车、转盘低。主要的要求是：具有一定的速度调节范围，以充分利用功率；允许短期过载，以克服可能出现的蹩泵。

二、典型驱动方案

钻机的驱动方案大致可以分为单独驱动、统一驱动和分组驱动三种。

（一）单独驱动方案

转盘、绞车、钻井泵三大工作机组，各由不同的动力机一对一或二对一地进行驱动，电驱动钻机大都采用如图 5-1 所示的单独驱动方案。单独驱动的传动系统简单、效率高、安装方便，工作机之间无机械形式的联系，总体布置灵活性大，但装机功率利用率低，动力机组间动力不能互济。

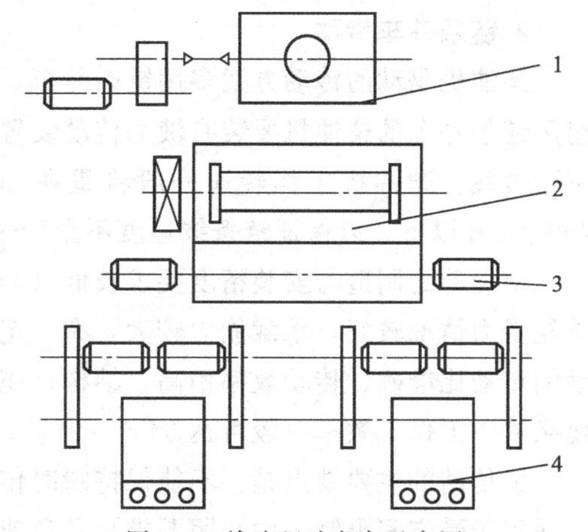

图 5-1　单独驱动方案示意图

1—转盘；2—绞车；3—电动机；4—钻井泵

（二）统一驱动方案

统一驱动是指两台或三台甚至若干台柴油机组，分别经过各自的变矩器后并车，再去统一驱动绞车、钻井泵、转盘和辅助设备。按照并车和传动的不同可分为皮带并车传动和链条并车传动等传动形式。其优点为设备功率利用率高、功率互济性好、安全性和可靠性程度高。

其缺点为传动系统复杂，传动效率低，导致钻机底座结构复杂、重量大。

1. 皮带并车传动

皮带并车传动是指采用窄 V 胶带或普通 V 形胶带作为钻机的动力传动副，用皮带将多台动力机组并车，统一驱动各工作机及辅助设备。

皮带并车传动的主要优点是：传动柔和、并车容易、制造简单及维护保养方便，对操作者要求不高。不足的是普通 V 形胶带大功率传动时根数多，结构不紧凑，寿命较短。

采用皮带传动形式的钻机有 20 世纪 60 年代投产的 ZJ45J 钻机、70 年代中期投产的大庆 130 钻机、80 年代后期生产的 ZJ32J-2 钻机及近几年生产的 ZJ40J 钻机（整体联组窄 V 带并车传动）、ZJ40JD 钻机（与 ZJ45J 钻机传动一致，将普通 V 带升级为联组窄 V 带）以及各种在大庆 130 钻机、ZJ45J 钻机基础上升级变型的钻机。

大庆 130 钻机传动，如图 5-2 所示，柴油机通过万向轴与三台联动机组相连。联动机组通过 E 型 V 带并车后，动力由Ⅱ、Ⅲ号联动机组通过 E 型 V 带驱动两台钻井泵。在Ⅰ号联动机组上设有正车箱，通过链条驱动绞车和转盘。

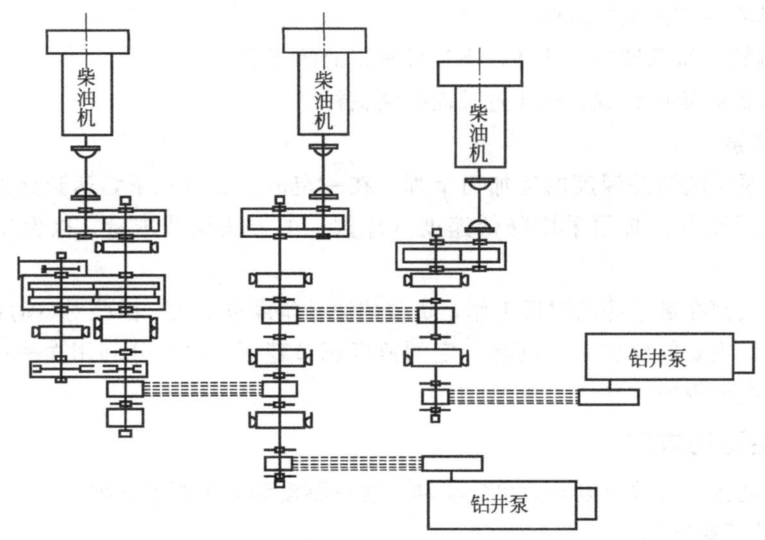

图 5-2 大庆 130 钻机传动示意图

2. 链条并车传动

柴油机驱动的传动方案多用链条并车，排成一纵行，便于搬运安装和更换。其中个别机组用链条并车的柴油机要装有液力传动装置（液力变矩器和液力耦合器），以保证各柴油机不致过载。柴油机工作转速一般希望在 1000r/min 左右，经过液力传动后，转速下降为 700r/min 以下，以保证链条线速度不至于过高（小于 16～20m/s）。

链传动的制造与安装精度要求较低（与齿轮传动相比），适宜于较远距离间的动力传递，链轮受力情况较好，承载能力较大，有一定的缓冲和减振性能。与摩擦型带传动相比，链传动的传动比准确，传动效率稍高，结构体积小，链条的磨损伸长相对缓慢，并且能在恶劣环境条件下工作，效率一般可达 94%～96%。

链传动的主要缺点是：不能保持瞬时传动比恒定，工作时有噪声，磨损后易发生跳齿，不适用于受空间限制、中心距要求小及急速反向传动的场合。

链条并车传动钻机为机械统一驱动钻机，一般为 2～4 台柴油机与液力变矩器或液力耦合器组成的动力机组（柴油机与液力变矩器或液力耦合器采用万向轴相连或者为一体机）布置在后台底座上，通过整体链条并车箱并车后，经万向轴分别驱动钻井泵（一般为1～2台）。通过翻转链条箱和万向轴（或者对接链条箱）驱动绞车及转盘，如图5-3所示。

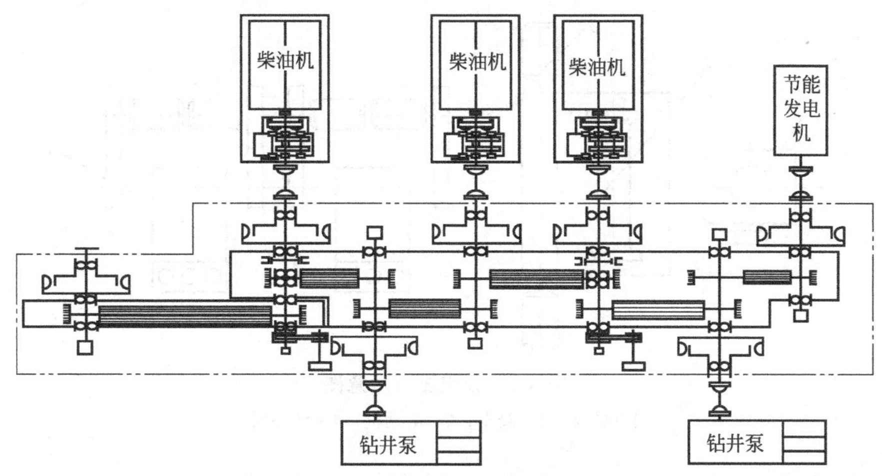

图5-3　链条驱动钻机传动示意图

3. 锥齿轮万向轴并车传动

锥齿轮万向轴并车传动如图5-4所示，在齿轮传动箱及万向轴制造良好的条件下，这种传动方案是可靠的。但是齿轮特别是锥齿轮的加工过程要比链轮复杂而且成本高，在井场更换损坏齿轮要比更换链条麻烦。目前，世界上的大多数钻机，特别是大钻机，仍以链条传动为主。

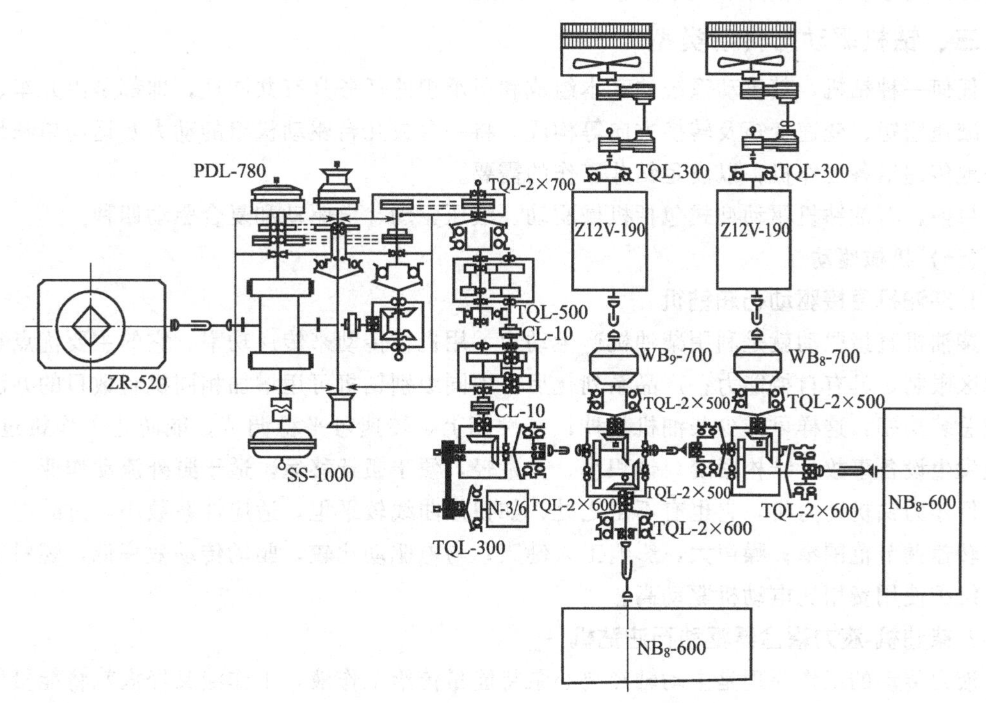

图5-4　锥齿轮万向轴并车传动示意图

（三）分组驱动方案

典型的分组驱动，是将三台工作机分成两组，绞车、转盘两个工作机组由同一动力机组驱动，钻井泵由另一动力机组驱动，也称为二分组驱动，如图 5-5 所示。

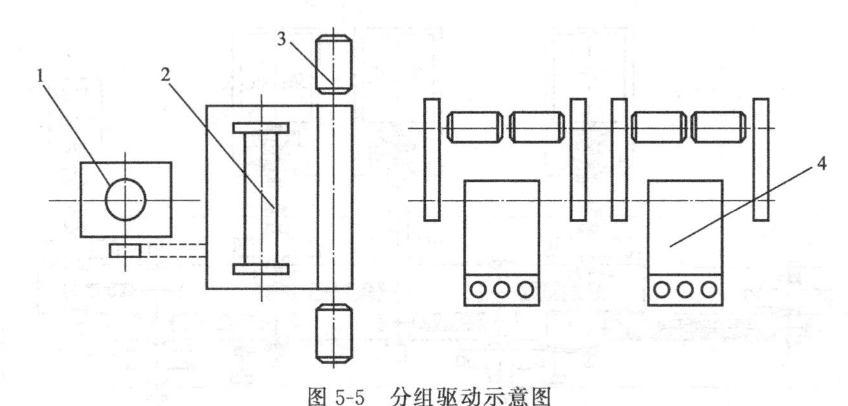

图 5-5 分组驱动示意图

1—转盘；2—绞车；3—电动机；4—钻井泵

分组驱动的目的主要有：

① 分组驱动的特点是兼有单独驱动传动简单、安装方便和统一驱动装机功率利用率高的优点。

② 现代深井钻机采用 7～11m 高钻台，分组驱动可实现转盘在钻台上，而主绞车不上钻台的方案。

③ 能满足丛式井钻机对工作机平面布置的要求，转盘、绞车在钻台上可随钻台一起做纵横方向的移动，而钻井泵组不必移动。

三、钻机驱动与传动类型

任何一种钻机，其传动系统的基本组成和所承担的任务具有共同性，即都是由并车、倒车、减速增矩、变速变矩及转换方向等构成，将一台或几台驱动机组的动力及运动单独地或统一地传递给各工作机，以满足钻井工作的需要。

目前，石油钻机驱动型式包括机械驱动、液压驱动、电驱动和复合驱动四种。

（一）机械驱动

1. 柴油机直接驱动石油钻机

柴油机直接驱动就是利用柴油机产生动力，用机械传动来传递功率。它的主要优点是不受地区限制，具有自持能力；产品系列化后，不同级别钻机可用增加相同机组数目的办法来增加总装功率，这样可减少柴油机品种；在性能上，转速可平稳调节，能防止工作机过载，避免发生设备事故；结构紧凑，体积小，重量轻，便于搬迁移运，适于野外流动作业。

但作为钻机动力机，它也有不足之处，如扭短曲线较平坦，适应性系数小，过载能力有限；转速调节范围窄；噪声大，影响工人健康；与电驱动比较，驱动传动效率低，燃料成本贵，维护使用费用比电动机驱动高。

2. 柴油机-液力耦合器驱动石油钻机

液力传动的工作原理是主动轴经离心泵将能量传给工作液，工作液又经涡轮将能量传给从动轴。因此，液体是一种工作介质，通过它在离心泵和涡轮机中的循环流动实现运动的连续传递和能量的连续转换。

柴油机-液力耦合器驱动的主要优点是传动柔和，可吸收振动与冲击；涡轮轴可随外载变化而自动变速，可防止工作机过载，即使外载增加导致涡轮制动，动力机仍可以某一转速工作。

但耦合器只能在高转速比工况下工作，否则效率过低，功率损失大；而且耦合器只能传递扭矩，不能变矩。

3. 柴油机-液力变矩器驱动石油钻机

柴油机-液力变矩器驱动的主要优点是：随外载变化能自动无级地变速、变矩，驱动绞车时，可明显提高钻机起升工效，使柴油机始终维持在经济合理的工况运行，即使外载增大导致涡轮轴处于制动状态时，柴油机也不会被憋熄火；机组适应外载变化能力大大加强，调速范围变宽；传动平稳柔和，吸收冲击振动，减少并车损失，延长了机械设备寿命。

柴油机-液力变矩器驱动的主要不足之处是效率偏低，最高效率一般为85%～90%，且效率随涡轮轴转速在很大范围内变化，纯钻进驱动泵时工效明显低于机械传动。此外，其结构比较复杂，还需要一套补偿和散热冷却系统。

目前，世界各国生产和在用的机械驱动石油钻机以柴油机-液力变矩器驱动石油钻机为主，数量最多。

（二）液压驱动

早在20世纪50年代，石油钻机中就采用了液压驱动转盘，随后发展到采用液压驱动绞车进行钻井作业和起下钻作业。美国研制了全液压驱动石油钻机，采用了液压驱动的顶部驱动钻井系统，其绞车是一组多级同心液缸，取消了常规石油钻机结构型式的绞车和提升系统，自动化石油钻机中也采用了液压驱动型式，如顶部驱动采用液压驱动型式。

（三）电驱动

电驱动就是利用交流电动机或直流电动机来驱动工作机组。电驱动钻机初期投资比机械驱动钻机略高，但是传动效率高，比机械驱动约提高16%；电驱动钻机具有无级调速的钻井特性，可提高钻井效率；柴油发电机组的柴油机可始终处在最佳状态下运转，能降低油耗18%～20%，可延长大修期80%；简化了传动、控制系统，易安装调整，易控制调节，易实现高钻台；有完善的自我保护系统，可保证安全生产。

电驱动钻机常用的形式有两种：

① 可控硅直流电驱动（AC-SCR-DC）：可控硅直流电驱动是柴油机驱动交流发电机，发电机发出的交流电通过可控硅整流器（简称为SCR），将交流电变换为可控的直流电，控制直流电动机，由直流电动机驱动绞车、转盘及钻井泵等。

② 交流变频电驱动（AC-VFD-AC）：交流变频电驱动系统是柴油机驱动交流发电机，发电机发出的交流电通过变频器（简称为VFD），将交流电变换为可大范围调整频率的交流电，控制交流变频电动机，驱动绞车、转盘及钻井泵等。

（四）复合驱动

复合驱动可根据转盘、绞车、钻井泵三大工作机组的工作特点和性能要求，灵活选用相适应的动力驱动方式，以最经济的动力配置，获得最佳的工作性能。

复合驱动包括机电复合驱动和交直流电复合驱动两种形式。

① 机电复合驱动：主要有两种形式，一种是采用柴油机加耦合器驱动钻井泵和绞车，同时带动1台交流发电机，交流发电机发出的交流电通过变频器，控制交流变频电动机驱动转盘；另一种是采用柴油机驱动交流发电机，发电机发出的交流电通过变频器，控制交流变

频电动机驱动绞车和转盘，钻井泵为独立机泵组采用机械驱动。

② 交直流电复合驱动：是采用柴油机驱动交流发电机，发电机发出的交流电一路通过变频器，控制交流变频电动机驱动绞车和转盘，另一路通过可控硅整流器，将交流电变换为可控的直流电，控制直流电动机，由直流电动机驱动钻井泵。

项目二　典型钻机驱动与传动

【教学目标】

① 了解柴油机驱动钻机的类型和特点。

② 了解电驱动钻机的类型和特点。

【任务导入】

复杂的钻井条件经常要求工作机组变速度、变转矩，所以足够大的功率、较高的效率、能够变速和变转矩是对动力和传动系统的基本要求。此外，钻井驱动与传动系统还必须使用可靠、维修简单、操作灵敏、重量轻、移运方便，并具有良好的经济性。

【知识重点】

① 柴油机驱动钻机的类型和特点。

② 电驱动钻机的类型和特点。

【相关知识】

钻机的驱动与传动系统关系到钻机的总体布局和主要性能，为了满足钻井过程中各工作机组对驱动特性及运动的要求，各钻机生产商设计了不同的钻机驱动设备类型和传动系统，保证了钻机不仅具有足够大的功率、较高的效率，同时具有使用可靠、维修简单、操作灵敏、重量轻、移动方便等特点。下面以柴油机驱动机械钻机和电动钻机为例，介绍典型钻机驱动与传动。

一、柴油机驱动钻机

柴油机驱动钻机是指以柴油机为动力，通过液力变矩器、链条、齿轮、V 带等不同组合的传动形式驱动的钻机。依据主传动副的类型，可分为 V 带钻机、齿轮钻机和链条钻机。

（一）V 带钻机

V 带钻机是指采用 V 带作为钻机主传动副，采用 V 带将多台柴油机并车，统一驱动各工作机组及辅助设备，且用 V 带传动驱动钻井泵。

V 带并车传动具有传动柔和、并车容易、制造简单、维护保养方便的优点。早期的 V 带钻机（如大庆 130 型钻机、245J 型钻机）为我国石油工业的发展做出了巨大贡献，但使用中普遍存在传动效率低、燃油消耗高、结构笨重、运移性差、安全性能低等缺点，现已基本淘汰。目前使用的国产 V 带钻机有 ZJ32J 系列钻机和 ZJ50J 系列钻机。

ZJ32J 型钻机是兰州石油机器总厂于 1997 年生产的 V 带并车钻机，其传动系统如图 5-6 所示。该钻机采用 3 台 PZ-12V190B 柴油机通过 V 带并车驱动 2 台 3NB-1300 钻井泵以及自动压风机，通过链条传动驱动绞车，通过角传动箱、转盘传动箱驱动转盘。

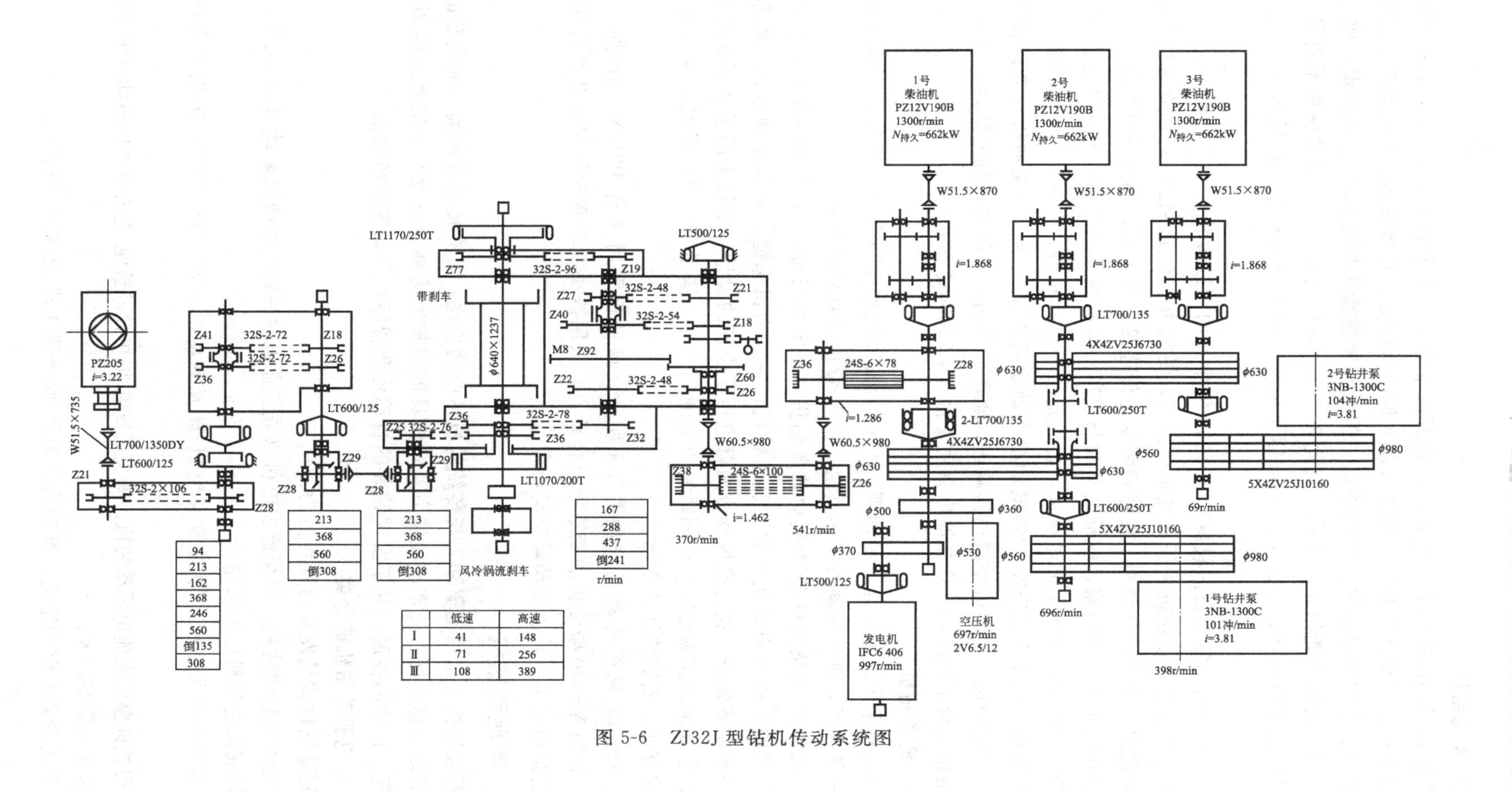

94	213	162	368	246	560	倒135	308

213	368	560	倒308

213	368	560	倒308

167	288	437	倒241

r/min

	低速	高速
Ⅰ	41	148
Ⅱ	71	256
Ⅲ	108	389

图 5-6　ZJ32J 型钻机传动系统图

（二）齿轮钻机

齿轮钻机采用齿轮为主传动副，配合万向轴驱动绞车和转盘，或采用圆锥齿轮-万向轴并车驱动绞车、转盘和钻井泵。齿轮传动允许线速度高，其体积小、结构紧凑；万向轴结构简单、紧凑、维护保养方便、互换性好。但大功率螺旋齿圆锥齿轮制造困难、质量不易保证、成本高，现场不能修理、更换。因此20世纪80年代以后，中深井钻机不再采用齿轮而改用链条作为主传动副，不过在2000m以下的浅井和车装钻机中，齿轮传动钻机仍具有优越性。

ZJ207型钻机是宝鸡石油机械厂于1998年生产的、以齿轮为主传动副的钻机，其传动系统如图5-7所示。该钻机采用单独驱动方案，钻机由1台PZ-12V190B柴油机通过万向轴和变速箱输出四正档、一倒档，变速箱将动力传递给分动箱后，动力分成两路，一路通过万向轴和设在绞车上的直角箱，驱动绞车和与绞车一体的猫头轴总成，另一路通过通风离合器和万向轴，带动设在绞车上的过桥轴，再通过另一根万向轴驱动转盘。分动箱输入轴上设有电动应急装置，由1台55kW交流电动机驱动少齿差减速器，当柴油机或变速箱发生故障时，可启动电动机，经少齿差减速器减速，驱动分动箱，可活动或提升钻具，防止卡钻。独立机系组由1台PZ-12V190B柴油机驱动1台3NB-1000Q钻井泵。

（三）链条钻机

链条钻机采用链条作为主传动副，2～4台柴油机加变矩器驱动机组，用多排小节距套筒滚子链条并车，统一驱动各工作机组，用V带传动驱动钻井泵。

ZJ40/2250L是柴油机-液力驱动链条钻机，是宝鸡石油机械厂1999年研制生产的。作为一种新型的4000m陆地机械驱动链条钻机，在动力机选型、并车驱动方式、绞车布置形式、钻井泵功率配备、钻台高度等方面都进行了全新的设计。不仅采用了多项新技术、新结构，而且主要部件多为已定型的同级钻机的通用产品，满足了钻井效率高、使用安全可靠、操作运输方便、安装快捷的要求。

ZJ40/2250L钻机传动系统如图5-8所示，该钻机采用2台P212V190B加YB900和PZ8V190B加YB830柴油机加变矩器组合动力，采用链条并车驱动绞车以及2台3NB-1300泵，通过角传动箱、转盘传动箱驱动转盘。

二、电驱动钻机

在石油钻机上采用电驱动，与传统的机械驱动相比，具有传动效率高、对负载的适应能力强、安装运移性好、处理事故能力及对机具的保护能力强，以及易于实现对转矩、速度、加减速度、位置的控制，易于实现钻井的自动化和智能化等诸多优越性能。

（一）电驱动钻机的分类

电驱动钻机按其发展历程可分为：

① 交流电驱动钻机：即交流发电机（或工业电网）-交流电动机驱动（AC-AC），这种驱动方式目前陆地钻机已不采用。

② 直流电驱动钻机：即直流发电机-直流电动机驱动（DC-DC），多用于海洋、陆地深井。

③ 可控硅整流直流电驱动钻机：即交流发电机-可控硅整流-直流电动机驱动（AC-SCR-DC），逐渐由SCR代替DC-DC。

④ 交流变频电驱动钻机：即交流发电机-变频调速器-交流电动机驱动（AC-VFD-AC）。

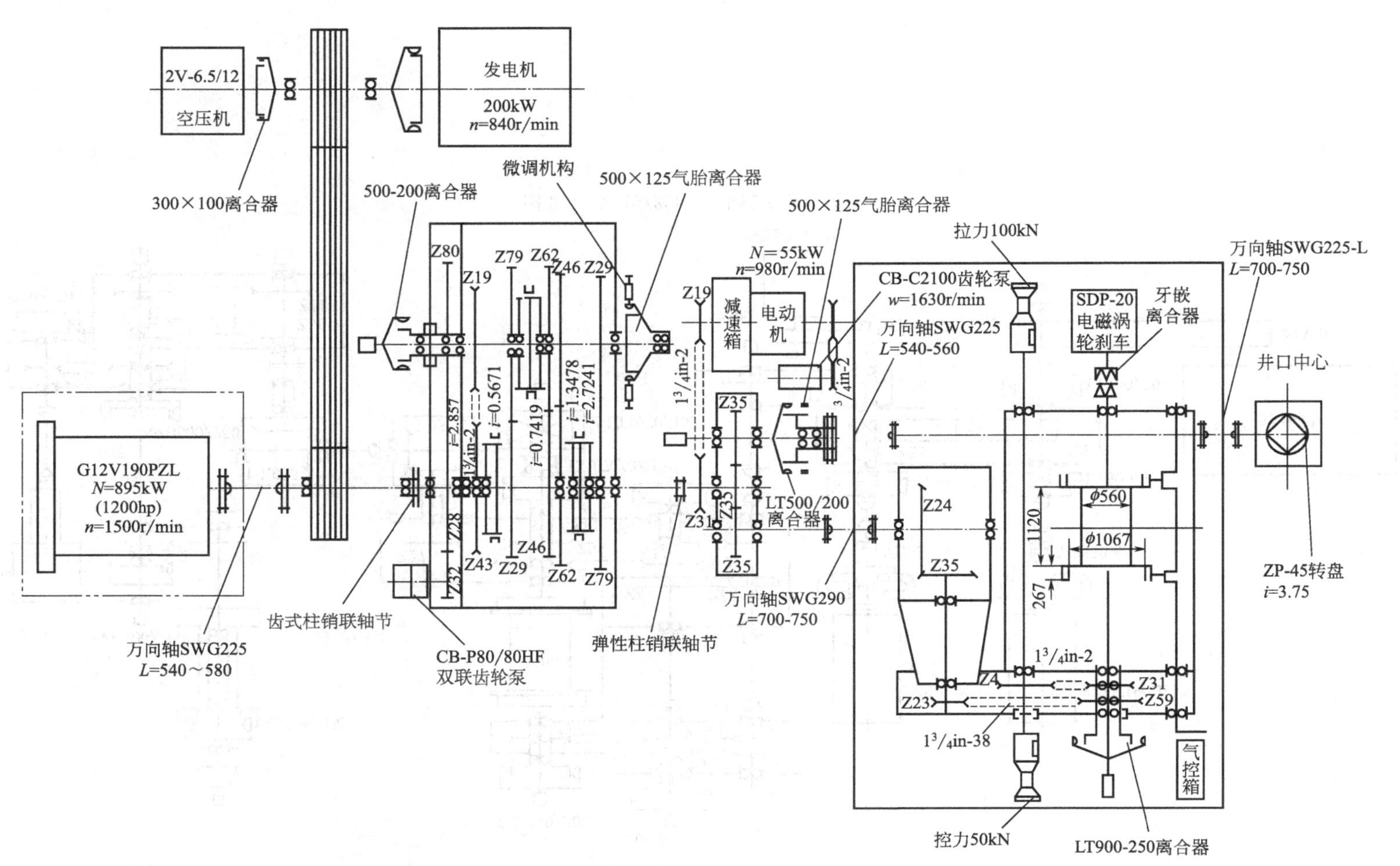

图 5-7　ZJ207 型钻机传动系统图

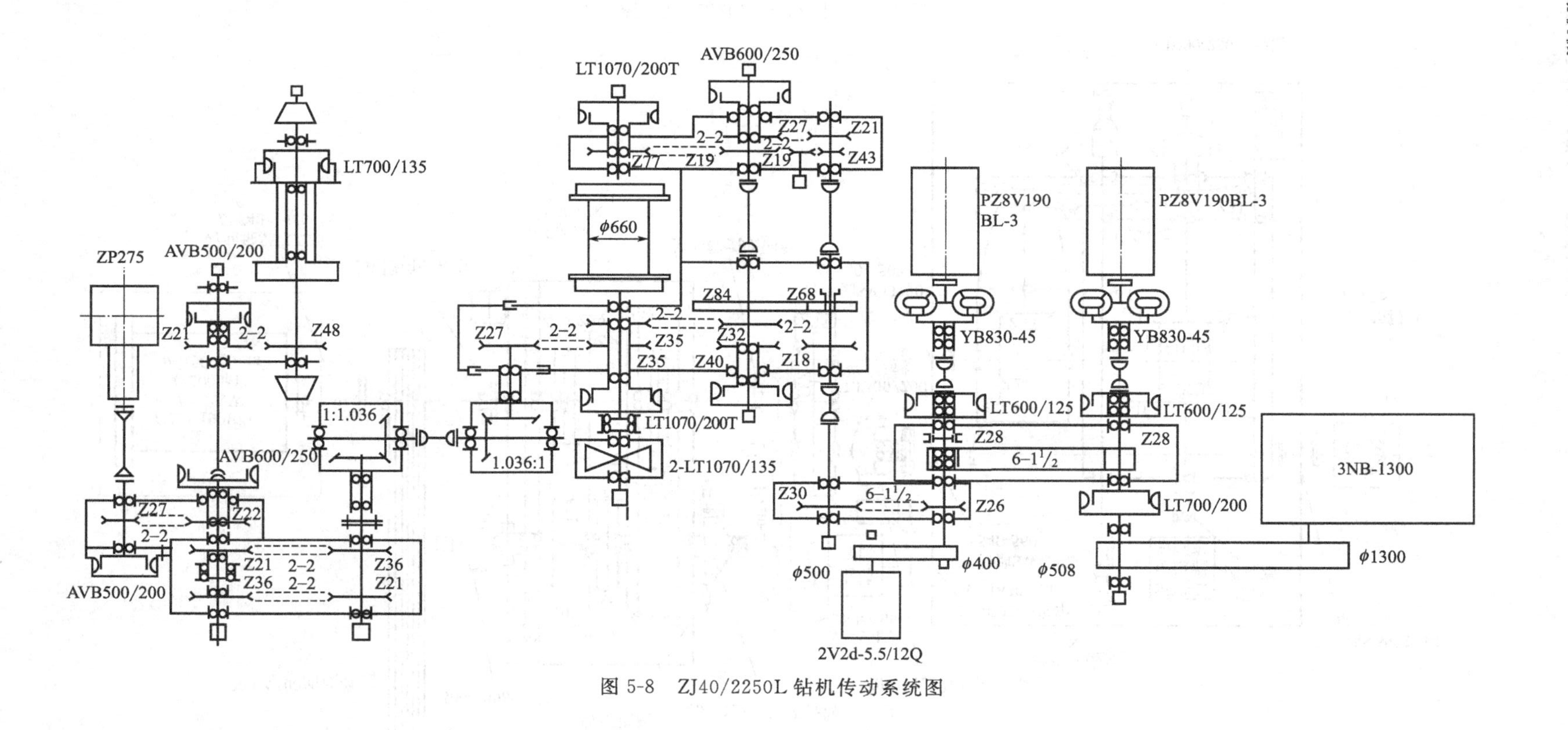

图 5-8 ZJ40/2250L 钻机传动系统图

（二）可控硅直流电驱动

1. SCR 电驱动

典型 SCR 电驱动钻机的动力与传动系统如图 5-9 所示。数台柴油机交流发电动机组所发的交流电并网输出到同一汇流母线上（或由工业电网供电），经可控硅装置整流后，驱动直流电动机，带动绞车、转盘、钻井泵。此种电驱动型式称为 AC-SCR-DC 或简称 SCR 电驱动。

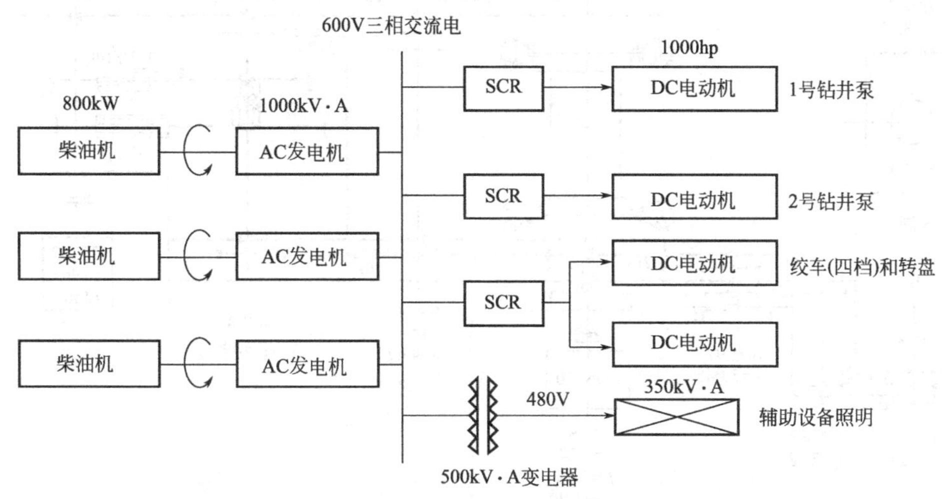

图 5-9　典型 SCR 电驱动钻机的动力与传动系统示意图

2. SCR 电驱动的特点

① 直流电动机具有人为机械特性（软特性），调速范围宽，超载能力强，因具有无级调速的钻井特性，可提高钻井效率。

② 简化了机械传动系统，提高了传动效率，从动力机轴到绞车输入轴的传动效率可达 86%，比机械驱动高 10%左右。

③ 柴油机交流发电机组中的柴油机始终处于最佳运转工况（额定转速、载荷自动均衡分配），比机械驱动可节省燃料 20%左右，提高了柴油机使用寿命，大修周期延长 80%左右。

④ 并联驱动，动力可互济，动力分配更灵活合理。

⑤ 便于钻机的平面和立体布置，且维护费用仅为机械驱动的 30%左右，自动化程度较高，使用更安全可靠。

3. AC-SCR-DC 电动钻机

以宝鸡石油机械厂 2000 年生产的 ZJ70/4500D 钻机为例，介绍 AC-SCR-DC 电动钻机的传动方案与结构特点。

图 5-10 所示为 ZJ70/4500D 钻机的传动系统示意图。该钻机采用 4 台 CAT3512 柴油发电机组作为主动力，发出的 600V、50Hz 交流电经 SCR 柜（整流单元）整流后变为 0～750V 直流电。绞车由两台直流电动机驱动，经二级链轮减速后驱动滚筒和转盘，绞车主刹车采用液压盘式刹车，辅助刹车采用水冷式电磁涡流刹车。两台钻井泵各由两台电动机驱动。电传动系统采用一对二控制方式，AC-SCR-DC 传动，即一套 SCR 柜控制 2 台直流电动机。

钻机配有 5 套 SCR 柜，正常使用时，有一套处于备用状态，当 SCR 柜发生故障时，可及时切换，确保钻井时安全运行。前开口井架，双升式底座，利用绞车动力起升，井架和所有台面设备均为低位安装，整体起升。

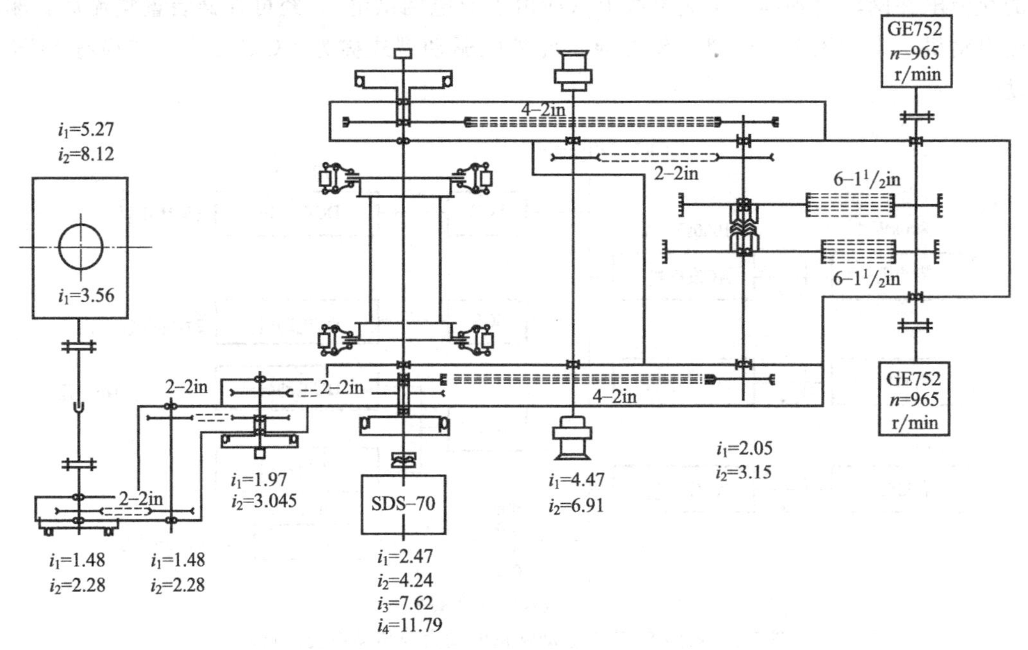

图 5-10　ZJ70/4500D 钻机的传动系统示意图

（三）交流电驱动

AC-AC 是钻机最早采用的驱动方式。由于交流电动机具有硬特性，不能满足钻机工作机对调速的要求，已不能适应现代钻井的需要。

随着电力电子技术的发展，交流变频调速已发展成为一门成熟的技术，使交流电动机的调速控制性能达到直流电动机调速控制性能的水平。此外，与直流电动机相比，交流电动机具有没有整流子、炭刷等活动部件，防爆要求低、无须维护、安全可靠，单机容量大，体积小、质量轻、价格便宜等明显优点。因此，交流变频调速技术的发展，先进、成熟的交流变频器系列产品的问世和应用，使交流变频驱动钻机和顶驱系统比 SCR 直流电驱动型式具有明显优势，必将成为电驱动钻机的发展方向。

1. 交流变频电驱动的基本工作原理

交流电动机的转速关系式为 $n=60f(1-s)P$，改变 P、s 或 f 都可以改变转速，但最好的调速方法是改变输入的电源频率 f。因此，需要一个输出频率及电压均可调，并具有良好控制性能的变频电源。

随着电力电子技术的发展，采用可自关断的全控器件，应用脉宽调剂（PWM）技术及电动机矢量控制技术，研制出先进的交流变频器，形成了成熟的交流变频电驱动系统。

交流变频电驱动系统由交流电源、交流变频器和交流电动机组成。

对于石油钻机，交流电源主要是柴油交流发电机发出的交流电（380～600V）。交流变频器的主回路由一个整流器和一个逆变器组成，两者通过直流电路相连接。整流器将输入的固定频率的交流电变为直流电，逆变器再将直流电变为频率和幅值可调的交流电供给交流电动机，从而可准确地调节电动机的转速和扭矩。

2. 交流变频电驱动的特点

① 交流变频电驱动钻机的绞车、转盘可实现无级调速，调速范围宽，这样可省去绞车、转盘内变速系统，使绞车结构简化、质量减轻、体积缩小。

② 电动机短时间过载能力强（1～2 倍），提高了钻机提升和处理事故的能力。尤其是在带负载情况下，可平稳启动、制动和调速，具有软启动性特征。

③ 采用计算机自动控制技术，对现场情况进行监控。对钻井泵排量、冲数、转盘转速、扭矩等参数进行全数字显示，实现钻机的自动化、智能化。

④ 与直流电驱动相比，交流电动机没有炭刷换向器，不需采用防爆栅，维护费用低、使用安全可靠、易于操作管理，可实现电动机的免维护运行。

⑤ 负载功率因数高，能耗低、传动效率高。

3. 交流变频电驱动钻机

ZJ70/4500DB 系列钻机是目前国内最先进的 7000m 级深井交流变频单轴齿轮绞车钻机。它是一种以交流变频电动机和柴油机作为联合动力的新型复合驱动钻机，可满足深井石油及天然气井的勘探和开发需要。ZJ70/4500DB 钻机技术特点如下。

① 采用先进的全数字化交流变频控制技术，通过电传动系统 PLC 和触摸屏及气、电、液钻井仪表参数的一体化设计，实现钻机智能化控制。

② 采用宽频大功率交流变频电动机驱动，完全实现了绞车、转盘、钻井泵的全程调速。

③ 钻机绞车为单轴齿轮传动，一档无级调速，机械传动简单、可靠。主刹车采用液压盘式刹车，辅助刹车采用电动机能耗制动，并能通过计算机定量控制制动扭矩。

④ 绞车采用独立电动机自动送钻控制技术，实现自动送钻，对起下钻工况和钻井工况进行实时监控。

⑤ 配有井口机械化工具，自动化程度高，减轻了司钻、钻工的劳动强度。

⑥ 钻机传动有三种基本形式：绞车传动装置、转盘传动装置、机泵组传动装置。

⑦ 井架及所有钻台设备均为低位安装，利用绞车动力整体起升井架。

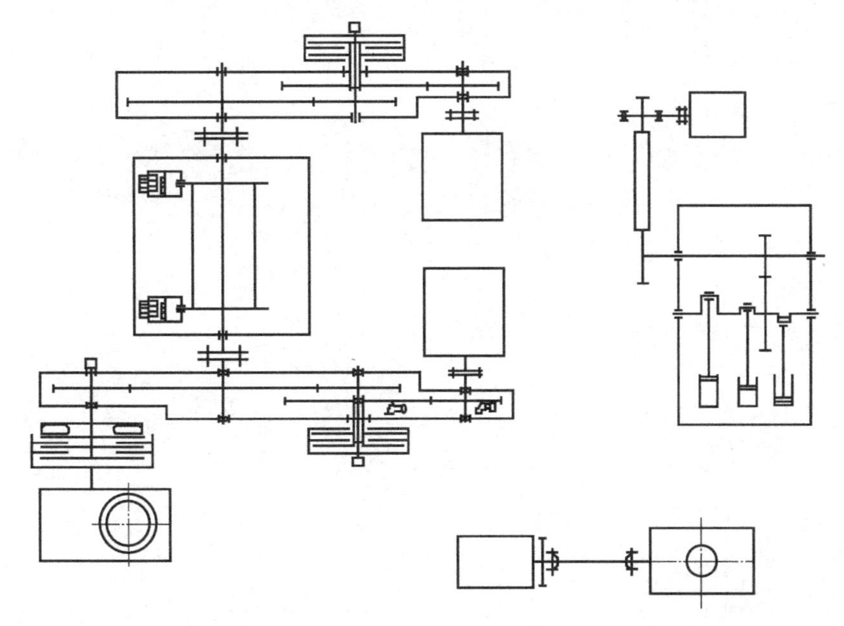

图 5-11　ZJ70/4500DB 交流变频钻机的传动系统示意图

图 5-11 所示为 ZJ70/4500DB 交流变频钻机的传动系统图。该钻机采用 AC-VFD-AC 驱动方式，由 4 台 1310kW 柴油发电机组作为主动力，50Hz、600V 交流电经 VFD 变频单元后，变为 0～140Hz、0～600V 的交流电，然后分别驱动绞车、转盘和钻井泵的交流变频电机。绞车由 2 台电动机驱动，转盘由 1 台电动机驱动，3 台钻井泵各由 1 台电动机驱动。控制采用 1 对 1 方式，即 1 套 VFD 柜控制 1 台交流变频电动机。本钻机共配有 7 套 VFD 柜，其中一套用于自动送钻装置变频电动机控制。

学习情境六
石油钻机的气控系统

石油钻机是一套相当复杂的综合机组，钻井时，必须按照钻井工艺过程的需要对钻机各个部分进行灵活、可靠的控制。只有这样才能使钻机各部件协调地工作，准确完成整个钻井工艺过程，并能提高劳动生产率、降低钻井成本。

评价一台钻机是否优劣，不仅取决于动力装置、传动机构及各工作机性能，同时也取决于钻机控制系统的性能。钻机的常用控制方式包括机械控制、液压控制、气控制和综合控制。

目前，我国使用的钻机基本上以气控为主，因此本章只介绍钻机的气控制方式。

项目一　钻机气控系统的作用与组成

【教学目标】

① 了解石油钻机气控系统的特点。

② 掌握石油钻机气控系统的组成。

【任务导入】

气控是目前石油钻机上广泛采用的一种控制方式。尤其在以柴油机作为动力的石油钻机上，几乎全部采用以气控为主的控制方式。

【知识重点】

① 石油钻机气控系统的作用。

② 气源及净化系统、气动控制元件、气动执行元件。

【相关知识】

气动技术利用压缩空气传递动力和控制信号，通过各种气动元件，与机械、液压、电气等综合构成控制回路，从而实现各种生产控制自动化。钻机的控制系统是整套钻机必不可少的组成部分。

一、钻井工艺对气控系统的要求

① 控制要迅速、柔和、准确及安全可靠。

② 操作要灵活方便、省力，维修及更换元件容易。

③ 操作协调，便于记忆。

二、石油钻机气控系统的作用

① 对于整体起升的井架，如 A 形井架和 K 形井架，在起升时缓冲的控制，放落时推开井架的控制。

② 动力机的启动、调速、并车、停车的控制。

③ 绞车滚筒的挂合、脱开、换档、刹车及紧急制动。

④ 转盘的挂合、脱开、换档及反扭矩的释放。

⑤ 钻井泵的启动、停车、挂合和脱开。

⑥ 气动绞车、气动卡瓦、气动旋扣器、动力大钳等井口工具的操作与控制。

三、石油钻机气控系统的特点

在石油钻机的各个控制系统中，气控制与其他控制相比，特点如下：

① 经济可靠。工作介质是取之不尽、用之不竭的空气，无介质费用的损失和供应上的困难；排气处理简单，可以将用过的压缩空气直接排放到大气中，排气时噪声较大。

② 空气的黏度很小，在管道中的压力损失较小，因此压缩空气便于集中供应和远距离传输。

③ 压缩空气的工作压力较低（0.7～0.9MPa），气动元件的材质和制造精度要求较低，因此气动元件相对结构简单、易于制造、成本低廉。

④ 全气控制具有防火、防爆、耐潮的能力，气控制可在高温场合使用。

⑤ 空气的可压缩性可使系统动作柔和无冲击。

⑥ 压缩空气在管路内流速快，可直接用气压信号实现系统的自动控制，完成各种复杂的动作。

⑦ 易于实现快速的直线往复运动、摆动和旋转运动，调速方便。与机械控制相比，气控容易布局和操控。

⑧ 元件结构简单，容易实现标准化、系列化，制造容易。

四、气控系统的组成

石油钻机气控系统由气源及净化系统、气控元件、气动执行元件和辅助元件等组成，如图 6-1 所示。

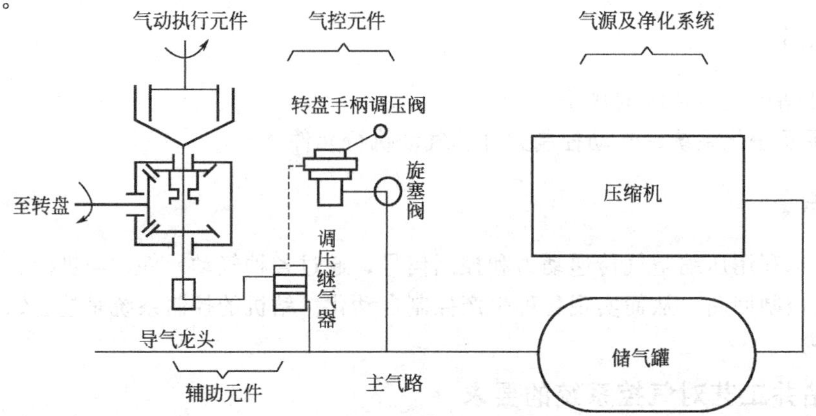

图 6-1　气控系统组成示意图

① 气源及净化系统：是获得压缩空气的装置，主要包括空气压缩机、储气罐、空气净化处理装置。它将原动机（电动机、内燃机等）的机械能转化为气体的压力能。

② 气动控制元件：是控制压缩空气的压力、流量和流动方向，以便使执行机构完成预定运动规律的元件，如各种压力控制阀、流量控制阀、方向控制阀。

③ 气动执行元件：是以压缩空气为工作介质产生机械运动，并将气体的压力能变为机械能的能量转换装置。执行元件包括各种提升用的风动绞车，用于钻杆上卸扣的风动旋扣器，用于传递力矩的气胎离合器和推盘离合器，用于刹车的气动盘式刹车，用于换档控制的三位换档气缸及两位锁档气缸，用于井架缓冲和转盘惯刹的气液增压缸等。

④ 辅助元件：是使压缩空气净化、消声及元件间连接等所需要的装置，如防凝器、低压报警器、旋转接头（导气龙头）和管件等。

项目二　气源及净化系统

【教学目标】

① 气源及净化系统组成和工艺流程。
② 气源及净化系统主要设备。
③ 空气净化处理装置。

【任务导入】

由产生、处理和储存压缩空气的设备组成的系统称为气源系统。气源是气控系统的动力源，它提供清洁、干燥且具有一定压力和流量的压缩空气，以满足不同条件的使用场合对压缩空气质量的要求。但是在气压传动中使用的低压空气压缩机多采用油润滑，它排出的压缩空气温度一般在140～170℃之间，使空气中的水分和部分润滑油变成气态，再与吸入的灰尘混合，如果将含有这些杂质的压缩空气直接输送给气动设备，就会给整个系统带来影响，所以设置气源净化装置对保证气动系统的正常工作是十分必要的。

【知识重点】

① 螺杆式空气压缩机。
② 活塞式空气压缩机。
③ 干燥机、空气过滤器和储气罐。

【相关知识】

一、气源及净化系统组成与工作流程

典型的气源装置由空气压缩机、空气净化装置和储气罐三部分组成，如图6-2所示。该流程中干燥机安装在储气罐之后，其优点在于从压缩机排出的压缩空气经储气罐后能进一步得到冷却，使进入干燥机的压缩空气有较低的入口温度，这对气源的干燥效果和能耗的降低都有益。另外储气罐还可起到压力缓冲作用，干燥机的负荷比较均匀，可得到较稳定的压力露点。储气罐内形成的冷凝水与油污可从罐底的自动排污阀排出。

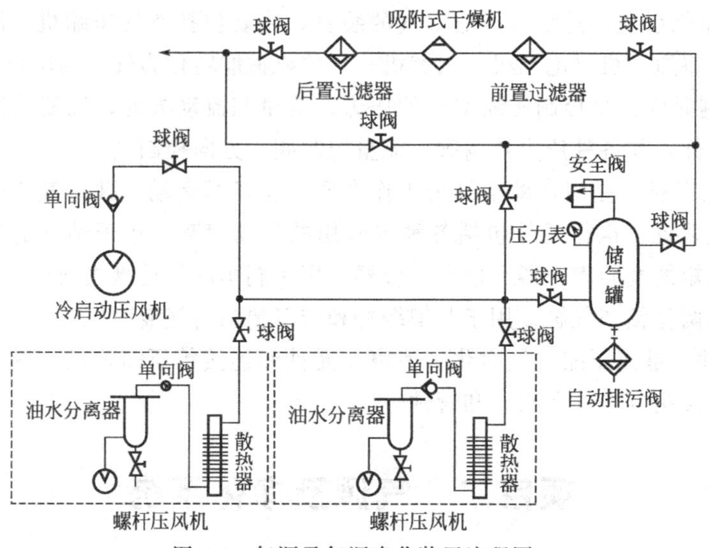

图 6-2 气源及气源净化装置流程图

二、气源及净化系统主要设备

（一）空气压缩机（气源制备装置）

空气压缩机，简称为空压机，俗称气泵，是将机械能转变为气体压力能的装置。气体压缩机和液压泵一样，都是把机械能转变成流体的压力能的装置，只是压缩机是对气体做功。

按工作原理不同，空压机可分为容积式和速度式两大类。容积式压缩机是通过运动部件的位移，周期性地改变密封的工作容积来提高气体压力的，包括活塞式、膜片式和螺杆式等。

速度式压缩机是通过改变气体的速度，提高气体动能，然后将动能转化为压力能，来提高气体压力，包括离心式、轴流式和混流式等。

石油钻机上常用的螺杆式空压机和活塞式空压机都属于低压小型容积式空压机。

1. 螺杆式空气压缩机

（1）螺杆式空气压缩机的结构

螺杆式空气压缩机机由压缩机主机、电动机、油气分离器、油过滤器、油/气冷却器等组成，如图 6-3 所示。

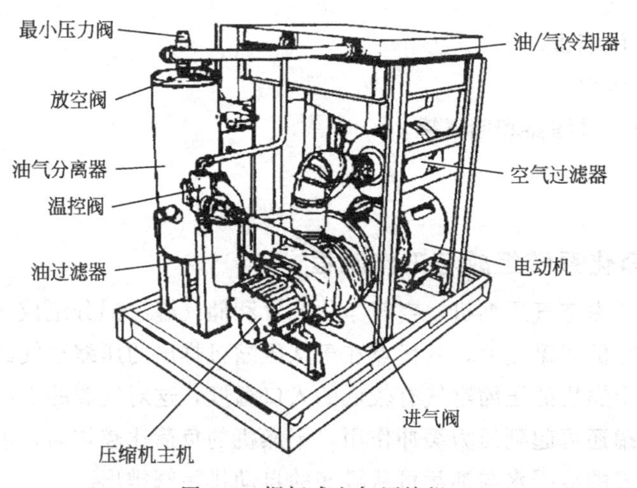

图 6-3 螺杆式空气压缩机

螺杆式空气压缩机内部结构如图 6-4 所示，它的阴螺杆、阳螺杆在“∞”字形气缸中平行地配置，并按一定传动比反向旋转而又相互啮合。通常，在节圆外具有凸齿的螺杆称为阳螺杆；在节圆内具有凹齿的螺杆称为阴螺杆。一般阳螺杆与发动机相连，并由此输入动力，由阳螺杆或相互啮合或经过同步齿轮带动阴螺杆转动。利用阳、阴螺杆共轭齿形的相互填塞，使封闭在壳体与两端盖间的齿间容积大小发生周期性变化，并借助壳体上呈对角线布置的吸入口、排出口，完成对气体的吸入、压缩与排出。

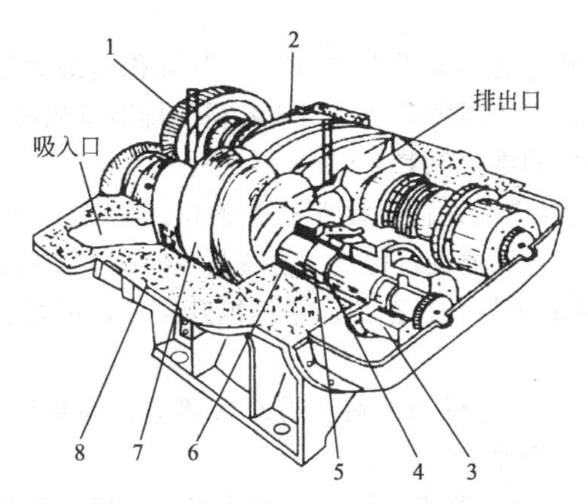

图 6-4　螺杆式空气压缩机内部结构图

1—同步齿轮；2—阴螺杆；3—推力轴承；4—轴承；5—挡油环；6—轴封；7—阳螺杆；8—气缸

(2) 螺杆式空气压缩机的工作原理

螺杆式压缩机属于容积式压缩机械，其运转过程从吸气过程开始，然后气体在密封的齿间容积中进行压缩，最后进入排气过程，如图 6-5 所示。

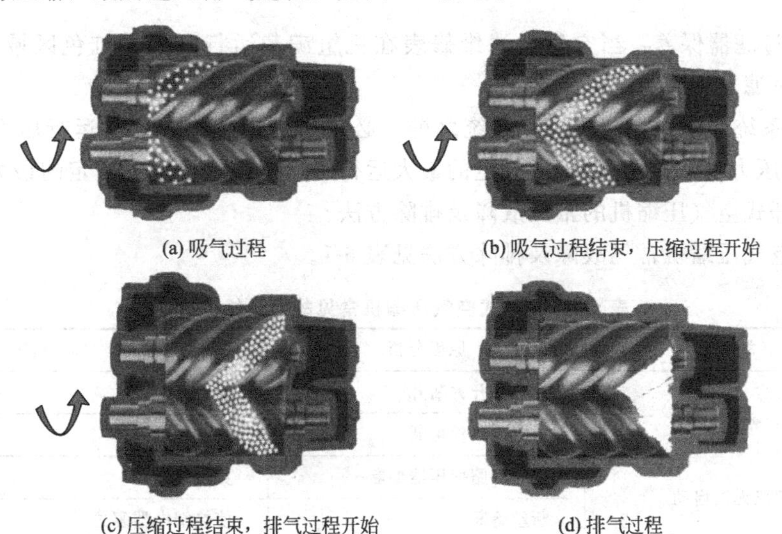

(a) 吸气过程　　(b) 吸气过程结束，压缩过程开始

(c) 压缩过程结束，排气过程开始　　(d) 排气过程

图 6-5　螺杆式空气压缩机的工作过程

① 吸气过程：开始时气体经吸入口分别进入阴螺杆、阳螺杆的齿间容积，随着螺杆的回转，这两个齿间容积各自不断扩大。当这两个容积达到最大值时，齿间容积与吸入口断开。吸气过程结束。需要指出的是，此时阴螺杆、阳螺杆的齿间容积彼此并没有连通。

② 压缩过程：螺杆继续回转，在阴螺杆、阳螺杆齿间容积彼此连通之前，阳螺杆齿间

容积中的气体受阴螺杆齿的进入先行压缩。经某一转角后，阴螺杆、阳螺杆齿间容积连通，通常将此连通的阴螺杆、阳螺杆呈“V”字形的齿间容积称作齿间容积对。齿间容积对因齿的互相挤入，其容积值逐渐减小，实现气体的压缩过程，直到该齿间容积对与排出口相连通时为止。

③ 排气过程：在齿间容积对与排出口连通后，排气过程开始。由于螺杆回转时容积不断缩小，将压缩后具有一定压力的气体送至排气管。此过程一直延续到该容积对达到最小值时为止。

设开始吸气时阳螺杆转角为 0°，当转至 180°。时容积达最大值，吸气过程结束；然后开始压缩，容积逐渐缩小，气体压力升高；当该容积与排出口相通后，排出气体。

（3）螺杆式空气压缩机的维护保养

① 日常维护保养：机组启动之前，需要检查油位。如果油位太低，则需加注润滑油。若机器需要频繁地加油，需对机器进行检查（检查是否有故障，找出故障原因并采取补救措施）。启动后，应对检查各显示值是否正常。在机组升温后，最好全面地检查一下压缩机和监控器。

② 运行 50h 的维护保养：运行 50h 后，需对机器进行小量维护，清除系统中的杂物，即清洁回油管过滤器、清洁回油管节流孔。

③ 每运行 1000h 后的维护：即清洁回油管过滤器、更换油管过滤器滤芯和垫片、清洁空气过滤器。

④ 油管过滤器的保养：在以下任何一种情况下，都要更换油管过滤芯和垫片，即每 1000h/月、压差表指向红色区域、每次换油。

⑤ 油气分离器的维护：当油气分离器压差表指向红色区域或运行一年以后，应更换分离器滤芯。

⑥ 空气过滤器保养：当空气过滤维修表在机组满载运行时指向红色区域或半年以后，应更换空气过滤器滤芯。

⑦ 控制系统调整：在调整控制系统之前，必须先确定机组的最大运行压力与压力范围（即确定卸载压力与加载压力），所设定的最大运行压力不得超过厂方给定的最大压力。

（4）螺杆式空气压缩机的常见故障及排除方法

螺杆式空气压缩机常见故障及排除方法见表 6-1。

表 6-1　螺杆式空气压缩机常见故障及排除方法

序号	故障现象	原因分析	排除方法
1	压缩机无法启动	主电源开关断开	合上开关
		电路熔断丝熔断	更换熔断丝
		控制回路变压器熔断	更换熔断丝
		断丝熔断	使热继电器复位
		电动机热	检查电动机接触点
		输入电压低	工作是否正常
2	压缩机在有负载时停机	无控制电压，输入电压低	(1)检查电压，如果电压较低，请与电力公司联系 (2)复位，如故障仍然存在，检查机组的输入电压是否超过最大运行电压(见铭牌) (3)与电力公司联系

续表

序号	故障现象	原因分析	排除方法
2	压缩机在有负载时停机	运行压力过高	(1)压力调节开关故障,检查开关动作时的管线压力 (2)分离器需要维护,满载时检查维修仪表 (3)高压停机开关损坏,应更换高压停机开关 (4)电磁阀故障,在压力调节开关触点断开时,电磁阀应使进气网关闭,如损坏,应维修或更换电磁网 (5)放空阀故障,当机组达到最大运行压力时,放空阀动作,正常情况下罐压应降到0.8~1.4bar,如果损坏,更换放空间
		排气温度开关断开	(1)冷却水温过高(只适于水冷机组),应增大水流量 (2)冷却水流量低(只适于水冷机组),应检查冷却水的供给 (3)冷却器脏堵(只适于水冷装置),应清洗管子,如果堵塞仍存在,需用水处理器 (4)冷却气流不畅,应清洁冷却器,检查通风情况 (5)环境温度太高,应增大通风量 (6)油位太低,应检查(调整)油位 (7)油过滤器脏堵,应更换速芯 (8)温控阀失灵,应检察(仅水冷机组)水量 (9)水量调节阀失灵,应更换水量调节阀 (10)温度开关故障,应检查测量电路是否短路或断路
3	压缩机无法达到供气压力	空气需求大于供气量	检查供气管上周门是否开启或有否泄漏
		空气过滤器堵塞	(1)检查仪表是否显示需维护信号 (2)清洁或更换有关元件
		压力调节器失灵	调整压力调节器
		压力调节器损坏	检查隔膜、如果损坏,更换(有备件)隔膜
4	管压高于卸载压力设置值	控制气泄露	检查是否漏气
		压力调节开关损坏	检查隔膜与触点,如果损坏,更换开关
		压力调节器	检查节流孔出气量,若有必要更换维修(有维修备件)
		放空阀故障	在压力调节开关触点断开时(卸载),罐压应放空,维修或更换(有备件)
		控制管路过滤器堵塞	清洁过滤器或更换备件
5	油耗过量	回油管路过滤器或节流孔阻塞	清洁过滤器或更换备件
		分离芯损坏或工作不正常	更换分离芯
		系统漏油	检查管道系统是否漏油
		油位太高	排除过量的润滑油
		油沫太多	更换润滑油
6	安全阀反复打开	安全阀损坏	更换安全阀
		分离器脏堵	检查分离器前后压差

续表

序号	故障现象	原因分析	排除方法
7	压缩气体中含有水分	在冷却和压缩过程中水蒸气自然冷形成	(1)应在压缩空气排出之前去掉其中水分，检查后冷却器和水汽分离器 (2)根据流量和干燥程度需要加适当的干燥器 (3)定期检查所有的排水口

2. 活塞式空气压缩机

图 6-6 所示为活塞式空气压缩机的工作原理图。曲柄 8 做回转运动，通过连杆 7 和活塞杆 4 带动气缸活塞 3 做往复直线运动。当活塞 3 向右运动时，气缸内工作室容积增大形成局部真空，吸气阀 9 打开，外界空气在大气压力作用下由吸气阀 9 进入气缸腔内，此过程称为吸气过程；当活塞 3 向左运动时，吸气阀 9 关闭，随着活塞的左移，气缸工作室容积减小，缸内空气受到压缩而使压力升高，在压力达到足够高时，排气阀 1 被打开，压缩空气进入排气管内，此过程为排气过程。图 6-6 所示为单缸活塞式空气压缩机，大多数空气压缩机是多缸多活塞式的组合。

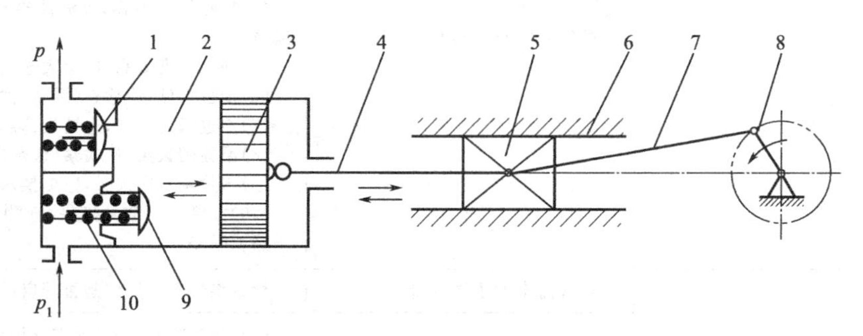

图 6-6 活塞式空气压缩机工作原理图

1—排气阀；2—气缸；3—活塞；4—活塞杆；5,6—十字头与滑道；7—连杆；8—曲柄；9—吸气阀；10—弹簧

(二) 空气净化处理装置

1. 干燥机

由空压机排出的压缩空气虽然能满足气动设备工作时的压力和流量要求，但还不能直接被气动装置使用。空压机从大气中吸入含有水分和灰尘的空气，经压缩后的空气含尘量及含水量增大。同时空压机的部分润滑油也成为气态，与水分及灰尘等杂质共同分散在压缩空气中。这些杂质会对气动控制系统设备造成下列影响：

① 混在压缩空气中的油蒸气可能聚集在储气罐、管道及气动元件中形成易燃物，有引起爆炸的危险。

② 润滑油被汽化后形成一种有机酸，使气动装置、元件及设备腐蚀生锈，影响使用寿命。

因此空压机直接排出的压缩空气，必须经过除油、除水和除尘后才能使用。压缩空气中的尘埃及油雾杂质是利用不同结构的过滤器进行过滤清除；水分是利用干燥机进行清除。由于干燥机理的不同，干燥机可分为冷冻式空气干燥机、吸附式空气干燥机及膜式空气干燥机等。石油钻机气动控制系统耗气量较大，主要采用前两种空气干燥机。

(1) 冷冻式空气干燥机

冷冻式干燥机的工作原理是利用制冷装置，使湿空气冷却到其露点温度以下，从而使压缩空气中水蒸气凝结成水滴后清除出去，如图 6-7 所示。

热的压缩空气进入冷冻式干燥机的热交换器（预冷器），空气初步冷却。经初步冷却的空气中析出的水分和油分经分离器排出。预冷后的空气进入制冷机，在这里被冷却到 2～5℃，使空气中含有的气态水分和油分等因温度的降低而大量析出，然后经分离器排出。经冷冻干燥后的空气再进入热交换器加热到环境温度输出。

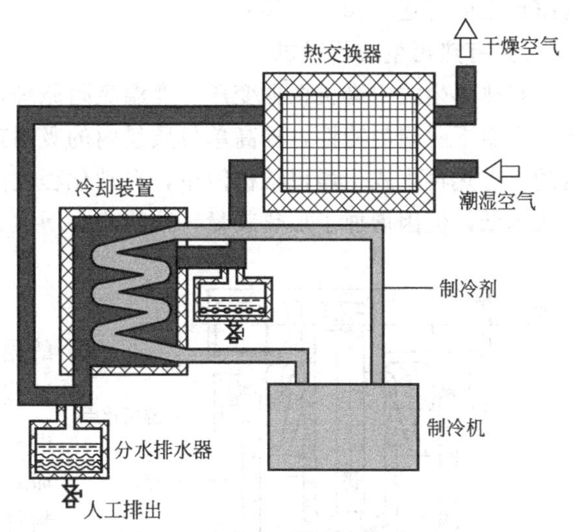

图 6-7　冷冻式干燥机的工作原理

冷冻式干燥机具有结构紧凑、使用维护方便和维护费用较低等优点，用于空气处理量较大、作业区域气候温暖及昼夜温差较小的地区。

（2）吸附式空气干燥机

吸附式空气干燥机是利用具有吸附性能的吸附剂（如硅胶、活性氧化铝分子筛等）吸附空气中水蒸气的一种空气净化装置。吸附剂吸附湿空气中的水蒸气后到达饱和状态，为了能够连续工作，就必须使吸附剂中的水分再排除掉，使吸附剂恢复到干燥状态，这称为吸附剂的再生。根据吸附剂再生方式的不同，吸附式空气干燥机又可分为无热再生式干燥机和有热再生式干燥机两种。

1）无热再生式干燥机

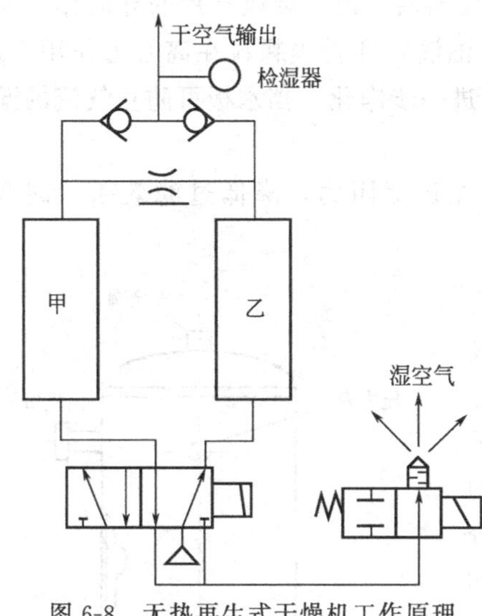

图 6-8　无热再生式干燥机工作原理

无热再生式空气干燥机利用了吸附剂的变压吸附原理，即吸附剂压力高时吸附水分多，压力低时吸附水分少。

图 6-8 所示为无热再生式干燥机工作原理图，它有两个填满吸附剂的相同容器筒甲和乙。湿空气经两位五通阀先从容器乙的底部流入，通过吸附剂层流到上部，空气中的水分被吸附剂吸收，干燥后的空气通过一单向阀输出，供气动系统使用。与此同时，输出的干燥空气量的 10%～20%经节流阀流入再生筒中，使吸附剂再生。由于再生筒的底部通过两位五通阀及两位两通阀与大气相通，使流入再生筒的干燥空气迅速减压，流过筒中已达饱和状态的吸附层，吸附在吸附剂上的水分就会被脱附。脱附出来的水分随空气通过阀排向大气。由此实现了无需外加热而使吸附剂再生。干燥器的甲、乙两筒轮流干燥和再生，交替工作。通常由一个定时器切换两位五通阀，工作周期为 5～10min，这样便可以得到连续输出的干燥压缩空气。两位两通阀的作用是使再生筒在转换吸附工作前预先充压，防止再生和干燥切换时输出流量的波动。气动系统使用的空气量应在干燥器的额定输出流量之内，否则会使空气露点温度达不到要求。干燥器使用到规定时限，应全部更换筒

内的吸附剂。吸附式干燥法不受水的冰点温度限制，干燥效果好。干燥后的空气在大气压下的露点温度可达－40～－70℃。

2）有热再生式干燥机

有热再生式干燥机根据变压、变温吸附原理，充分利用吸附剂在高压、低温下吸附，低压、高温下脱附的特性，提高单位质量内的吸附剂的吸附量，从而达到深度干燥压缩空气的目的。有热再生式干燥机结构简单，自动化程度高，耗气量较少，压力露点可达－40℃，运行成本低，但因增加了加热装量，采购成本增大。

2. 空气过滤器

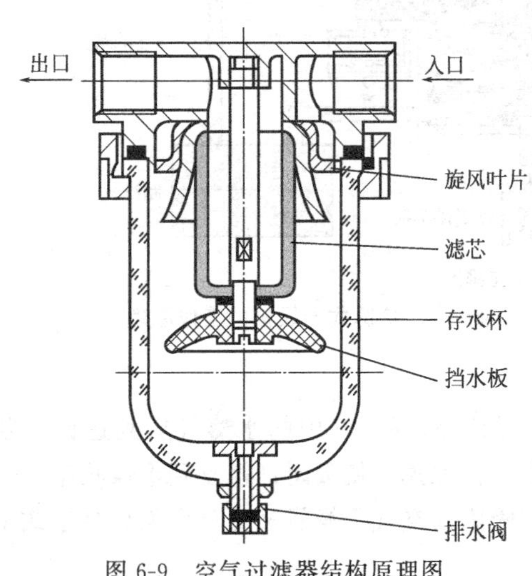

图 6-9　空气过滤器结构原理图

空气过滤器的作用是滤除压缩空气中所含的固体杂质、油、水，以及油蒸气和水蒸气等。这些污染物流经管道和元件时会引起堵塞和锈蚀。杂质会加速元件的磨损，缩短元件使用寿命，同时可能导致元件的误动作。蒸气会使密封件老化，严重时会引起燃烧和爆炸，最终将影响气动控制系统的安全可靠运行。所以气动控制系统的管路上常设有过滤器，以提高气源质量。

过滤器一般由壳体和滤芯组成。按滤芯采用的材料不同可分纸质、织物、陶瓷、泡沫塑料和金属等形式。常用的是纸质式和金属式。

图 6-9 所示为空气过滤器结构原理图。空气进入过滤器后，由于旋风叶片的导向作用而产生强烈的旋转，混在气流中的大颗粒杂质（如水滴、油滴）和粉尘颗粒在离心力作用下，被分离出来，沉到杯底，空气在通过滤芯的过程中得到进一步净化。挡水板可防止气流的旋涡卷起存水杯中的积水。

过滤器使用中要定期清洗和更换滤芯，否则将增加过滤阻力，降低过滤效果，甚至堵塞。

三、储气罐

空气机所排出的压缩气体进入储气罐储存起来，其作用是控制气控系统的压力波动，使气压机械平稳的运作，调节压缩机的输出气量与执行元件耗气量之间的不平衡状况，保证连续、稳定的流量输出；减少压缩机的加卸载频率；进一步沉淀分离压缩空气中的水分、油分和其他杂质颗粒。储气罐一般采用焊接结构，有立式和卧式两种形式，立式储气罐如图 6-10 所示。储气罐必须符合压力容器安全规则的要求，使用前必须按标准进行水压试验。

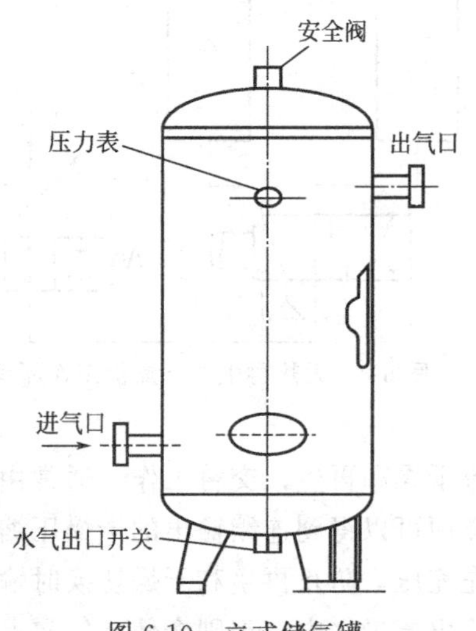

图 6-10　立式储气罐

储气罐的气流螺旋运动可分离出压缩空气部分的水分以及固体微粒净化压缩空气，分离出的冷凝水和其他污染物可通过储气罐底部排污口排出。

石油钻机常用的储气罐有 $1.0m^3$、$1.5m^3$、$2.0m^3$、$2.5m^3$、$3.0m^3$、$4.0m^3$ 等规格。储气罐属于压力容器，必须设置有压力表、排污口、安全阀等附件。钻机气动控制系统工作压力一般为 0.7～0.9MPa，储气罐安全阀整定压力为 1.05MPa。

项目三　气动控制元件

【教学目标】

① 了解压力控制阀的基础知识。
② 了解流量控制阀的基础知识。
③ 了解方向控制阀的基础知识。
④ 了解石油钻机常用气控元件的图形符号。

【任务导入】

在气控系统中具有一定结构的独立单元称为气动控制元件（简称气控元件）。因此，整个气控系统就是由各种气控元件组成的。气控系统工作是否灵敏、可靠，在很大程度上取决于气控元件的工作性能。所以，气控元件在气控系统中占据重要的地位。

【知识重点】

① 减压阀、溢流阀和顺序阀。
② 节流阀。
③ 单向阀和换向阀。

【相关知识】

在气压传动控制系统中，气控元件的作用是用来调节压缩空气的压力、流量、方向及发送信号，以保证气动执行元件按规定的程序正常动作。气动系统的控制元件就是各种气控制阀，气控系统对气阀的要求是灵敏性高、反应快、耐用性好、寿命长、制造维修容易。气控制元件按其功能分为压力控制阀、流量控制阀、方向控制阀。

一、压力控制阀

压力控制阀是利用压缩空气作用在阀芯的力和弹簧力平衡的原理，控制压缩空气的压力，进而控制执行元件动作顺序。压力阀包括调压阀、减压阀、安全阀、顺序阀、调压继气器。

（一）调压阀

调压阀用于石油钻机操作要求平稳启动和有选择操作压力的控制气路上，如控制刹车气缸的输入气压，从而得到不同的制动力矩；控制转盘离合器、绞车高低速档离合器，使转盘、绞车滚筒能够平稳的启动；控制柴油机油门，调节气缸的输入气压，从而调节柴油机的油门大小，实现柴油机转速的调节。但对于进气流量较大的执行元件，不能用调压阀直接供气，要与调压继气器联合使用。调压阀控制调压继气器，调压继气器向执行元件输入压力气。

在钻机上常用的调压阀包括手柄调压阀、踏板调压阀、手轮调压阀、调压继动阀等。

图 6-11 为手柄调压阀，它有三个弹簧（调压弹簧 5、顶杆套弹簧 10 和阀弹簧 13）、两个可移动的阀座和一个双球阀 9，上阀座 11 由顶杆套弹簧 10 支承，下阀座 6 由调压弹簧 5 支承。

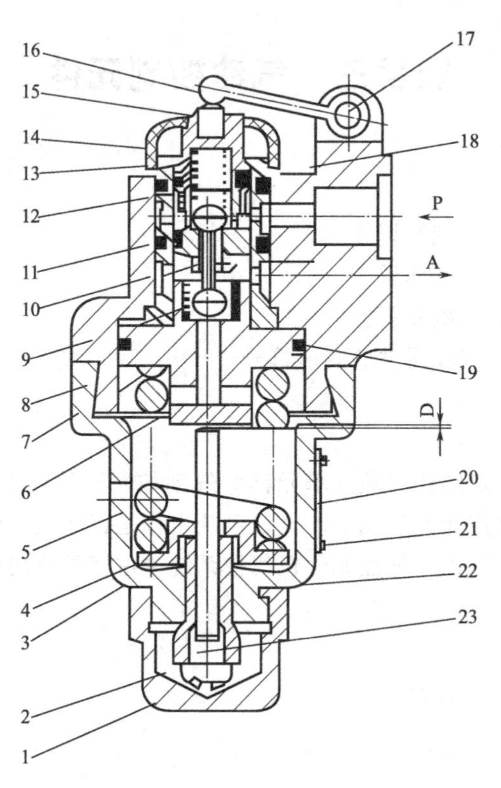

图 6-11 手柄调压阀

1—护帽；2—六角螺帽；3—盖；4—弹簧座；5—调压弹簧；6—下阀座；7—铜套；8—主体；9—双球阀；10—顶杆套弹簧；11—上阀座；12—导套；13—阀弹簧；14—防尘罩；15—顶柱；16—顶舌；17—开口销；18,19—O 形密封圈；20—铭牌；21—半圆头螺钉；22—调节螺钉套；23—调节螺钉

图 6-12 为调压阀的工作原理图，调压阀有气源室 A、进排气气室 B 和调压气室 C 三个气室，D 为 B、C 两室间通道。调压阀在进气（工作与调压）时，操纵机构（顶舌）将

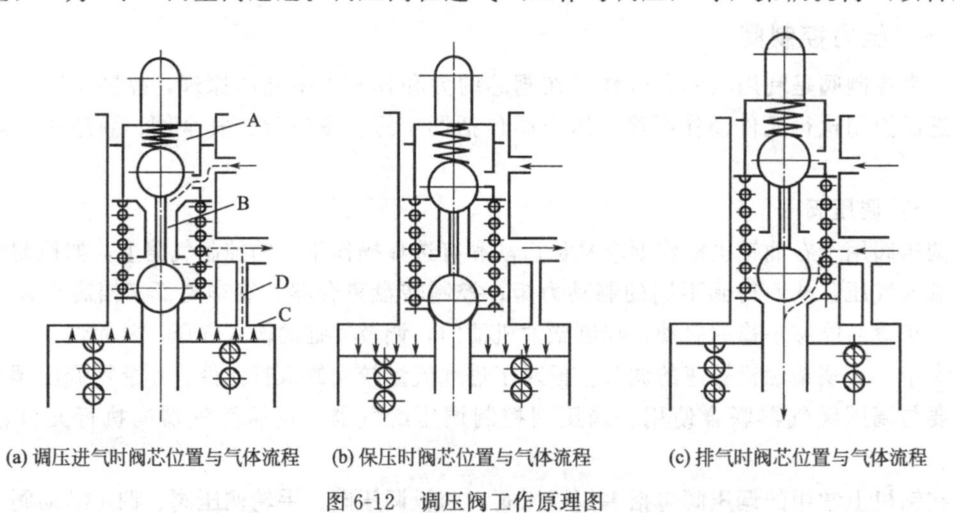

(a) 调压进气时阀芯位置与气体流程 (b) 保压时阀芯位置与气体流程 (c) 排气时阀芯位置与气体流程

图 6-12 调压阀工作原理图

上阀座压下（图 6-12a）使球形阀下端球面将下阀座放气通孔关闭。上阀座继续向下移动，球形阀上端球面便将上阀座通孔逐渐打开，使气源由气室 A 进入气室 B，同时经孔 D 进入气室 C。当操纵杆在某一位置停止操作时，气室 B 的上阀座通孔及下阀座的放气孔由于下阀座与调压弹簧相互压力平衡而关闭（图 6-12b）。此时气室 B 的气体压力的大小，取决于操纵杆的下压程度。当气室 B 的压力低于开始调整的压力时，由于调压弹簧的作用，又将上阀座自动打开，直到恢复开始调整的压力后又自动关闭，以保持气室 B 的恒压（图 6-12b）。排气时，将操纵机构松开（图 6-12c），上阀座在顶杆套弹簧作用下向上移动复位，关闭气室 A 与气室 B 的通路，同时打开气室 B 的放气通路，将气室 B 的进气通路内的气源放掉。

调压阀的工作性能与调压弹簧有很大关系，要选择恰当，刚性过大或过小都会影响调压阀的灵敏性。

（二）减压阀

减压阀的作用是将出口压力调节在比进口压力低的调定值上，并能使输出压力保持稳定。减压阀又称为调压阀，按调压方式的不同可分为直动式和先导式两种。

减压阀用在压缩空气配制装置内，不管供气孔进入的压缩空气的气压多大、流量如何，经过减压阀后，都能给出稳定的、减小了的气压供给气控系统。在上、下储气罐之间装上减压阀，可以使输出气罐压力保持稳定，不产生（或较少产生）压力波动，从而保证各个控制阀件性能恒定。

1. 直动式减压阀

直动式减压阀是借助弹簧力直接操纵的调压方式。图 6-13 所示为直动式减压阀。在初始状态，两阀口 P_1、P_2 均堵死，无压力气输出。当顺时针旋转手轮 8 时，调压弹簧 6、7 推动膜片 5 和溢流阀芯 3 下行，进气阀开启，经节流后输出口 P_2 有相应气压输出；输出气压经阻尼孔 4 进入反馈腔，压缩膜片 5，使溢流阀芯 3 上移，进气阀口 P_1 略减小，输出气压稳定在某一值，调压阀处于正常工作状态。顺时针或逆时针旋转手轮，可使输出气压增大或减小。输出气压只能在低于进气压力的范围内调节。

2. 先导式减压阀

先导式减压阀是用预先调好的气压来代替直动式调压弹簧进行调压的。图 6-14 所示为先导式减压阀。与直动式减压阀相比，该阀增加了由喷嘴 9、挡板 10、固定节流孔 5 及气室所组成的喷嘴挡板放大环节。当喷嘴与挡板之间的距离发生微小变化时，就会使气室中的压力发生很明显的变化，从而引起膜片 6 有较大的位移，去控制阀芯 4 的上下移动，使进气阀口 3 开大或关小，提高了对阀芯控制的灵敏度，也就提高了阀的稳压精度。

（三）安全阀

安全阀在系统中起安全保护作用。当系统压力超过规定值时，安全阀打开，将系统中的一部分气体排入大气，使系统压力不超过允许值，从而保证系统不因压力过高而发生事故。安全阀又称溢流阀，按其结构可分为活塞式、膜片式和球阀式。图 6-15 所示为活塞式安全阀，阀芯是一平板。气源压力作用在活塞 A 上，当压力超过由弹簧力确定的安全值时，活塞 A 被顶开，一部分压缩空气即从阀口排入大气；当气源压力低于安全值时，弹簧驱动活塞下移，关闭阀口。

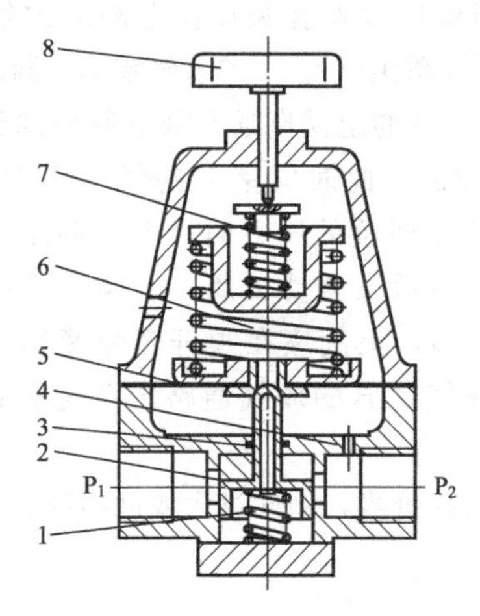

图 6-13　直动式减压阀

1—复位弹簧；2—阀口；3—阀芯；4—阻尼孔；5—膜片；6,7—调压弹簧；8—调压手轮

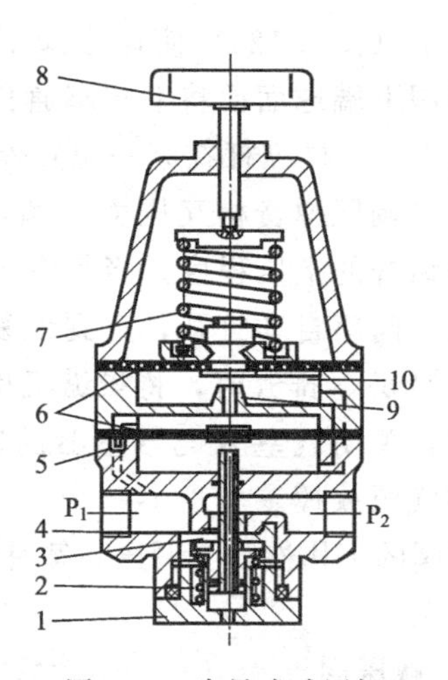

图 6-14　先导式减压阀

1—排气口；2—复位弹簧；3—阀口；4—阀芯；5—固定节流孔；6—膜片；7—调压弹簧；8—调压手轮；9—喷嘴；10—挡板

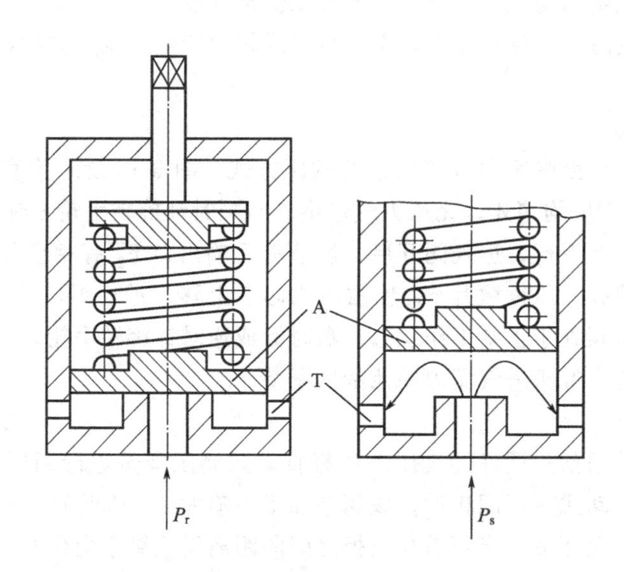

图 6-15　活塞式安全阀

图 6-16 为球阀式安全阀。当系统中压力在规定范围内时，作用在球阀上的压力小于弹簧力，球阀处于关闭状态；系统压力升高，作用在球阀上的压力大于弹簧力时，球阀左移，气体从溢流口放出，直到系统压力降至规定压力以下，球阀在弹簧力的作用下右移并重新关闭。

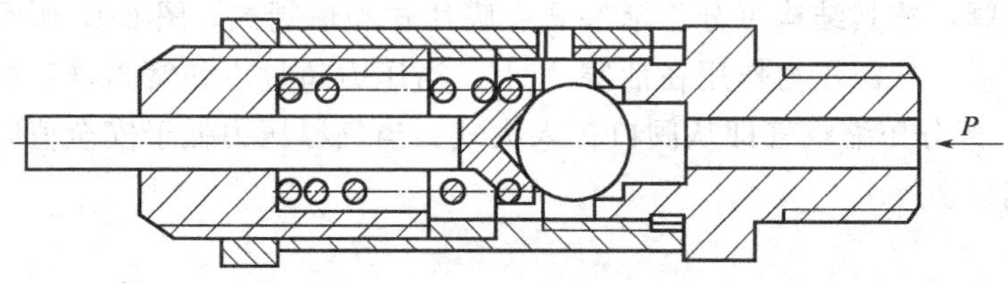

图 6-16　球阀式安全阀

图 6-17 所示为膜片式安全阀，工作原理与其他两种安全阀完全相同。这三种安全阀都是弹簧提供控制力，调节弹簧预紧力，可改变安全值大小。

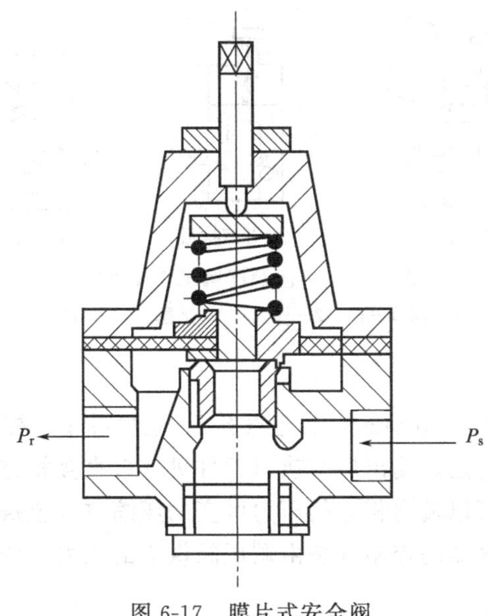

图 6-17　膜片式安全阀

（四）顺序阀

顺序阀又称压力调节阀，是依靠气路中的压力的作用来控制执行机构按顺序动作，与两用继气器常开接法配合使用，主要用于压风机的自动停车、开车。

顺序阀由主体、阀、顶杆、弹簧、丝堵、调节套、密封圈、并帽等组成，如图 6-18 所示，图 6-19 为单向顺序阀的工作原理图。

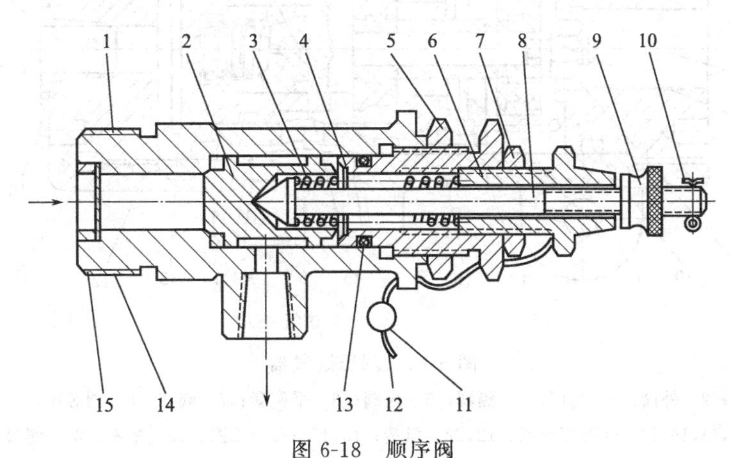

图 6-18　顺序阀

1—主体；2—阀；3—弹簧；4—丝堵；5—并帽；6—调节套；7—螺母；8—顶杆；9—螺帽；10—开口销；11—铅封；12—铁丝；13—O 形密封圈；14—滤网；15—压环

顺序阀一般很少单独使用，往往与单向阀配合在一起，构成单向顺序阀。当压缩空气由左端进入阀腔后，作用于活塞 3 上的气压力超过压缩弹簧 2 上的力时，将活塞顶起，压缩空气经 A 输出，见图 6-19(a)，此时单向阀 4 在压差力及弹簧力的作用下处于关闭状态。反向流动时，输入侧变成排气口，输出侧压力将顶开单向阀 4 由 O 口排气，见图 6-19(b)。

调节旋钮可改变单向顺序阀的开启压力，以便在不同的开启压力下，控制执行元件的顺序动作。

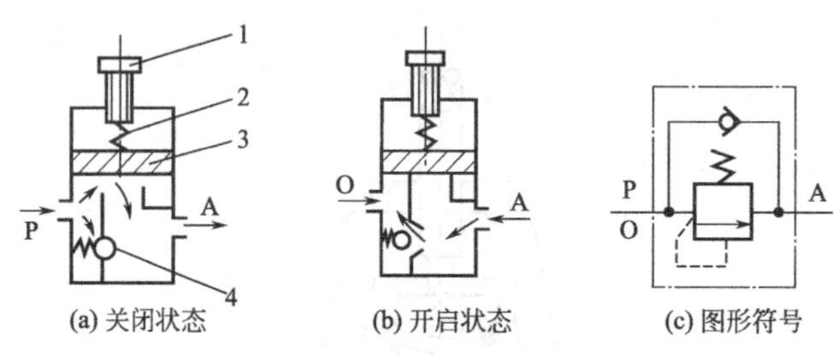

图 6-19　单向顺序阀工作原理图

1—调节手柄；2—弹簧；3—活塞；4—单向阀

（五）调压继气器

调压继气器的结构如图 6-20 所示，有进气孔 I、送气孔 E、控制孔 C、排气孔 A。调压继气器安装于执行元件的附近，输出口与执行元件进气口直接相连。来自主气路的恒定压缩空气通过调压继气器后，可以输出相应的压力可变的压缩空气至执行元件。调压继气器要与调压阀联合使用，调压继气器的控制气是由调压阀供给的压力可变的压缩空气。

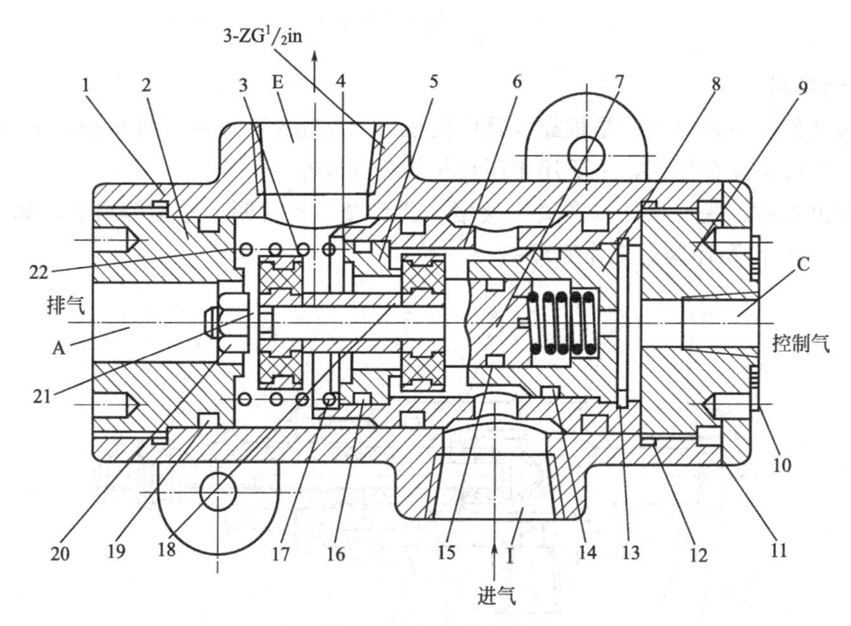

图 6-20　调压继气器

1—主体；2—外阀；3—阀门；4—隔圈；5—内阀；6—平衡套；7—阀芯；8—阀芯座；9—端盖；10—铭牌；11,14,15,16,19—O 形密封圈；12,22—弹簧；13,17—孔用挡圈；18—垫圈；20—螺母；21—弹簧垫圈

调压继气器的工作原理是当控制口没有控制信号时，在主弹簧的作用下，移动阀座处于右端，进气口与输出口不通，输出口与排气口相通，气动系统无控制气如图 6-21(a) 所示；当向控制口输入一定压力的信号时，气压推力克服主弹簧力，移动阀座左移。当左阀芯将排气口堵死时，调压继气器处于临界状态；继续增大控制气压，移动阀座继续左移，而阀芯不动。右阀芯与阀座分离，进气阀开启，进气口的气源气体经进气阀口节流后由输出口输出，如图 6-21(b) 所示。

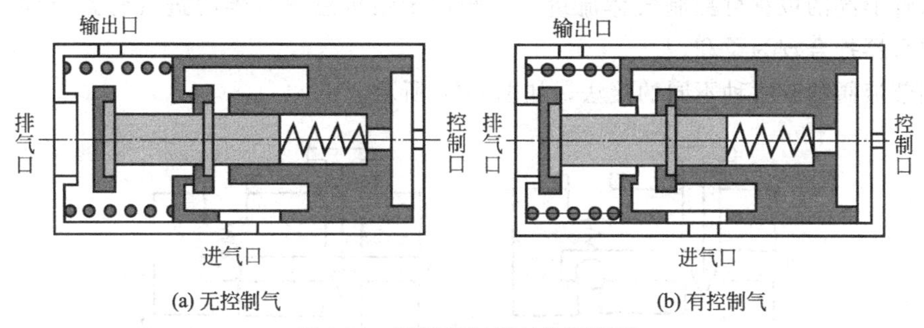

图 6-21　调压继气器工作原理图

根据节流原理，进气阀口开启度越大，输出气压越高；反之，输出气压越低。而进气阀口的开启度与控制气压成正比，因此控制压力越高，输出气压越高。

调压继气器应用于要求调压且供气量较大的场合。如控制转盘离合器、滚筒高低速档离合器等，都是通风型气胎离合器，尺寸较大，耗气量大。为使控制灵敏，需要调压继气器与调压阀配合使用。

二、流量控制阀

流量控制阀也称为调速阀，作用是通过改变阀的通气面积来控制执行元件进气或排气的流量，以调节执行机构的运动速度。

由于气体的可压缩性，气动系统中的流量只能采用节流的方式进行控制。任何一个流量阀都有节流部分，大多为可调的。空气流经小孔或缝隙也必然产生显著的压力降。

流量控制阀包括节流阀、单向节流阀、排气节流阀和行程节流阀。

（一）节流阀

图 6-22 所示为圆柱斜切型节流阀。压缩空气由 P 口进入，经过节流后，由 A 口流出。调节旋转阀芯螺杆，就可改变节流口的开度，这样就调节了压缩空气的流量。

在气动马达传动系统中，有时需要控制气动马达的运动速度，有时需要控制换向阀的切换时间和气动信号的传递速度，这些都需要调节压缩空气的流量来实现。

（二）单向节流阀

单向节流阀由阀体、针形阀、球形阀等组成，如图 6-23 所示。

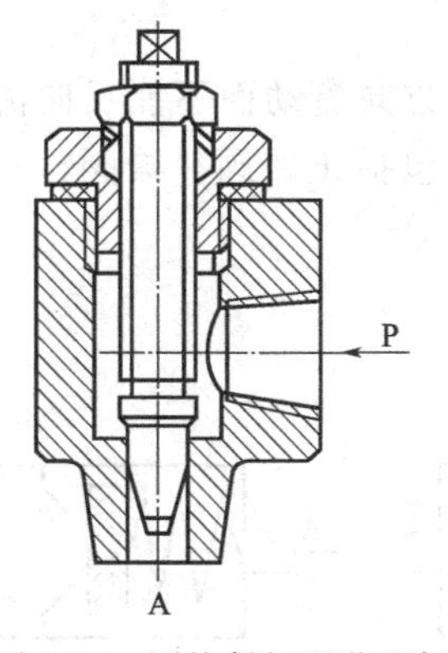

图 6-22　圆柱斜切型节流阀

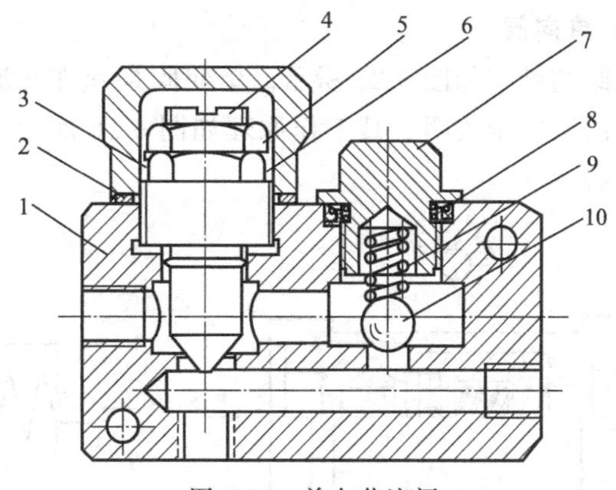

图 6-23　单向节流阀

1—阀体；2—垫圈；3—护帽；4—针形阀；5—并帽；6—丝套；7—螺塞；8—O 形密封圈；9—弹簧；10—球形阀

调节针形阀的位置可控制气体流量。此阀用于钻机总离合器的进气管路上和其他气路中，使离合器挂合较为柔和。

单向节流阀的有两种不同的接法，如图 6-24 所示。

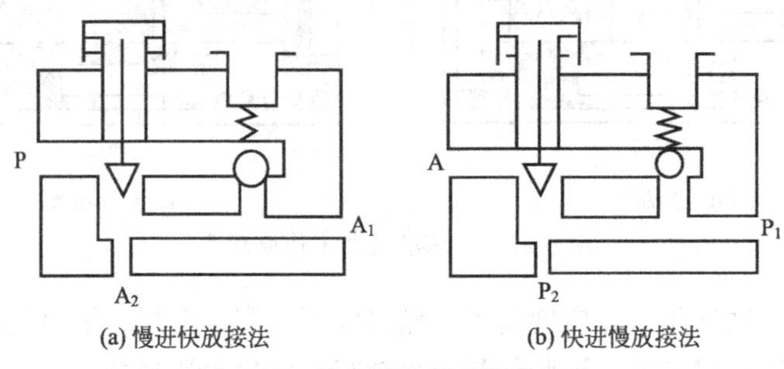

(a) 慢进快放接法　　(b) 快进慢放接法

图 6-24　单向节流阀的两种接法

① 慢进快放接法：能够使气动装置进气速度慢，而放气速度快，P 孔进气时，球形阀在压缩空气和弹簧的作用下，气源只能从针形阀的间隙经 A_1（或 A_2）孔进入气动装置，实现慢进过程。P 孔断气时，由于压差作用，气孔 A_1（或 A_2）内的压缩空气将球形阀顶开，由于球形阀通道较大，所以压缩空气迅速经两个通道返回，实现快放过程。

② 快进慢放接法：能够使气动装置进气速度快，而放气速度慢，P_1（或 P_2）孔进气时，压缩空气将球形阀打开经球形阀和针形阀通道，最后 A 孔进入气动装置，实现快进过程。P_1（或 P_2）孔断气时，球形阀在弹簧及压差作用下关闭 A 孔，气体只能从针形阀通道经 P_1（或 P_2）孔返回，实现慢放过程。

三、方向控制阀

方向控制阀可分为单向型方向控制阀和换向型方向阀两大类。气流只能沿着一个方向流动的控制阀称为单向型控制阀，简称单向阀。可以改变气流流动方向的控制阀称为换向型方向阀，简称换向阀，如气控阀、电磁阀等。

阀芯具有三个工作位置的阀称为三位阀。当阀芯处于中间位置时，各通口呈关断状态则称为中间封闭式；若各输出口全部与排气口接通则称为中间卸压式；若各输出口都与输入口按通则称为中间加压式。方向控制阀处于不同切换状态时，各通口之间的通断状态是不同的。

（一）单向阀

单向阀的结构如图 6-25 所示。单向阀是允许气流向一个方向流动而不能反向流动通过的阀，反向则完全关闭。其工作原理如图 6-26 所示。单向阀包括止回阀、梭阀、双压阀和快速排气阀。

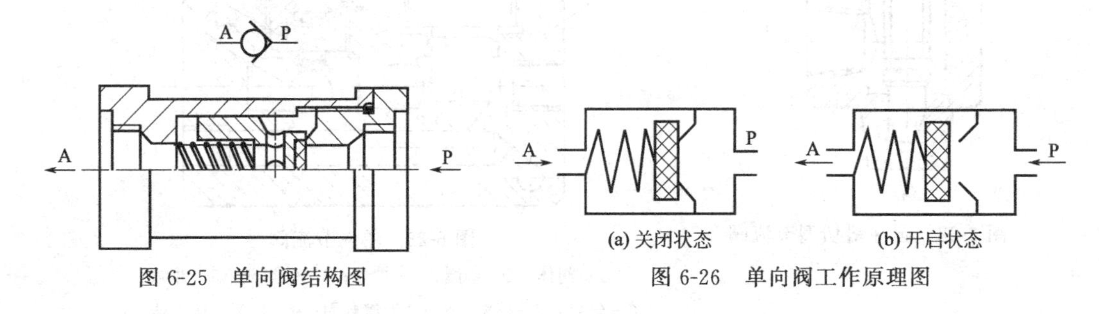

图 6-25　单向阀结构图

(a) 关闭状态　　(b) 开启状态

图 6-26　单向阀工作原理图

1. 止回阀

止回阀也称为单流阀，其结构如图 6-27 所示。在气路中控制气体的单向流动，即只准气体向一个方向流动，如图 6-28 所示。如安装在空压机和储气罐之间的管线上，可防止压缩。

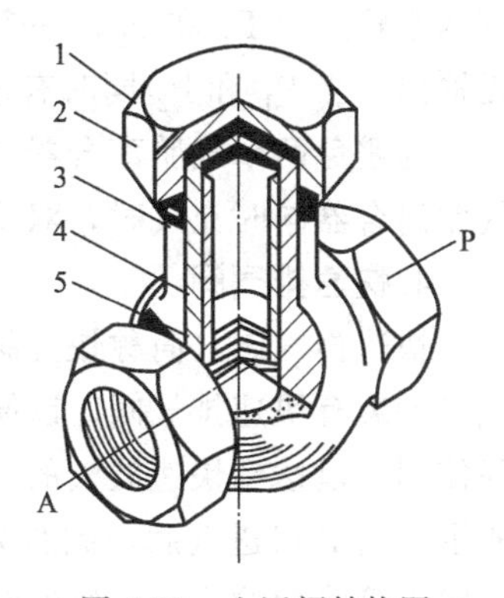

图 6-27　止回阀结构图

1—垫板；2—螺帽；3,5—阀瓣；4—阀体

止回阀在安装时需要注意，进气孔和送气孔不能装反，若箭头标记不清，应按“低进高出”处理；阀瓣中心线应保持铅垂，螺帽在上方，阀体不得歪斜或倒置。

2. 梭阀

梭阀的用途是可以从两个气路中的一个气路给气控装置供气，相当于两个单向阀组合而成，其结构如图 6-29 所示。

梭阀有两个进气口 P_1、P_2 和一个输出口 A，输出口接执行元件。可以由两个气路来控制同一个执行元件。当 P_1 口有压力气时，推动阀芯左移，堵住 P_2 口，使 A、P_1 相通，由来自 P_1 路的控制信号来控制。当 P_2 口有压力气时，推动阀芯右移，堵住 P_1 口，使 A、P 相通，由来自 P 路的控制信号来控制。当 P_1、P_2 同时进气，哪端压力高，A 就与哪端相通，另一端就自动关闭。

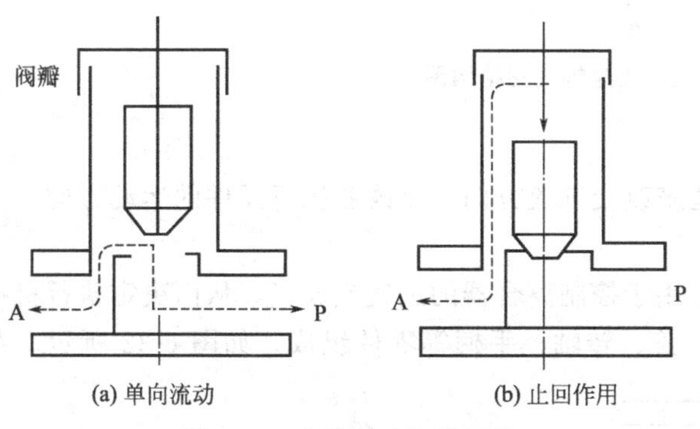

图 6-28　止回阀工作原理图

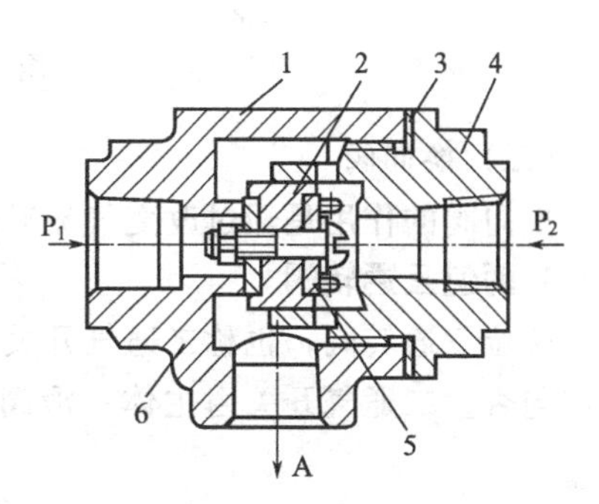

图 6-29　梭阀结构图

1—三通体；2—阀芯；3—垫圈；4—接头；5—橡胶垫；6—螺栓螺母

3. 双压阀

双压阀也相当于两个单向阀组合结构形式，如图 6-30 所示。其作用相当于“与门”，它

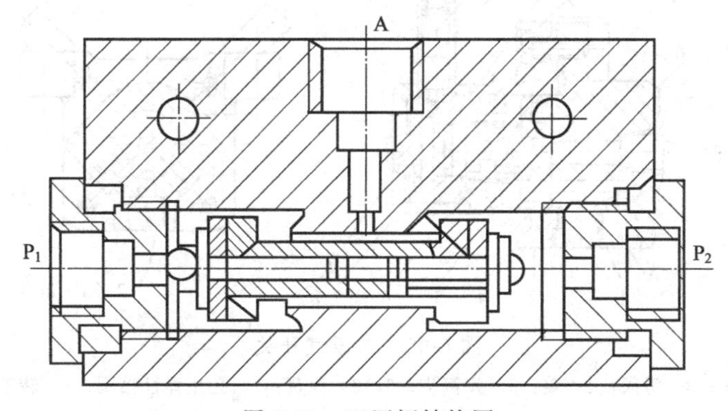

图 6-30　双压阀结构图

有两个输入口 P_1 和 P_2、一个输出口 A。当 P_1 和 P_2 单独有输入时，阀芯被推向另一侧，A 无输出。当 P_1 和 P_2 同时有输入时，A 才有输出。

为避免两个气胎离合器同时充气，在滚筒高低速控制回路中，就使用了双压阀。当两个气胎离合器同时充气时，双压阀工作口输出一路气信号，关闭滚筒离合器总继气器。

4. 快速排气阀

快速排气阀（简称快排阀）用于气动元件和装置需快速排气的场合。在各气胎离合器进气口均装有快速排气阀，以便离合器迅速排气脱开。在气胎容积较大时常常将几个快排阀并联使用，以达到快速放气的目的。石油钻机常用的快排阀主要有下面三种形式，如图 6-31 所示，当 P 口进气后，阀芯关闭排气口 O，P 与 A 导通，A 口有输出。当 P 口无气时，A 口输出管路中的压缩空气使阀芯将 P 口关闭，A 与 O 导通，排气。

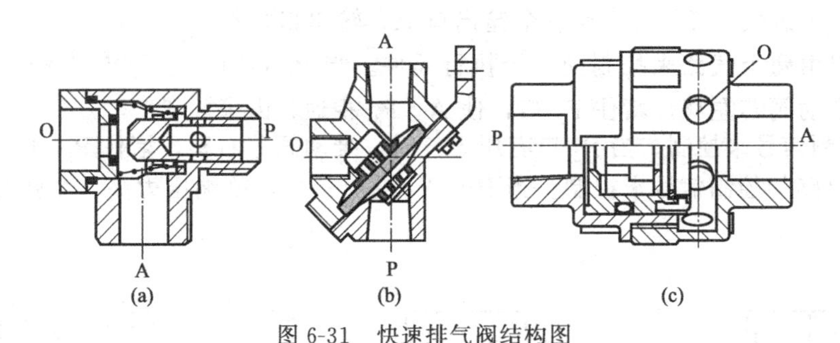

图 6-31 快速排气阀结构图

（二）换向阀

换向阀的作用是通过改变气流通道来改变气流方向，以改变执行元件的运动方向。

1. 两位三通转阀

两位三通转阀，也称二通气开关，用于控制离合器的进气或放气，从而决定执行机构的工作与否。二通气开关由主体、滑阀、盖、转轴、手柄等零件组成，如图 6-32 所示。在主

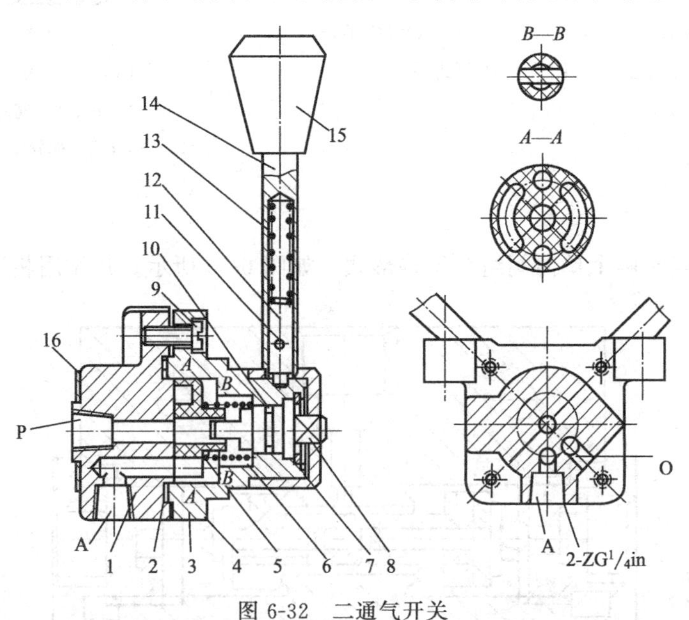

图 6-32 二通气开关

1—主体；2—密封圈；3—滑阀；4—盖；5—弹簧垫；6,13—弹簧；7—孔用弹性挡圈；8—转轴；9—圆柱头螺钉；10—O 形密封圈；11—圆柱头螺钉；12—定位销；14—手柄套；15—手柄；16—铭牌

体上有通进气管线的孔 P，有与执行机构管线相连的孔 A，还有与大气相通的孔 O。盖与本体用圆柱头螺钉连接，盖内装有转轴二滑阀、弹簧等零件，转轴的四方端头与手柄套相配合。当手柄转动时，转轴也转动，转轴带动滑阀转动，当手柄处于不同位置时，滑阀也有不同位置，因而可以得到不同工作状态。当进气孔 P 和 A 孔相通时，通大气孔 O 被堵住，这时所控制的离合器处于进气状态。当 A 孔和大气孔 O 相通时，进气孔 P 被堵住，这时离合器处于放气状态。

2. 三位五通转阀

三位五通转阀，也称三通气开关，是控制两个相互有联锁关系的气离合器的，也就是说这两个气离合器不允许同时进气。当一个系统工作时，另一个系统不工作。如图 6-33 所示，三通气开关的结构、原理和二通气开关基本相同。所不同的是它有两个通大气孔 O_1、O_2，两个通执行机构的送气孔 A_1 和 A_2。

利用手柄不同的操作位置，可以得到三个不同的工作状态：一是 P 进气，A_1 通气，A_2 与大气相通，向一个系统供气；二是 P 进气，A_2 通气，A_1 与大气孔相通，向另一个系统供气；三是 A_1、A_2 气孔被堵住均不能进气，且 O_1 与 A_1 相通，O_2 与 A_2 相通，均处于放气状态。

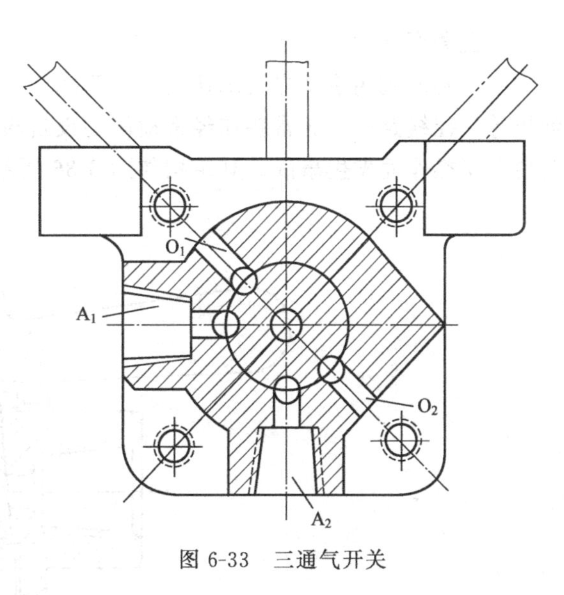

图 6-33 三通气开关

3+4 排档气开关是一种典型的三通气开关，主要用于相互自锁的气控系统。如绞车中的正车系统和倒车系统的控制，以及二位气缸和三位的控制等，其结构如图 6-34 所示。其结构中为操作安全，设置了两个钢球和一个圆柱销，且在阀盖上有定位孔的互锁装置。当阀盖的定位孔对准小球时，此阀空档，如图 6-35 所示，手柄Ⅰ处于空档时，手柄Ⅱ方能操作。如果手柄Ⅰ不处于空档时，手柄Ⅱ必被自锁。反之亦然。

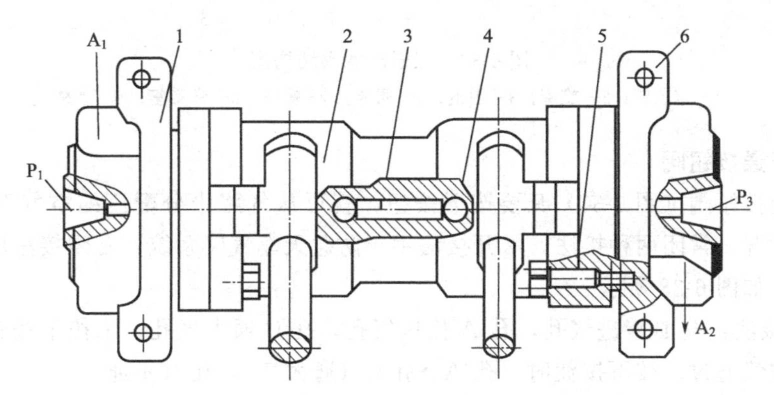

图 6-34 3+4 排档气开关

1—三通气开关；2—连接壳体；3—圆柱销；4—钢球；5—带槽螺栓；6—四通气开关

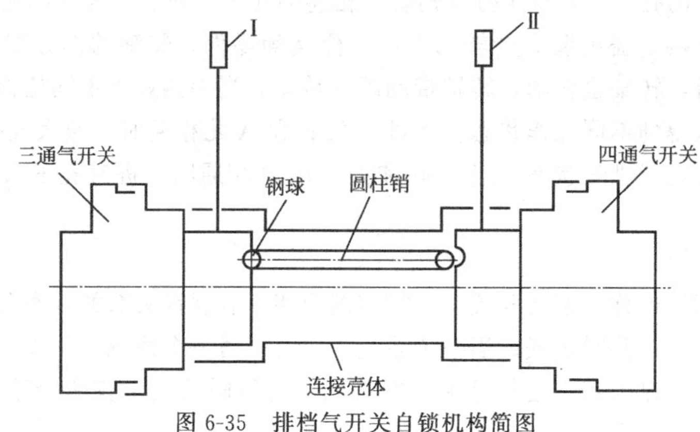

图 6-35　排档气开关自锁机构简图

3. 三通旋塞阀

三通旋塞阀用手动方式来切断供气管线或改变通气方向，用于绞车、转盘、钻井泵、柴油机等气控线路中，通常装在经常检修的设备附近。当要检修时，关闭三通旋塞阀，防止控制台上误操作而发生事故。其结构如图 6-36 所示。

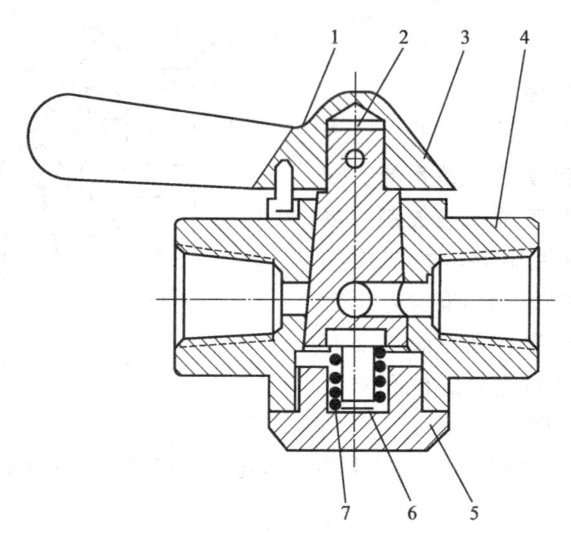

图 6-36　三通旋塞阀结构图

1—定位销；2—旋塞；3—手柄；4—阀体；5—螺塞；6—弹簧座；7—弹簧

4. 两位三通按钮阀

两位三通按钮阀（图 6-37）只要按下按钮，就可从气路中分配压缩空气至需要供气的按钮阀，有常开、常闭两种接法，常开接法用于防碰天车气路系统，常闭接法用于换档微动装置、汽笛，如图 6-38 所示。

① 常开接法：孔 B 接进气孔，孔 A 接送气孔，孔 C 通大气孔。未按下按钮时，孔 B→孔 A，压缩空气通过。按下按钮时，孔 A→孔 C（通大气），孔 B 不通。

② 常闭接法：孔 C 接进气孔，孔 A 接送气孔，孔 B 通大气孔。未按下按钮时，孔 A→孔 B（通大气）。按下按钮时，孔 C→孔 A，压缩空气通过。

当直接由发令元件向控制机构送气时，管线长、进气慢、挂档时间长，而气摩擦离合器

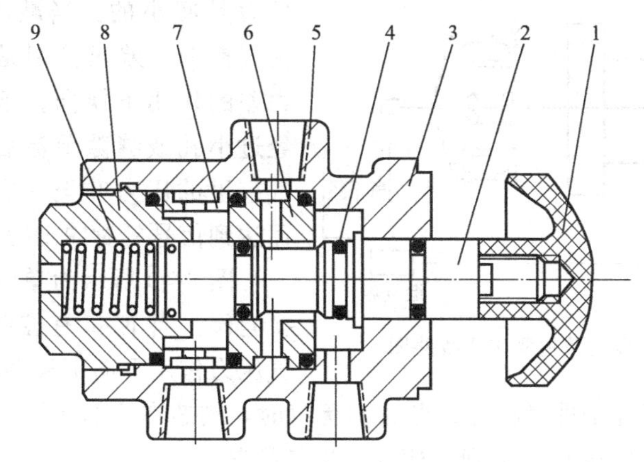

图 6-37　两位三通按钮阀

1—按钮；2—阀杆；3—主体；4,5—O 形密封圈；6—衬套；7—衬垫；8—并帽；9—弹簧

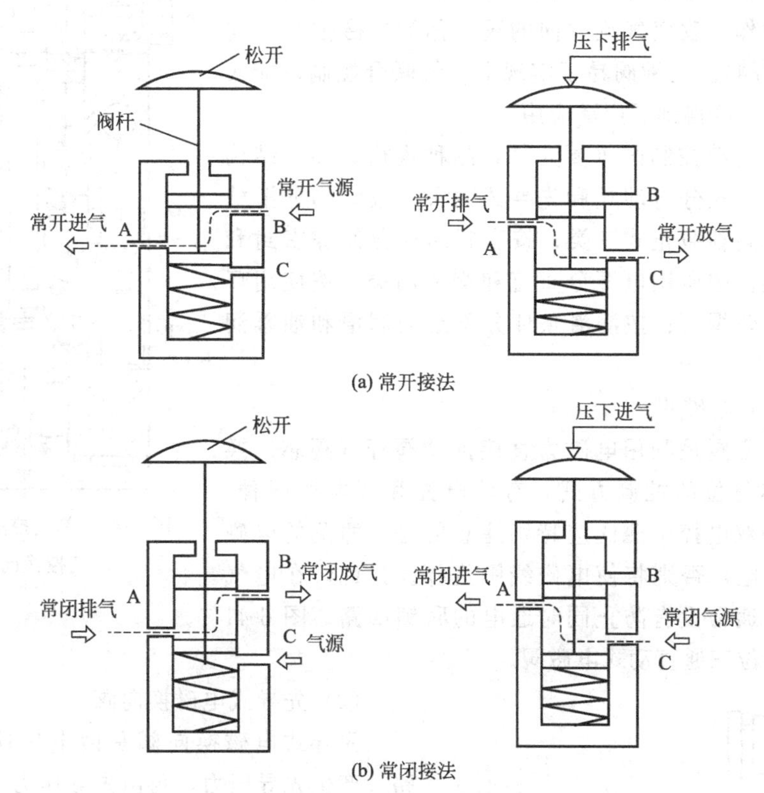

图 6-38　两位三通按钮阀工作原理图

在进气慢、压力低的情况下，容易打滑发热，烧坏离合器。所以在一些经常摘、挂的气离合器中，常用间接进气，即在管路中加上一个继气器（图 6-39），利用控制气推开继气器的阀门，使干线（较粗的气管）中的压缩空气通过继气器很快进入离合器中。

5. 气压控制换向阀

气压控制换向阀是利用气体压力来使主阀芯运动而使气体改变流向的。按控制方式不同分为加压控制、卸压控制、差压控制和延时控制四种。加压控制是指所加的控制信号压力是逐渐上升的，当气压增加到阀芯的动作压力时，主阀便换向。卸压控制是指所加的气控信号

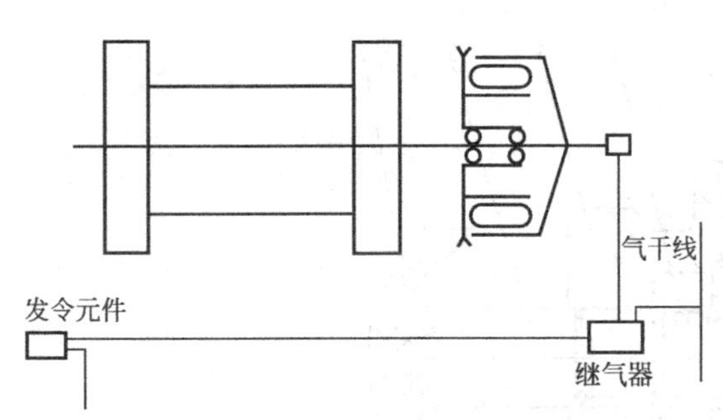

图 6-39　加继气器的按钮阀工作线路图

压力是减小的，当减小到某一压力值时，主阀换向。差压控制是使主阀芯在两端压力差的作用下换向。延时控制是利用气流经过小孔或缝隙节流后向气室里充气，当气室里的压力升至一定值后使阀换向，从而达到信号延时输出的目的。

图 6-40 所示为单气控的两位三通气控换向阀。当 K 口有控制气输入时，阀芯在气压力作用下向下移动，O 口与 A 口关断，P 口与 A 口导通，阀处于进气状态。当 K 口无气时，阀芯在下部弹簧力的作用下向上移动，P 口与 A 口关断，A 口与 O 口导通，阀处于排气状态。

6. 电磁换向阀

利用电磁线圈通电时，静铁芯对动铁芯产生的电磁吸引力使阀芯动作，改变气流方向的阀，称为电磁控制换向阀（简称电磁阀）。这种阀易于实现电、气联合控制，能实现远距离操作，故得到了广泛应用。

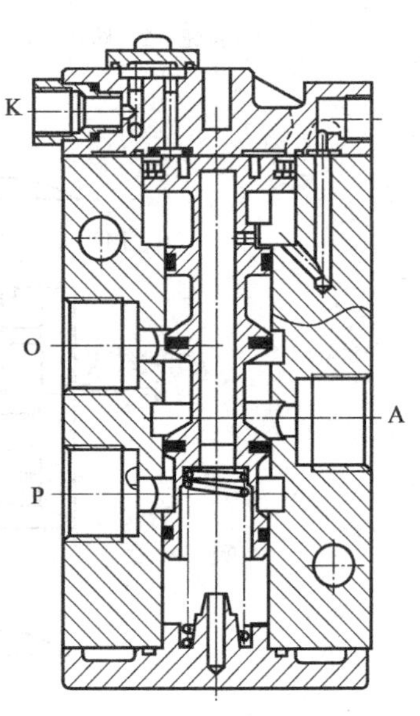

图 6-40　单气控的两位三通气控换向阀

电磁阀是气动控制的重要元件，品种规格繁多，结构各异。按操作方式分直动式和先导式两种；按结构分滑柱式、截止式和同轴截止式三类；按密封形式分间隙密封和弹性密封两类；按所用电源分直流和交流两类；按使用环境分普通型和防爆型；按润滑条件分不给油润滑和油雾润滑等。

（1）直动式电磁阀

直动式电磁阀是利用电磁力直接推动阀杆（阀芯）换向。根据阀芯复位的控制方式，有单电控和双电控两种。使用直动式的双电控电磁阀应特别注意的是，两侧的电磁铁不能同时通电，否则将使电磁线圈烧坏。为此，在电气控制回路上，通常设有防止同时通电的联锁回路。图 6-41 所示为一个两位三通直动式电磁阀。

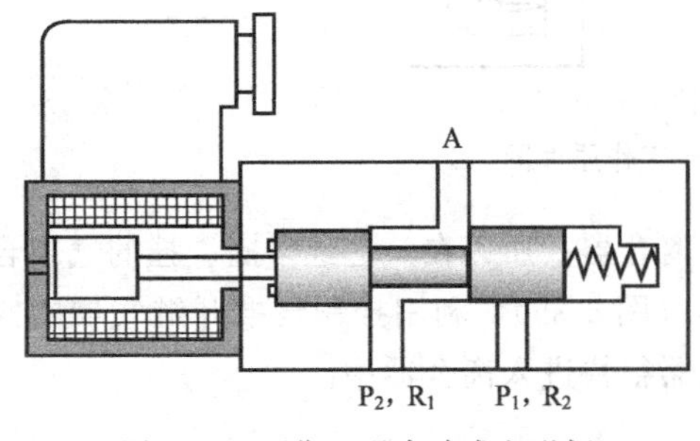

图 6-41　两位三通直动式电磁阀

（2）先导式电磁换向阀

先导式电磁换向阀是由电磁铁首先控制气路，产生先导压力，再由先导压力去推动主阀阀芯，使其换向。适用于通径较大的场合。

按先导式电磁阀气控信号的来源可分为自控式（内部先导）和他控式（外部先导）两种。直接利用主阀的气源作为气控信号的阀称为自控式电磁阀。自控式电磁阀使用方便，但在换向的瞬间会出现压力降低的现象，特别是在输出流量过大时，有可能造成阀换向失灵。为了保证阀的换向性能或降低阀的最低工作压力，由外部供给气压作为主阀控制信号的阀称为他控式电磁阀。

图 6-42 为浮岛阀片的三维剖视图，该阀片包括两个两位三通先导式电磁换向阀。其中 1 为主阀进气口，2 与 4 为主阀工作口，12/14 为先导阀进气口，先导阀工作气压直接作用于主阀阀芯端部，正常工作时电磁阀的手动按钮必须置于释放或自动位置，否则电磁换向控制将失效。

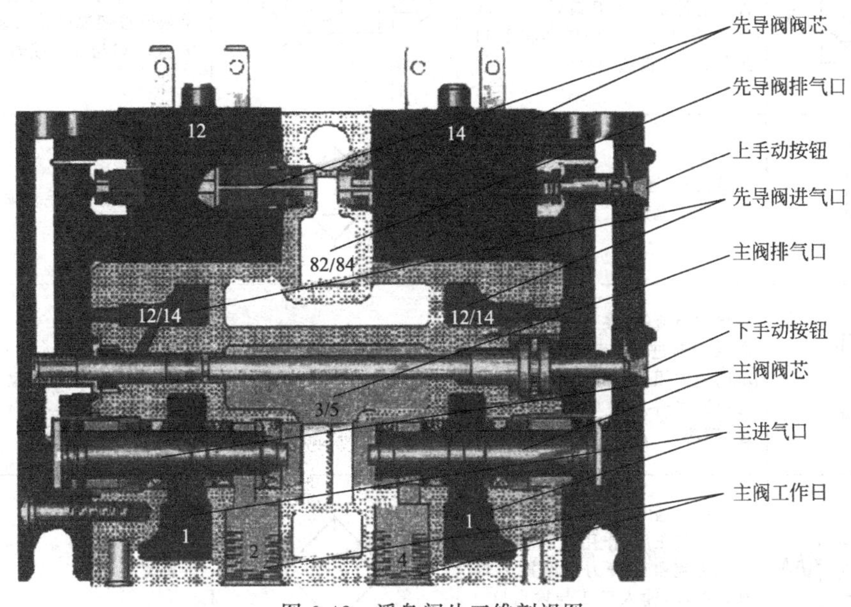

图 6-42　浮岛阀片三维剖视图

四、石油钻机常用的气控元件图形符号

石油钻机常用气控元件图形符号见表 6-2。

表 6-2　石油钻机常用气控元件图形符号

图形符号	说明	图形符号	说明
A P	单向阀，当在输入 P 口加入气压后，作用在阀芯上的气压力克服弹簧力和摩擦力将阀芯打开，输入口 P 与输出口 A 接通	4 2 1 3	三位四通定位手柄阀，当用手柄将阀芯扳到左边位置时 1 口与 4 口接通，3 口与 2 口接通；当用手柄将阀芯扳到右边位置时，1 口与 2 口接通，3 口与 4 口接通
A X Y	梭阀的作用相当于或门逻辑功能。这种阀相当于两个单向阀组合而成。无论是 X 口或 Y 口进气，A 口总是有输出的。为了保证梭阀工作可靠，在工作时不允许 A、B 通路之间有窜气现象	4 2 1 3	三位四通复位手柄阀，当用手柄将阀芯扳到左边位置时，1 口与 4 口接通，3 口与 2 口接通；当用手柄将阀芯扳到右边位置时 1 口与 2 口接通，3 口与 4 口接通
A X Y	双压阀（又称为与阀）的作用相当于与门逻辑功能。有两个输入口 X 和 Y，一个输出口 A。只有 X、Y 口同时有输入时，A 才右输出	2 1 3	两位三通定位手柄阀，当用手柄将阀芯扳到左边位置时 1 口与 2 口接通，3 口关闭；当用手柄将阀芯扳到右边位置时 1 口关闭，2 口与 3 口接通

续表

图形符号	说明	图形符号	说明
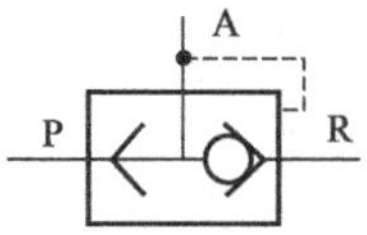	快排阀，当P口进气后，阀芯关闭排气R口，P、A通路导通，A口有输出。当P口无气时，输出管路中的空气使阀芯将P口封住，A、R接通，排气	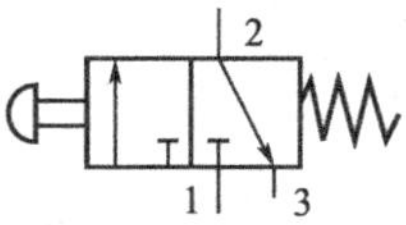	两位三通复位按钮阀，按钮按下时1口与2口接通，3关闭；当手松开按钮靠弹簧力复位时，1口关闭，2口与3口接通
	节流阀，通过改变阀的流通面积来调节流量	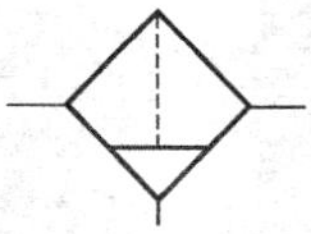	空气过滤器，手动排水
	单向节流阀，在气流从P口流向A口时进行节流控制，旁路的单向阀关闭，在相反方向上气流可以通过开启的单向阀自由流过(满流)	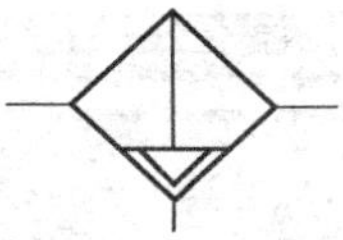	空气过滤器，带自动排水阀
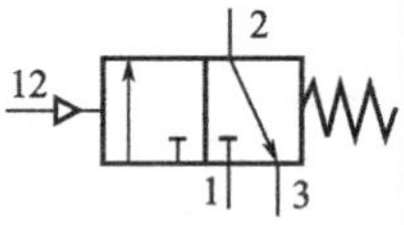	两位二通常闭气控阀，当在12口加入气压后，作用在阀芯上的气压力克服弹簧力和摩擦力将阀芯推动，输入口1与输出口2接通	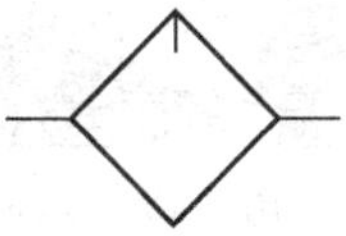	油雾气
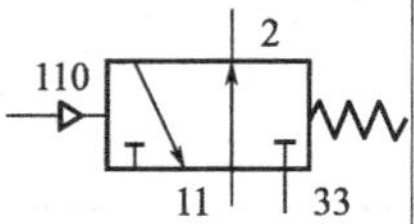	两位三通常通气控阀，当在110口加入气压后，作用在阀芯上的气压力克服弹簧力和摩擦力将阀芯推动，输出口2与排气口3接通，进气口11关断	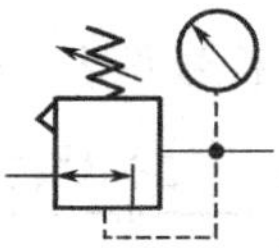	减压阀，带压力表
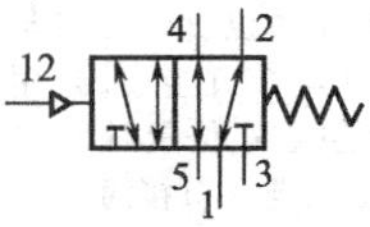	两位五通气控阀，当在控制口12加入气压后，作用在阀芯上的气压力克服弹簧力和摩擦力将阀芯打开，4口与1口导通，2口与3口导通，5口关闭	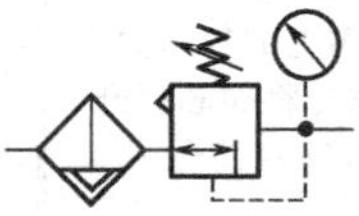	过滤减压单元，带压力表、自动排污阀
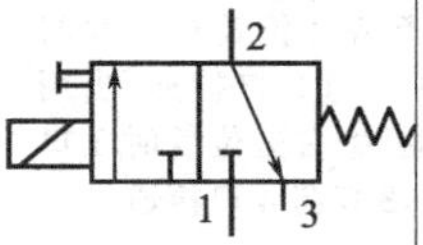	两位三通常闭电磁阀(带手动开关)当在电磁线圈12上加载电信号后，电磁力克服弹簧力和摩擦力将阀芯打开，输入口1与输出口2接通，3口关闭	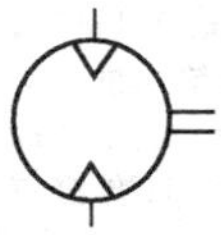	双向气动马达
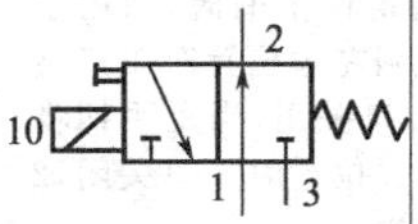	两位三通常通电磁阀(带手动开关)，当在电磁线圈10上加载电信号后，电磁力克服弹簧力和摩擦力将阀芯打开，输入口2与输出口3接通，1口关闭	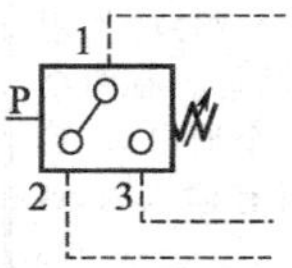	压力开关，当P口有压缩空气输入时，动断无源触点1与2断开，动合无源触点1与3闭合

项目四 气动执行元件

【教学目标】

① 掌握气缸的种类和结构。
② 了解气动马达的结构和工作原理。
③ 了解气动摩擦离合器的结构和工作原理。

【任务导入】

气动执行元件是根据来自控制器的控制信息完成对受控对象的控制作用的元件。它将电能或流体能量转换成机械能或其他能量形式，按照控制要求改变受控对象的机械运动状态或其他状态（如温度、压力等），直接作用于受控对象，能起“手”和“脚”的作用。

【知识重点】

① 单作用式气缸和薄膜式气缸。
② 通风型气胎离合器和气动盘式摩擦离合器。

【相关知识】

执行元件的作用是将压缩空气的压力能转换为机械能，驱动工作部件工作。气动系统的执行元件包括气缸、气动马达、气动摩擦离合器等。

一、气缸

气缸是输出往复直线运动或摆动运动的执行元件，它是钻机气控系统中使用较多的执行元件之一。气缸按作用方式，可分为单作用式和双作用式；按结构形式，可分为活塞式、柱塞式、叶片式、膜片式；按功能，可分为普通气缸和特殊气缸（如冲击式、回转式及气-液阻尼式等）。

（一）单作用式气缸

单作用式气缸的结构如图 6-43 所示。单作用式气缸仅在气缸的一端有压缩空气进入，并推动活塞或柱塞运动，而活塞或柱塞的返回则需要借助其他外力（如弹簧力、重力等）才能完成。单作用式气缸一般用于短行程或对活塞杆推力、运动速度要求不高的场合。例如，刹车气缸可获得较大单一方向轴向力，在绞车的带式刹车机构中，实现滚筒的制动。

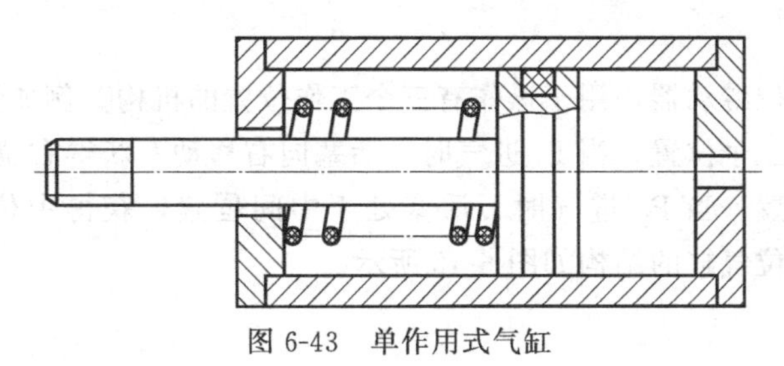

图 6-43 单作用式气缸

（二）薄膜式气缸

薄膜式气缸由缸体、膜片、膜盘和活塞杆等组成，如图 6-44 所示。薄膜式气缸是利用压缩空气使膜片变形来推动活塞杆做直线运动。

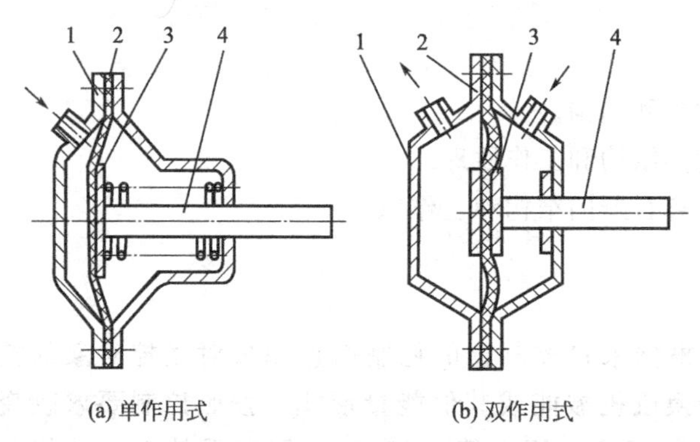

图 6-44　薄膜式气缸

1—缸体；2—膜片；3—膜盘；4—活塞杆

膜片形状有盘形膜片和平膜片两种。膜片材料主要有夹织物橡胶、钢片和磷青铜片。常用的为夹织物橡胶，金属膜片只用于行程较小的膜片式气缸。

（三）回转式气缸

回转式气缸由导气头体、缸体、活塞、活塞杆等组成，如图 6-45 所示。回转式气缸的缸体连同缸盖及导气芯可被携带回转；活塞和活塞杆只能做往复直线运动；导气头体外接管路固定不动。

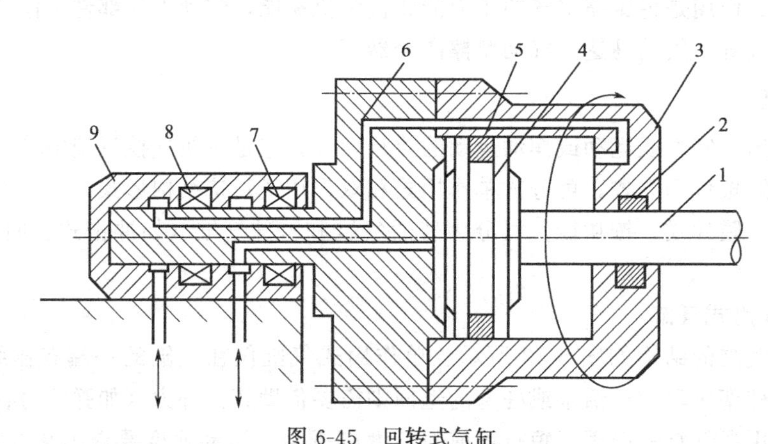

图 6-45　回转式气缸

1—活塞杆；2,5—密封装置；3—缸体；4—活塞；6—缸盖及导气芯；7,8—轴承；9—导气头体

（四）三位气缸

三位气缸又称三位继动器，用于操作有三个工作位置的机构。例如绞车换档装置，由于活塞杆有左、中、右三个位置，当 P_1 进气时，活塞向右移动，获得右位；当 P_3 进气时，活塞向左移动，获得位置；当 P_2 进气时，活塞处于中间位置，获得中位。所以可获得绞车Ⅰ、Ⅱ档和空档。三位气缸的结构如图 6-46 所示。

二、气动马达

气动马达是输出旋转运动机械能的执行元件。它有多种类型，按工作原理可分为容积式

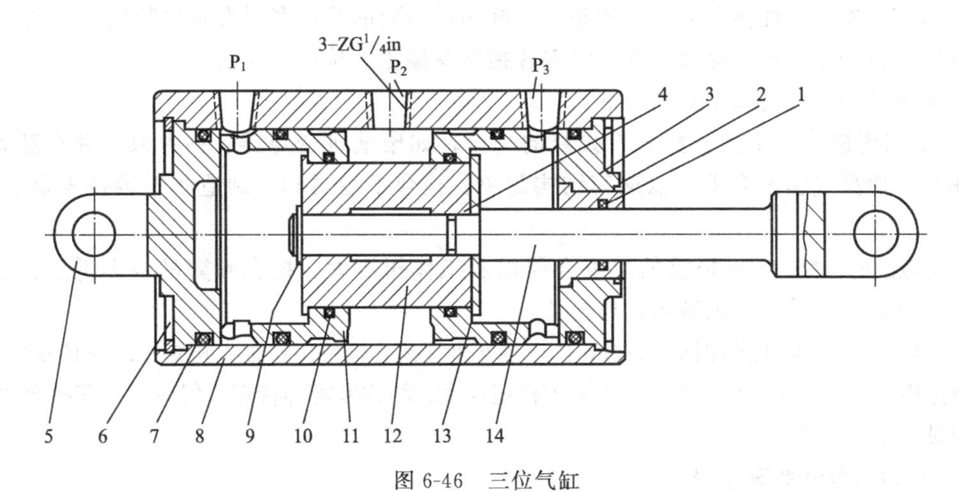

图 6-46 三位气缸

1,4,7,10—O形密封圈；2—铜套；3—前盖；5—后盖；6—孔用弹性挡圈；8—缸体；9—轴用弹性挡圈；11—活塞；12—活塞芯；13—挡圈；14—活塞杆

和涡轮式，容积式较常用。按结构可分为齿轮式、叶片式、活塞式、螺杆式和膜片式。

图 6-47 所示为叶片式气动马达。压缩空气由 A 孔输入，小部分经定子两端密封盖的槽进入叶片 1 底部，将叶片推出，使叶片贴紧在定子内壁上；大部分压缩空气进入相应的密封空间而作用在两个叶片上，由于两叶片长度不等，就产生了转矩差，使叶片和转子按逆时针方向旋转；做功后的气体由定子上的 C 孔和 B 孔排出，若改变压缩空气的输入方向(压缩空气由 B 孔进入，A 孔和 C 孔排出)，则可改变转子的转动方向。

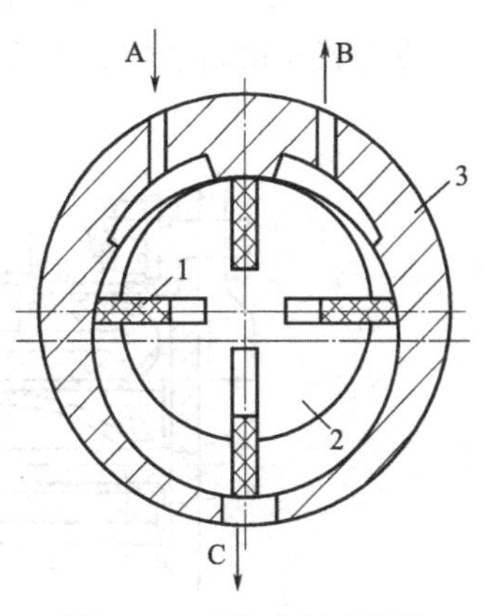

图 6-47 叶片式气动马达

1—叶片；2—转子；3—定子

三、气动摩擦离合器

气动摩擦离合器（也叫气胎离合器）在挂合时用于传递转矩，摘开时可使主动件与被动件分离，动力被切断。采用气动摩擦离合器，可使工作机启动平稳，换档方便，并有过载保护作用。图 6-48 所示为普通型气胎离合器。

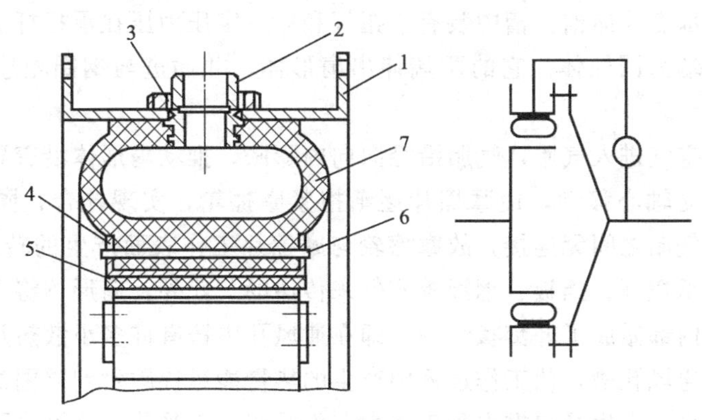

图 6-48 普通型气胎离合器

1—钢轮缘；2—管接头；3—螺母；4—金属衬瓦；5—摩擦片；6—圆柱销；7—气胎

气胎离合器是柔性离合器，气胎是一个椭圆形断面的环形多层夹布橡胶胎。当气胎充气时，气胎沿直径方向向内膨胀，于是摩擦片抱紧摩擦轮，从而传递动力。

气动摩擦离合器的选用原则如下：

① 要求传递扭矩不大、挂合不频繁的场合，如柴油机变矩器、钻井泵、并车装置等，大多采用普通型气胎离合器，以取其结构简单、挂合平稳柔和、制造和安装技术要求低等特点。

② 传递扭矩大、工作繁重的总离合器以及工作扭矩大、挂合频繁的绞车低速离合器，其转盘离合器，可采用通风型胎式离合器。

③ 对于5000m以上的超深井钻机，由于绞车低速离合器要传递很大扭矩（$M>100$kN·m），可考虑选用盘式气动摩擦离合器，以取其工作扭矩大、结构紧凑等特点。但应减少其挂合次数而且必须设高速离合器。

（一）通风型气胎离合器

通风型气胎离合器是在普通气胎离合器的基础上发展起来的。其特点是：隔热和通风散热性能好，气胎本身在工作时不承受扭矩；挂合平稳、摘开迅速；摩擦片厚、寿命长；易损件少，更换易损件方便；经济性好。

图6-49为通风型气胎离合器，在结构上比普通气胎离合器增加了一套散热传能装置。散热传能装置由扇形体、承扭杆、板簧和挡板等零件组成。

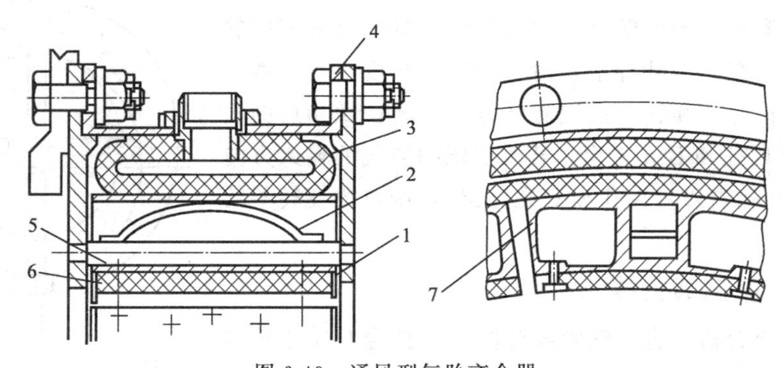

图6-49　通风型气胎离合器

1—摩擦片；2—板簧；3—气胎；4—钢圈；5—承扭杆；6—挡板；7—扇形体

通风型气胎离合器的气胎外表面与钢圈相接触。摩擦片用铆钉或平头螺栓固定在扇形体的内侧，扇形体中部有导向槽，槽中装有承扭杆和以一定压力压在承扭杆上的板簧，承扭杆中部为长方形，两端为圆柱体。它的两端伸出扇形体，并插进与钢圈相连的挡板上的相应孔中。

接合时，压缩空气进入气胎，气胎沿径向向内膨胀，推动扇形体沿着导向槽相对于固定在挡板上的承扭杆向轴心移动，使摩擦片逐渐抱紧摩擦轮，实现挂合，同时板簧也受到压缩。由于扇形体和气胎之间无连接，故摩擦轮与摩擦片工作表面产生的转矩，不经过气胎，而是经过扇形体、承扭杆、挡板、钢圈等零件来传递的。此外，扇形体将发热的摩擦片与气胎隔开，且扇形体内部做成了蜂窝状结构，即在通风孔中铸有许多小散热片。在挡板上内圈相应位置上亦开有通风孔槽，使工作过程中产生的热量能尽快散发到周围的空气中而不影响气胎。气胎的作用只是产生径向推力和正压力，不受扭、不受热。这解决了气胎易烧坏、易老化的难题，从而大大提高了气胎的寿命。

摘开离合器时，除气胎本身的弹性恢复原状外，还有板簧的弹力及旋转的离心力的作用，从而使摩擦片迅速脱开摩擦轮，减少了因打滑产生的热量，减轻了摩擦片的磨损，提高了摩擦片的使用寿命。

通风型气胎离合器，散热好、寿命长。但其结构比普通型气胎离合器的复杂，高速工作时，离心力对离合器工作能力的影响也相应加大，因此，它适用于传递功率较大、频繁启停等较重要的场合，如绞车滚筒低速离合器。

（二）盘式气动摩擦离合器

盘式气动摩擦离合器的特点是耗气量小、传递转矩大。国外钻机多采用这种离合器。图 6-50 所示为盘式气动摩擦离合器。这种离合器的工作表面是环状平面。工作时，摩擦片沿轴向移动，故又称为轴向作用式离合器。

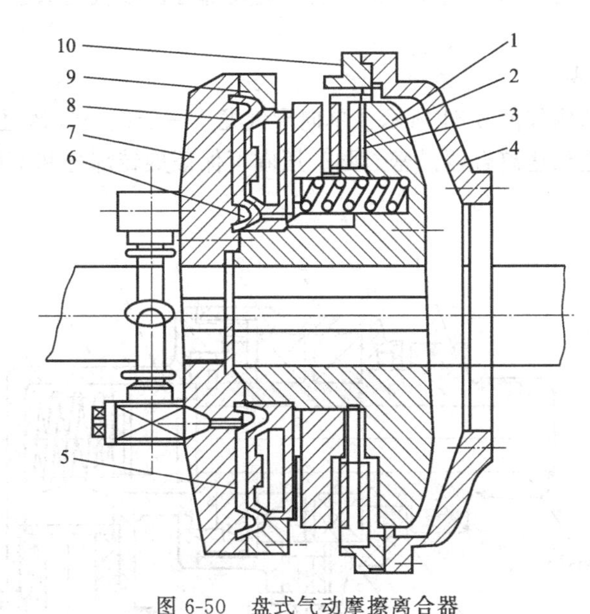

图 6-50　盘式气动摩擦离合器

1—主动盘；2—摩擦盘；3—齿盘；4—连接盘；5—胶皮隔膜；6—中间压圈；7—隔膜固定盘；8—推盘；9—外压圈；10—内齿圈

盘式气动摩擦离合器按其气室结构形式不同，分为隔膜型、活塞型和气囊型；按摩擦盘数不同，可分为单盘，双盘或多盘。

项目五　辅助元件

【教学目标】

① 了解导气龙头的结构和原理。

② 了解连接管线的材料和连接形式。

【任务导入】

由于气动技术越来越多地应用于各行业的自动装配和自动加工小件、特殊物品的设备上，原有传统的气动元件性能正在不断提高，同时陆续开发出适应市场要求的新产品，使气动元件的品种日益增加。在钻机气控制系统上，辅助元件可以使压缩空气净化。

【知识重点】

① 单、双向导气龙头。

② 钢管连接、胶管连接。

③ 快插管接头的典型结构。

【相关知识】

一、导气龙头

导气龙头的作用是把气从管线静止部分引入旋转部分。导气龙头包括单向导气龙头、双向导气龙头。

（一）单向导气龙头

单向导气龙头的结构如图 6-51 所示。单向导气龙头中压缩空气通过盖上的孔进入轴中，流经冲管和轴内部通道到达离合器。密封圈、压圈可保证旋转部分和不旋转部分之间的严格密封。

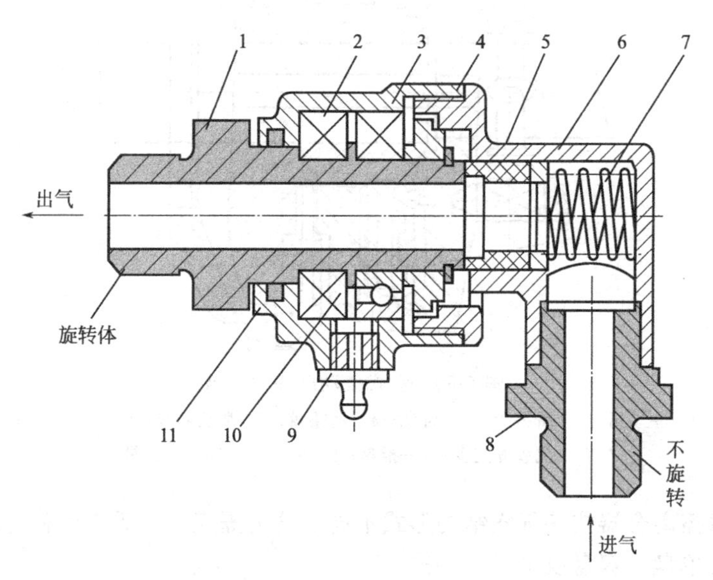

图 6-51 单向导气龙头

1—冲管；2—轴承；3—壳体；4—迷宫圈；5—石墨密封圈；6—盖；7—弹簧；8—接头；9—黄油嘴；10—间隔环；11—密封圈

当冲管与转动轴连接后，密封盖受弹簧的压力与冲管的密封端贴合，形成一个相对运动的密封通道。

（二）双向导气龙头

双向导气龙头的基本原理与单向导气龙头一样，只是可以提供两个独立的流体通道。双向导气龙头装于一根旋转轴的端部，用以给此轴上的两个离合器供气。例如，滚筒轴上有高、低速两个气胎离合器，它们通过双向导气龙头分别给两个气胎离合器供气。

双向导气龙头的结构如图 6-52 所示。它有冲管（内有气道），冲管可以连续旋转，而本体和盖则因与冲管之间隔有滚珠轴承而保持不转动。转动部分和不转动部分之间用外密封圈、O形密封圈、内外压圈、内外弹簧密封。第一个气道由冲管的中间轴孔到达离合器，第二个气道由冲管的环形气道进入离合器。

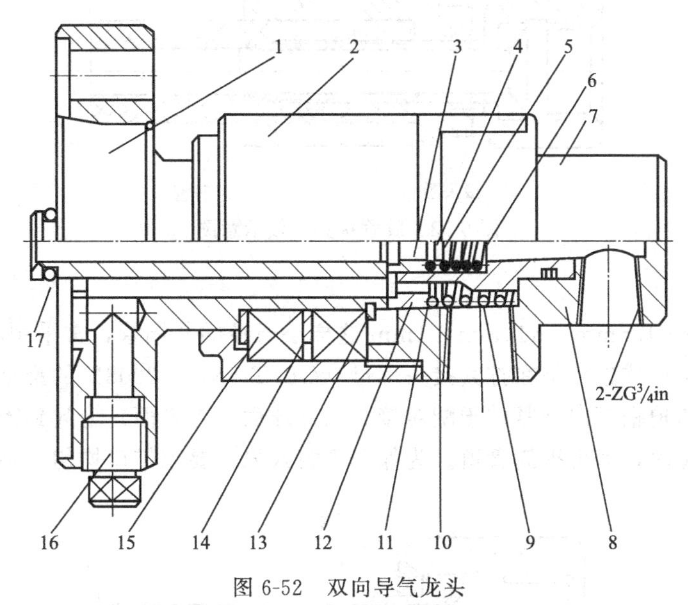

图 6-52 双向导气龙头

1—冲管；2—本体；3—内密封圈；4,11,17—O形密封圈；5—内压圈；6—内弹簧；7—盖内套；8—盖；9—外弹簧；10—外压圈；12—外密封圈；13—轴用弹性挡圈；14—垫圈；15—轴承；16—堵头

二、连接管线

(一) 管路材料

连接管路包括空气管道和管接头两类。它起着连接元件的重要作用，通过它向各气动装置和控制点输送压缩空气。连接管路也是气动系统设计中通常容易忽视的，但其设计和施工质量的好坏往往影响整个系统的工作状态。石油钻机气控系统常用的管道材料见表 6-3。

表 6-3 石油钻机气控系统常用管道材料 mm

公称通径	钢管外径	胶管规格	胶管接头螺母	紫铜管	不锈钢管	快插管外径
50	60	ϕ51×63	M63×3			12
25	34	ϕ25×35	M39×2			10
15	22	ϕ16×28	M22×1.5	ϕ16×1.5	ϕ16×1.5	18
8	15	ϕ10×19	M16×1.5	ϕ10×1	ϕ10×1	6

(二) 几种常见的管路连接形式

1. 钢管连接

钢管之间连接通常采用 GB/T 3287—2011《可锻铸铁管路连接件》规定的各种三通、内接头和外接头，钢管端头制作成相应大小的 550 或 600 圆锥外螺纹。

2. 胶管连接

在室外的一些挠性连接通常采用如图 6-53 所示的胶管进行连接。在拧紧接头螺母时，将配对接头的外球面压紧到接头芯内壁上以起到密封作用。这种胶管接头（GB/T 9065.1—2015）常与扩口式管接头相连。对于 50mm 以上的胶管接头，其接头螺母常制作成锤击式，以便于拆装。

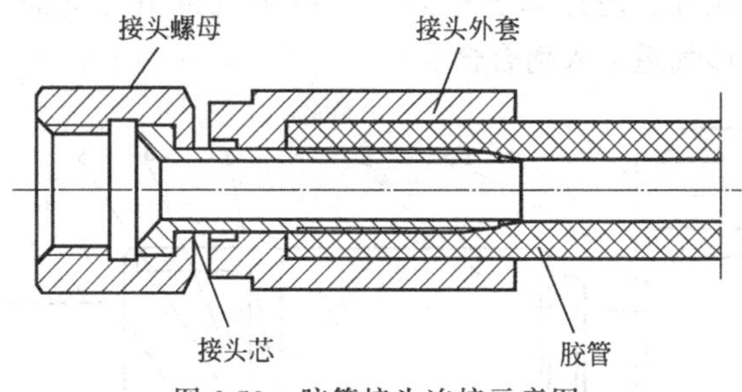

图 6-53　胶管接头连接示意图

3. 铜管连接

对于 ϕ16mm×1.5mm、ϕ10mm×1mm 这样小通径的紫铜管，常采用图 6-54 所示的扩口式连接方式。扩口式连接是在拧紧接头螺母（GB/T 5647—2008）的推动下，卡套（GB/T 5646—2008）压迫铜管内壁紧贴于配对接头的外球面（外锥面）上起到密封作用的。当松动且旋下接头螺母时，即可拆卸管道。为保证密封效果，要求扩口均匀、圆滑。

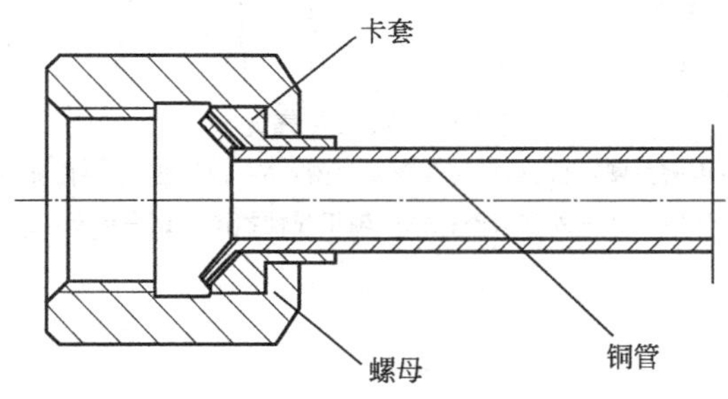

图 6-54　钢管扩口式连接示意图

4. 不锈钢管连接

由于不锈钢管较硬，不易进行扩口和弯曲，所以对于 ϕ16mm×1.5mm 和 ϕ10mm×1mm 这样小通径的不锈钢管，常采用图 6-55 所示的卡套式连接方式。

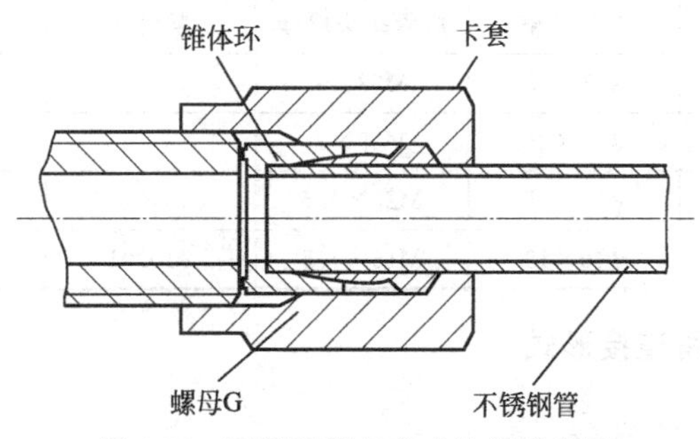

图 6-55　不锈钢管卡套式连接示意图

注意：配对接头应为平头，锥体环要有较高硬度。

5. 快插管接头连接

在一些比较狭窄的空间和箱体中，元件的连接通常采用图 6-56 所示的快插管接头与快插管进行连接。在拔出快插管时一定要将图中释放环向左压，这样才能将气管卡片推开，拔出快插管。一般情况下可采用聚氨酯材质的快插管，在一些高温地区可选用聚酰胺或全氟烷氧基材质的快插管。在石油钻机司钻房及阀岛箱中经常用到外径为12mm、10mm、8mm、6mm的快插管。

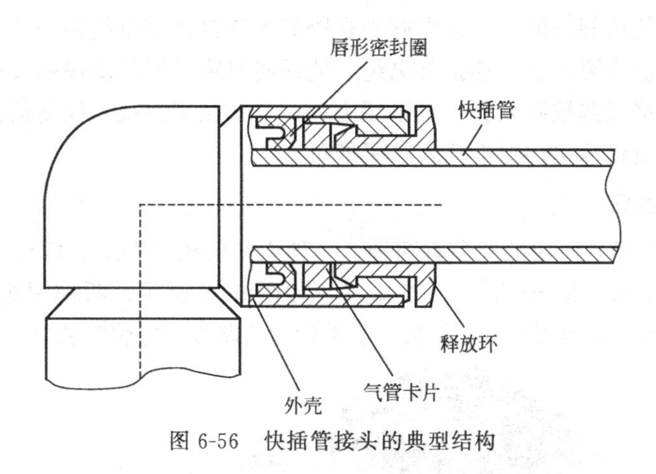

图 6-56　快插管接头的典型结构

项目六　阀岛

【教学目标】

① 了解阀岛的组成和结构。
② 了解阀岛的维护和保养。
③ 了解阀岛的常见故障及排除方法。

【任务导入】

阀岛是由多个电控阀构成的控制元器件，它集成了信号输入/输出及信号的控制，犹如一个控制岛屿。阀岛是新一代电气一体化控制元器件，已从最初带多针按口的阀岛发展为带场总线的阀岛，继而出现了可编程阀岛及模块式阀岛。阀岛技术和现场总线技术相结合，不仅使电控阀的布线容易，而且也大大地简化了复杂系统的调试、性能的检测和诊断及维护工作。借助现场总线高水平一体化的信息系统，使两者的优势得到充分发挥，具有广泛的应用前景。

【知识重点】

① 阀岛的特点。
② 费斯托阀岛和力士乐阀岛。
③ 阀岛控制箱快插软管。
④ 阀岛的应用。

【相关知识】

一、阀岛的作用和特点

阀岛安装在钻机司钻控制房、绞车及并车箱的阀岛控制箱内，主要用于控制滚筒离合、转盘惯刹、风动上卸扣、自动送钻离合、并车、防碰保护、断电保护以及其他故障保护等。其具有动作灵敏、结构简单、安装维护方便、操作容易和使用寿命长（1000万次）等特点。

钻机控制系统使用阀岛的一个很大好处是阀岛的连接控制电缆为一根多芯电缆，钻机生产企业根据阀岛的插头要求已经连接好电缆，使用时只需要插拔防爆插接头。这样就可以省去大量的时间去连接气路控制软管，也不用去一一查找铭牌对接，阀岛的插接头有一个箭头指示，只要操作人员将插接件对准插入锁紧即可。

二、阀岛的组成

目前石油钻机上经常使用的阀岛有两种，一种为费斯托（Festo）CPV10阀岛，如图6-57所示；另一种为力士乐（Rexroth）HF02阀岛，如图6-58所示。两种阀岛的结构基本相同，由顶部多针插头顶盖、功能阀片、左端板、右端板、气路板、标牌安装架、安装附件等组成。

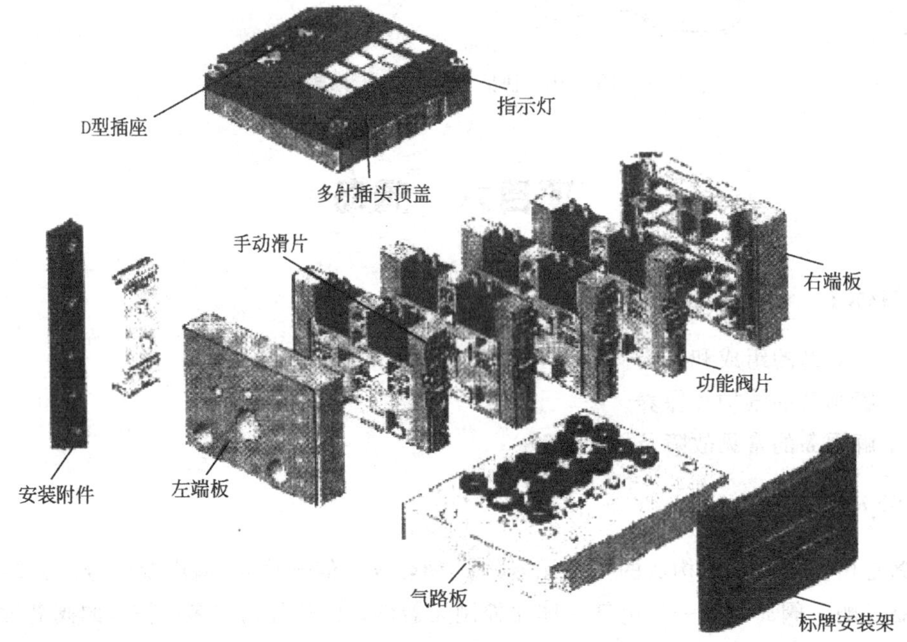

图6-57 费斯托CPV10阀岛拆分图

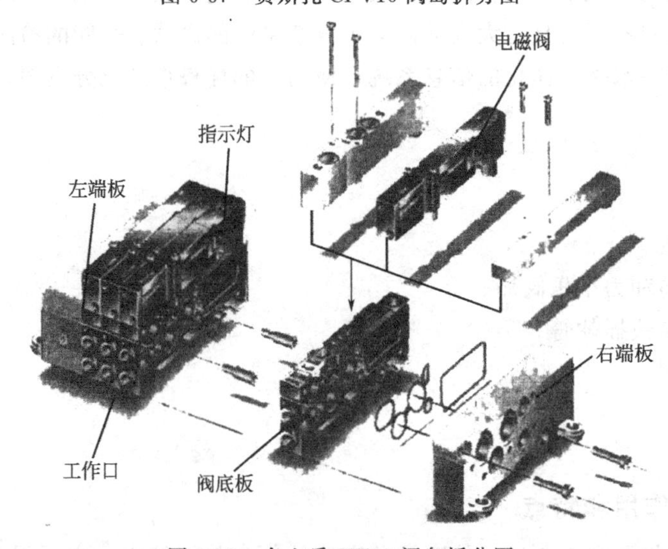

图6-58 力士乐HF02阀岛拆分图

(一) 多针插头顶盖

顶盖带有一个多针插头，其作用是将控制信号通过多芯电缆传输到阀岛，控制阀岛工作，顶盖设置有阀工作状态显示器和保护电路。

(二) 功能阀片

阀岛的功能阀片由几个阀片组成，每一个阀片代表 2 个两位三通气控阀，用来对钻机进行控制，实现不同的功能。

(三) 左、右端板

左、右端板的作用是固定功能阀片，同时根据需要可以选择阀岛的供气方式，可以选择从一端供气或两端同时供气。

(四) 气路板

气路板附带密封件与功能阀片连接，通过快插接头将压缩空气导出，气路板有安装螺孔，可以通过长螺栓固定阀岛。

(五) 标牌安装架

标牌安装架允许添加标牌，同时可以保护手动开关，避免意外触发。由于有些钻机的阀岛安装在控制箱内，所以没有配备标牌安装架。

三、阀岛的应用

随着油田勘探开发的逐步深入，人们对钻机的自动化程度的要求越来越高。目前，国内先进的 7000m 级深井钻机采用交流变频电动机直接驱动单轴绞车，配备电动机自动送钻和转盘独驱，运用 AC-DC-AC 交流变频电传动全数字控制，实现了智能化司钻控制。与钻机的数字化控制相适应，其气控系统采用了电控气的阀岛集成控制，该控制不仅提高了钻机的自动化程度，而且节省了大量气路控制软管的连接时间。现以 ZJ70/4500DB 钻机为例，介绍阀岛在气控系统中的应用。

该钻机的阀岛安装在绞车底座的阀岛控制箱内，有 4 组功能阀片，每一片代表 2 个两位三通电控气阀，该阀岛共有 8 个两位三通电控气阀，其功能如图 6-59 所示。

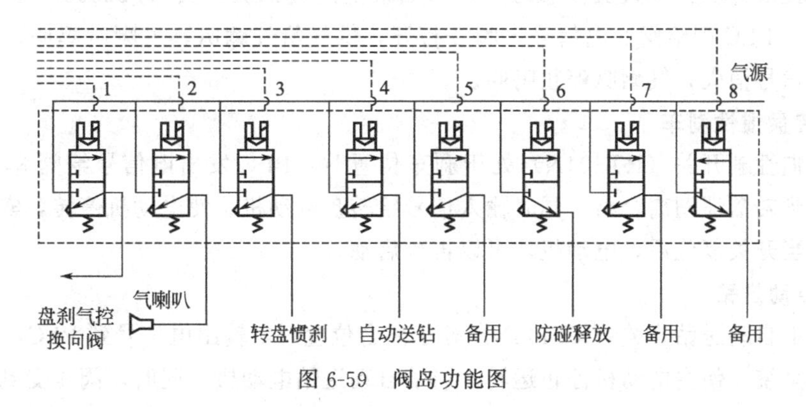

图 6-59　阀岛功能图

该钻机气控系统的阀岛控制分为面板控制和触摸屏控制两种，两种控制功能完全相同。它们和 PLC 连接，通过逻辑来控制阀岛和执行元件的气控阀，完成液压盘刹紧急刹车、气喇叭开关、转盘惯性刹车、自动送钻、防碰释放等功能。阀岛气控原理如图 6-60 所示。

(一) 液压盘刹紧急刹车

ZJ70/4500DB 钻机配备液压盘式刹车，当系统处于正常工作状态，即无信号输入时，

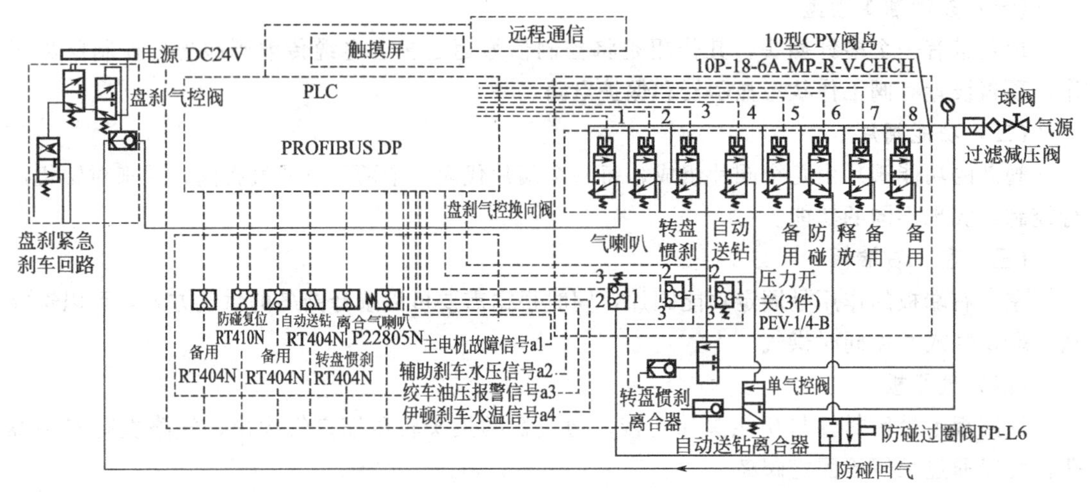

图 6-60 阀岛气控原理图

阀 1 无电控制信号，处于关闭状态，司钻通过操纵刹车手柄可完成盘刹刹车和释放。当系统出现绞车油压过高或过低、伊顿刹车水压过高或过低、伊顿刹车水温过高、系统采集到主电动机故障时，电控系统分别发出电信号 a1（主电动机故障，电控系统输入给 PLC）、a2、a3、a4 给 PLC，PLC 则输出电信号到阀 1，阀 1 打开，主气通过梭阀到盘刹气控换向阀，实现紧急刹车。同时 PLC 把电信号传输给阀 4 或电控系统，实现自动送钻离合器的摘离或主电动机停机。

另外，若游车上升到限定高度时（距天车 6～7m），防碰过圈阀 FP-L6 的肘杆因受到钢丝绳的碰撞而打开，气信号经过梭阀作用于盘刹气控换向阀，盘刹也可实现紧急刹车功能。以上待故障排除后，故障信号消失后再重新启动主电动机。

（二）气喇叭开关

当司钻提醒井队工作人员注意时，按下面板上的气喇叭开关（P22805N），开关输入电信号到 PLC，PLC 则给阀 2 电信号，阀 2 打开，供气给气喇叭，气喇叭鸣叫，松开气喇叭开关后，电信号消失，气喇叭停止鸣叫。

（三）转盘惯性刹车

当转盘惯性刹开关（RT404N）处于刹车位置时，PLC 发出电信号给阀 3，阀 3 打开，输入气信号到转盘惯刹离合器，同时输入信号给转盘电动机，使电动机停转，实现转盘惯性刹车。只有当开关复位后，电动机才可以再次启动。

（四）自动送钻

当面板上自动送钻开关（RT404N）处于离合位置时，输出电信号到 PLC，PLC 把电信号传给电控系统，使主电动机停止运转，启动自动送钻电动机，同时，阀 4 受到电信号控制而打开，把气控制信号输入到单气控阀，主气便通过气控阀到自动送钻离合器，实现自动送钻功能。自动送钻离合器与主电动机是互锁的，可有效避免误操作。

（五）防碰释放

当游车上升到限定位置时，因过圈阀打开而使盘刹紧急刹车，这时如果要下放游车，先拉盘刹刹把至“刹”位，再操纵驻车制动阀，然后按下面板上防碰复位开关（RT410N），输出电信号给 PLC，PLC 把电信号传到阀 6，阀 6 打开放气，安全钳的紧急制动解除，此时司钻操作刹把，方可缓慢下放游车。等游车下放到安全高度时，将防碰过圈阀（FP-L6）和防碰释放开关（RT410N）复位，钻机回到正常工作状态。

四、阀岛的维护与保养

阀岛的工作寿命长、可靠，但阀岛与其他产品一样都需要维护保养，以使阀岛更加有效地工作。

（一）气源质量

阀岛在工作中需要洁净的压缩空气，也就是压缩机输出气源需要用干燥机干燥，减少气源水分，同时，要定期打开储气罐的排污阀，排放储气罐中存积的污水，检查气源房和绞车底座左端内过滤器的水位，只要水位超过挡水板就需要放水排污。

（二）阀岛供气压力

阀岛的正常工作压力为 0.25MPa 以上，所以在钻机安装调试时，应给阀岛提供>0.25MPa 工作压力的气源，阀岛初始时若有窜气现象，可以将阀岛的各个工作口全部关闭（不能敞开放气），可以手动操作各片阀岛的按钮，反复操作几次，若排气正常则说明阀岛的窜气现象已解决，阀岛可以正常工作。

（三）阀岛控制箱快插软管

塑料快插管在拆卸时一定要用一只手按下止松垫，另外一只手拔出塑料管。塑料管在多次拆装后，应将塑料管的前端剪去约 10～20mm，再插入接头体内。尤其是在系统使用时间较长后，由于系统的压力高而使塑料管掉出时，必须将管子的前端剪去 10～20mm 或者更换塑料管与接头相连接，否则会造成管路的密封不严和增加管线再次掉出的可能。

五、阀岛的故障排除

阀岛在工作的时候，若司钻打开控制开关有信号输出，但阀岛没有响应，产生这种故障的原因很多，工作人员一定要仔细检查分析原因，在未得到技术人员的许可下，切勿盲目拆卸阀岛，应按以下步骤检查原因：

① 检查阀岛的气源压力，阀岛的气源压力若低于 0.25MPa，提高气源的压力到 0.8MPa，再操作开关检查是否正常，若仍没有响应，进行下一个步骤检查。

② 打开阀岛控制箱看阀岛的指示灯是否有指示：若有指示而阀岛没有工作，说明阀岛可能有污物卡住或电磁驱动头损坏，拨动手动按钮检查输出是否正常，若输出正常则说明阀岛的电磁驱动头可能损坏，要使钻机正常工作可以用手动按钮操作或是将阀岛的备用开关管线连接到现在的接口上，操作控制开关使用。若阀岛的指示灯没有指示，则说明阀岛没有接收到信号，此时应检查阀岛控制的连接电缆：

ⅰ. 阀岛控制箱的插接头是否松动，接线处是否有水或接线是否被振动脱开；

ⅱ. 检查司钻房入口处阀岛电缆插接件的接头是否松动，接线是否有水或有脱开的电线；

ⅲ. 检查开关的连接线是否有脱开或短路现象；

ⅳ. 检查开关是否损坏；

ⅴ. 查 PLC 是否有输出。

阀岛有压缩空气输出而离合器没有反应，检查阀岛输出管路是否被冻结或被污物堵住，检查离合器。

项目七　常见气动控制回路

【教学目标】

① 了解气控气式钻机气动控制回路。
② 了解电控气式钻机气动控制回路。

【任务导入】

石油钻机的气控系统流程比较复杂，但这个复杂系统却是由一些简单的基本控制回路组合而成。钻机的气控系统包括主滚筒离合控制回路、防碰控制回路、转盘控制回路、气动旋扣器控制回路、辅助刹车控制回路等。

【知识重点】

① 转盘控制回路。
② 滚筒高低速离合器控制回路。
③ 天车防碰控制回路。
④ 司钻控制房阀岛和绞车阀岛控制单元。

【相关知识】

石油钻机的气控系统是通过气动元件，与机械、液压、电气等综合构成控制回路，实现钻机生产控制的自动化，准确完成钻井工艺过程。现阶段石油钻机气控系统有两种控制形式：一种为气控气形式，其控制阀件以手柄阀、脚踏阀、按钮阀、机械阀和气控阀等为主。另一种为电控气形式，其控制阀件为阀岛或电磁阀、电气比例压力阀，司钻操作件为电控旋钮开关、按钮开关及触摸屏等，内部逻辑控制系统由 PLC、继电器、压力开关及压力传感器等构成。

一、气控气式钻机气动控制回路

（一）转盘气控回路

转盘有两种驱动型式：一种是由电动机独立驱动；另一种是由绞车动力驱动的机械驱动型式。前者转盘驱动轴上只配一个惯刹离合器，后者转盘驱动箱轴上配转盘惯刹和转盘离合两个离合器，其控制回路不尽相同。

1. 电动机独立驱动转盘气控回路

转盘惯刹由手柄阀 1 控制，该阀有三个位置，即：自动惯刹、释放、手动惯刹。其作用是实现转盘惯性刹车，其控制原理如图 6-61 所示。

① 当阀 1 手柄置于“自动惯刹”位置时，转盘电动机启动时将 24VDC 电信号给惯刹回路电磁阀 3，阀 3 换向排气，惯刹释放，转盘正常运转。当转盘电动机停机时，电动机控制系统断开电磁阀 3 的电信号，阀 3 通气，惯刹停住转盘。

② 当阀 1 手柄置于“释放”位置（中位）时，惯刹离合器 7 排气脱开，转盘处于释放状态。

③ 当阀 1 手柄置于“手动惯刹”位置时，此时控制阀导通压缩空气分为两路：一路控

制气控制阀 5，压缩空气进入转盘，惯刹离合器 7 刹车；另一路由三通分出控制压力开关 2，压力开关 2 触电动作，转盘电动机控制系统使转盘电动机迅速停机。

一般情况下应将手柄开关置于“自动惯刹”位置。压力开关 2 和电磁阀 3 可分别接入电控系统中的 PLC 输入和输出端口上，由 PLC 进行控制。在使用过程中，只有当三位四通定位手柄阀 1 置于“释放”或“自动惯刹”位置时，转盘电动机才可以启动使用。

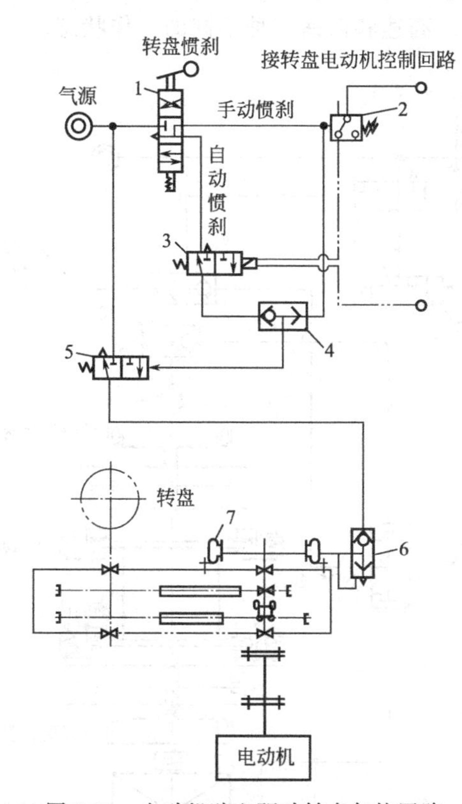

图 6-61　电动机独立驱动转盘气控回路

1—三位四通定位式手柄阀；2—压力开关；3—两位三通电磁阀；4—梭阀；5—两位三通气控阀（继气器）；6—快速放气阀；7—惯刹离合器

2. 机械驱动转盘气控回路

图 6-62 所示为机械驱动转盘气控回路。转盘控制回路由一个三位四通阀来控制，实现转盘离合、惯刹和停止（中位）。

① 转盘控制阀的手柄置于“转盘离合”位时，输出气信号到常闭气控阀，使常闭气控阀打开，压缩空气经快排阀、导气龙头进入转盘离合器，转盘传动箱离合器挂合，带动转盘旋转。

② 转盘控制阀的手柄置于“停止（中位）”位时，转盘离合器脱开，转盘就停止旋转。

③ 转盘控制阀的手柄置于“惯刹”位时，输出气信号到另一个常闭气控阀，使常闭气控阀打开，压

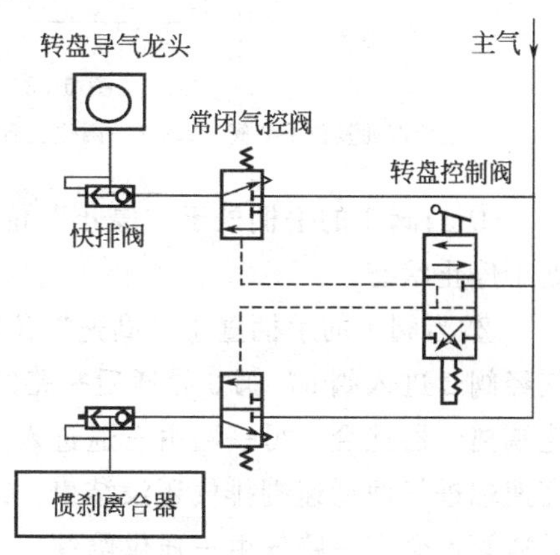

图 6-62　机械驱动转盘气控回路

缩空气经快排阀进入惯刹离合器，即可通过制动离合器阻止转盘由于钻杆变形能量的释放引起的转盘及相应传动部件的急速反转，避免传动件的损坏。

（二）滚筒高低速离合器控制回路

在机械钻机和直流电驱动钻机中常装有高速与低速气胎离合器。通过切换挂合不同的离合器，实现绞车滚筒转速的改变。图 6-63 所示为滚筒高低速离合器控制回路。由手柄换向阀 1 控制，实现滚筒的停止、高速和低速三种不同的工作状态。

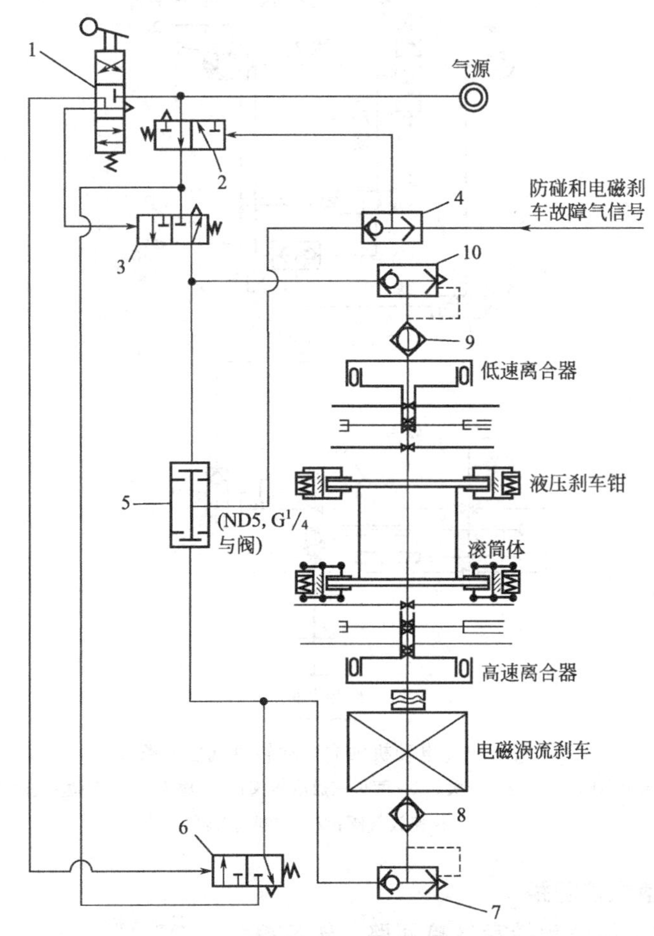

图 6-63 滚筒高低速离合器控制回路

1—三位四通复位手柄阀；2，3，6—两位三通气控阀；4—梭阀；5—与阀；7，10—快排阀；8，9—旋转导气龙头

① 当阀 1 的手柄处于“停止”位时，滚筒的高低速离合器都处于排气脱开状态，滚筒处于停止状态。

② 当阀 1 的手柄置于“高速”位时，由其所提供的控制气打开两位三通气控阀 6，工作气经阀 2 进入阀 6，阀 6 导通后一路经阀 7 和旋转导气接头 8 进入滚筒高速离合器，滚筒高速端离合器挂合。另一路由三通进入与阀 5，此时滚筒低速离合器应处于排气状态。若滚筒高速端进气而低速端排气还没结束，或由于阀件故障导致滚筒高低速离合器同时充气，那么低速端也会有一路气由三通供给阀 5，阀 5 的两个控制口都有气压信号时，其工作口有气信号输出。该气信号经梭阀 4 后作用于阀 2，阀 2 关闭，滚筒高低速离合器都排气，避免了滚筒高低速离合器同时挂合的危险。

③ 当阀 1 手柄置于“低速”位时，其控制原理与高速控制相似，滚筒低速离合器进气挂合，滚筒高速离合器排气脱开。

（三）天车防碰控制回路

现代钻机一般由三重天车防碰系统组成，即滚筒过圈式防碰天车、钢丝绳重锤式防碰天车和电子防碰天车。这三种防碰装置均为信号触发装置，防碰信号触发后系统立即让绞车刹车系统刹车，同时停止绞车提升动力。其中滚筒过圈式防碰天车、钢丝绳重锤式防碰天车又统称为机械防碰装置。电子防碰天车又称为数显防碰装置或高度指示仪，其工作原理均是通过绞车滚筒编码器采集绞车滚筒旋转的圈数，然后通过数据分析计算，得出游吊系统当前的工作高度。该装置可连续监视游吊系统的工作高度，故可以输出下防碰预警信号、下防碰刹车信号、上防碰预警信号及上防碰刹车信号等多种信号。

图 6-64 为典型的直流电驱动钻机的天车防碰及盘刹控制回路原理图。

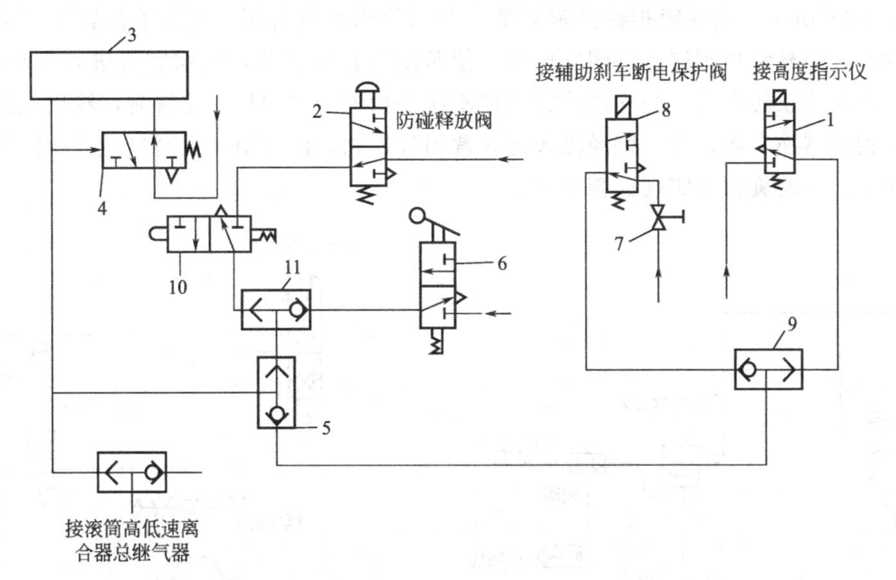

图 6-64　天车防碰及盘刹控制回路原理图

1,8—两位三通电磁阀；2—两位三通按钮阀；3—液压盘刹控制阀组；4—两位三通气控阀；5,9,11—梭阀；6—天车防碰器；7—球阀；10—防碰过圈阀

电子防碰装置用于模拟显示游动系统的运行位置，当游动系统运行至防碰高度后，便会输出防碰电信号控制电磁阀 1，阀 1 导通，输出防碰信号。

过圈防碰装置由过圈防碰阀 10 实现，过圈防碰阀 10 装于滚筒上部横梁上，当游车上升至防碰高度时，滚筒快绳碰歪过圈阀杆，阀 10 导通，输出防碰气信号。

天车防碰装置由天车防碰器 6 和防碰钢丝绳实现，天车防碰器 6 安装在井架大腿附近，由防碰钢丝绳直接驱动，当游动系统运行至防碰高度后，带动防碰钢丝绳拉脱天车防碰器的下拉销，防碰器工作，输出防碰气信号。

三种防碰装置任一种发出的防碰气信号经梭阀 5、11 合并后摘离总离合器和滚筒高速或低速离合器，并使液压盘刹刹车。

防碰天车的解除方法如下：

① 电子防碰装置动作刹车。司钻按下防碰解除按钮，松开液压盘刹，缓慢下放游吊系统至安全高度，检查确认各系统正常后再恢复作业。

② 防碰过圈阀 10 动作后刹车。司钻按住防碰释放阀 2，松开液压盘刹，缓慢下放游车至安全高度时刹车，将过圈防碰阀 10 的触碰杆拨正，系统正常后恢复作业。

③ 天车防碰器 6 动作后刹车。副司钻用手搬动天车防碰器阀的手柄，使其处于关闭的位置，司钻操作液压盘刹，缓慢下放游车至安全高度。盘刹刹车制动，将下拉销插入防碰器的安装孔内，使防碰绳处于拉紧状态，系统正常后恢复作业。

（四）辅助刹车控制回路

辅助刹车控制回路由一个手柄调压阀和一个调压气控阀组合控制，下放钻柱时，操纵手柄调压阀，根据钻柱重量的大小，控制调压阀手柄的大小，压缩空气信号输入气控调压阀，气控调压阀根据输入气信号的大小，输出相应压力的大流量压缩空气，经梭阀、快排阀进入辅助刹车，实现滚筒的辅助制动，如图 6-65 所示。

（五）气动旋扣器控制回路

如图 6-66 所示，气动旋扣器控制阀是一个三位四通换向阀，该阀手柄置于“上扣”位置时，输出气信号经梭阀进入常闭气控阀，使常闭气控阀打开，压缩空气进入气动旋扣器，推动旋扣器实现正转作业；当气动旋扣器控制阀手柄置于“卸扣”位置时，输出气信号一路进入气动旋扣器换向阀，另一路经梭阀进入常闭气控阀，使常闭气控阀打开，压缩空气进入气动旋扣器，推动旋扣器实现反转作业。

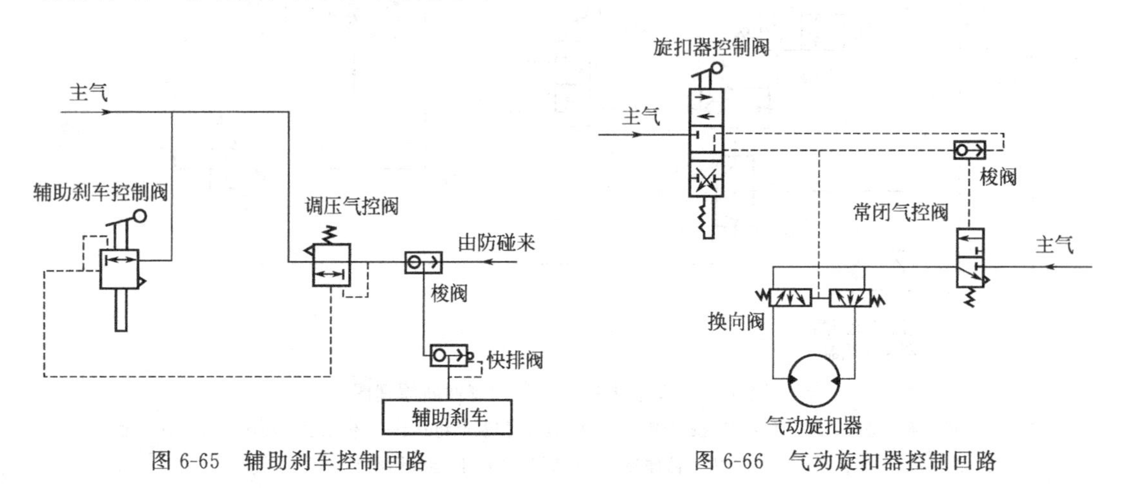

图 6-65　辅助刹车控制回路　　图 6-66　气动旋扣器控制回路

二、电控气式钻机气动控制回路

在交流变频钻机中，电控气式气动控制回路由 PLC 控制系统（含继电器、触摸屏等）、阀岛、司钻操作开关、气动执行机构（气胎离合器、气动推盘离合器、气缸等）等组成。司钻通过开关、旋钮、按钮或触摸屏，将控制信号输入 PLC 系统，经逻辑运算后，通过多芯电缆将电信号加载到阀岛各阀线圈，从而实现各阀片工作气的“通”“断”控制。

电控气式钻机气动控制回路由四个阀岛组成三个控制单元，完成对钻机的各项操作进行控制，实现钻机的功能。电控气式钻机气动控制回路由司钻控制房阀岛控制单元、绞车阀岛控制单元、并车传动箱阀岛控制单元组成。

（一）司钻控制房阀岛控制单元

司钻控制房阀岛控制单元负责控制转盘惯刹、气喇叭及风动旋扣器等钻台设备，如图 6-67 所示。

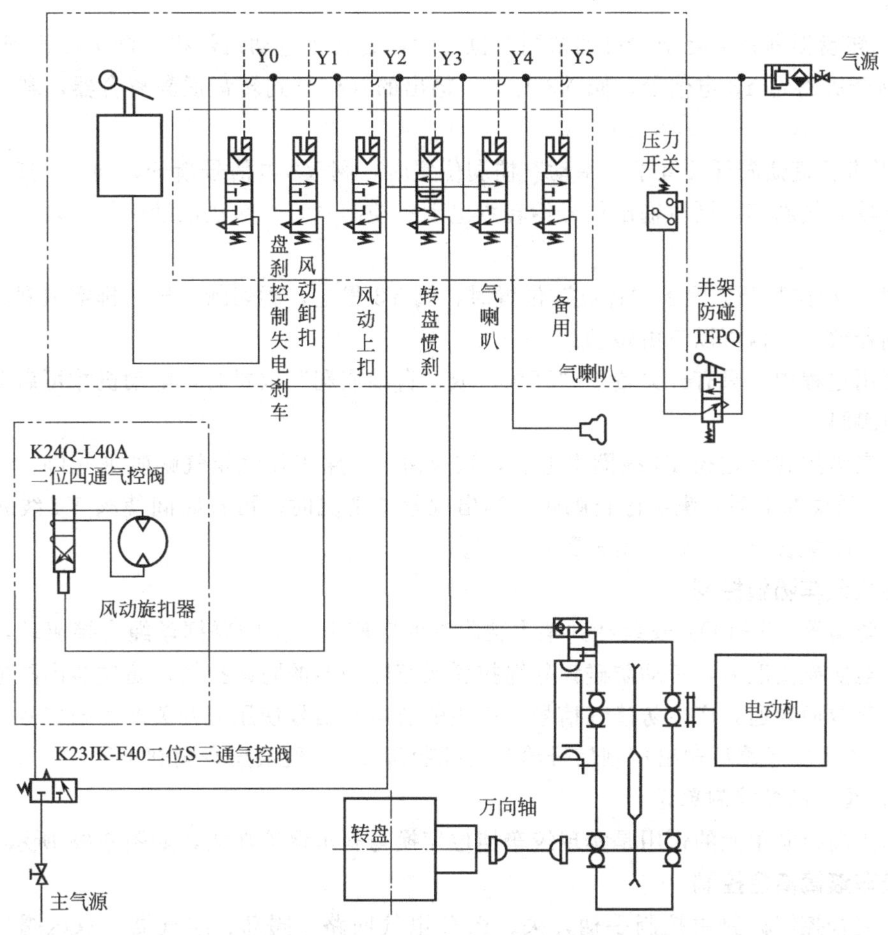

图 6-67　司钻控制房阀岛控制单元

1. 盘刹紧急刹车控制

在正常情况下盘刹控制电磁阀 YO 通电，电磁阀 YO 有一路气信号供给盘刹控制系统。当井架防碰开关动作、过圈阀动作及天车数显防碰装置动作时，电磁阀 YO 断电，电磁阀 YO 输出的气信号消失，盘刹刹车。除非系统解除故障，否则，为确保钻机的安全，盘刹将一直处于刹车状态。

2. 风动上卸扣控制

（1）风动上扣操作

阀岛电磁阀 Y2 线圈得电后，阀 Y2 输出一路气信号给两位三通气控阀 K23JK-F40 的控制口，主气则通过该阀进入马达的正转入口，马达动作，实现风动上扣功能。

（2）风动卸扣操作

当 PLC 接到风动卸扣的控制信号时，首先使风动卸扣电磁阀 Y1 得电打开，控制两位四通 K24Q-L40A 气控阀换向，将气源的入口转换到马达的反转入口。在经过 2～4s 延时后，风动上扣电磁阀 Y2 得电打开，使 K23JK-F40 两位三通气控阀打开，主气则通过管道进入马达的反转入口，马达动作，实现风动卸扣功能。

3. 转盘惯刹控制

在转盘独立驱动钻机中转盘惯刹控制开关一般设置有“自动”、“释放”和“手动”三个功能位置。

① 当转盘惯刹开关处于“自动惯刹”位置时，若转盘电动机停机、断电或出现故障时，PLC 则断开阀岛阀 Y3 电信号，阀 Y3 打开，输出的气信号到转盘惯刹离合器，刹住运转中的转盘。

② 当将转盘惯刹开关置于“手动”惯刹位置时，阀 Y3 电信号断开，阀 Y3 打开，转盘惯刹离合器充气刹车，同时输出信号给转盘电动机控制系统，转盘电动机停转，以实现转盘安全刹车。

③ 当转盘控制开关置于“释放”位置时，阀 Y3 得电，阀切断主气，排空惯刹离合器气压，惯刹释放，转盘可以自由转动。

在使用过程中，只有开关置于“释放”或“自动惯刹”位置时，电动机才可启动。

4. 气喇叭

当气喇叭控制电磁阀 Y4 线圈得电后，该阀输出一路工作气至气喇叭进气口，气喇叭鸣叫。阀 Y4 线圈断电后，喇叭停止鸣叫。当出现紧急情况时，可长时间使阀 Y4 线圈保持通电状态，则喇叭长鸣不止，以实现警示作用。

5. 井架天车防碰控制

天车防碰器（TFPO）安装在井架大腿附近的底座上，由防碰钢丝绳直接驱动，当游动系统运行至防碰高度后，带动防碰钢丝绳拉脱天车防碰器的防碰拉销，防碰器内防碰阀在弹簧作用下复位而导通，产生防碰气信号，产生的防碰气信号使压力开关产生电信号，该信号经 PLC 系统逻辑运算后输出控制信号给盘刹控制阀 YO，使液压盘刹刹车。

（二）绞车阀岛控制单元

绞车阀岛控制单元的作用是实现绞车档位切换与刹车保护功能，如图 6-68 所示。

1. 绞车滚筒离合控制

滚筒离合控制回路由控制手柄开关、PLC 电气回路、阀岛、继气器、双压阀、压力开关和气胎离合器等组成。在系统无故障的情况下，操作滚筒高低速开关 T6 或 Y8，得电后 T6 或 Y8 电磁阀打开，两位三通气控阀打开，主气路接通滚筒高低速气胎，便可完成滚筒高低速离合器的充气工作，实现绞车滚筒的挂合；摘掉滚筒高低速开关 T6 或 Y8，电磁阀断电，两位三通气控阀关闭，高低速气胎通过快速排气阀迅速排气，实现绞车滚筒的脱开。

为了保证离合器迅速响应，在回路中设计了两个两位三通气控阀，用来加大流量给离合器供气，以保证离合器挂合迅速，在每个离合器的圆周设置有 4 个快速排气阀，以保证离合器能够迅速脱开。

为防止滚筒的两个离合器同时挂合，在滚筒离合器控制回路中设置有双压阀（与阀），双压阀两个控制口分别接在滚筒高低速离合器的充气管路上。当高低速离合器均充压时，双压阀工作口有气信号，阀岛箱对应压力开关动作，输入电信号到 PLC，系统立即断开滚筒离合器控制阀的电信号，两个离合器都排气脱开。

2. 换档控制

为了提高钻井效率，司钻要根据绞车提升载荷与工况，选择不同的绞车档位，以获得恰当的提升钩速，提高钻井效率。绞车的换档控制系统由换档开关（二位定位旋转开关）、档位选择开关（五位定位旋转开关）、阀岛电磁阀、换档气缸、连杆机构及换档机构等组成。

为了确保系统安全，必须停车换档。换档时先将换档开关置于“换档”位置，Y15 得电后电磁阀打开，控制气进入两位锁档气缸，使锁档气缸缩回解锁。根据不同的钻井作业工况

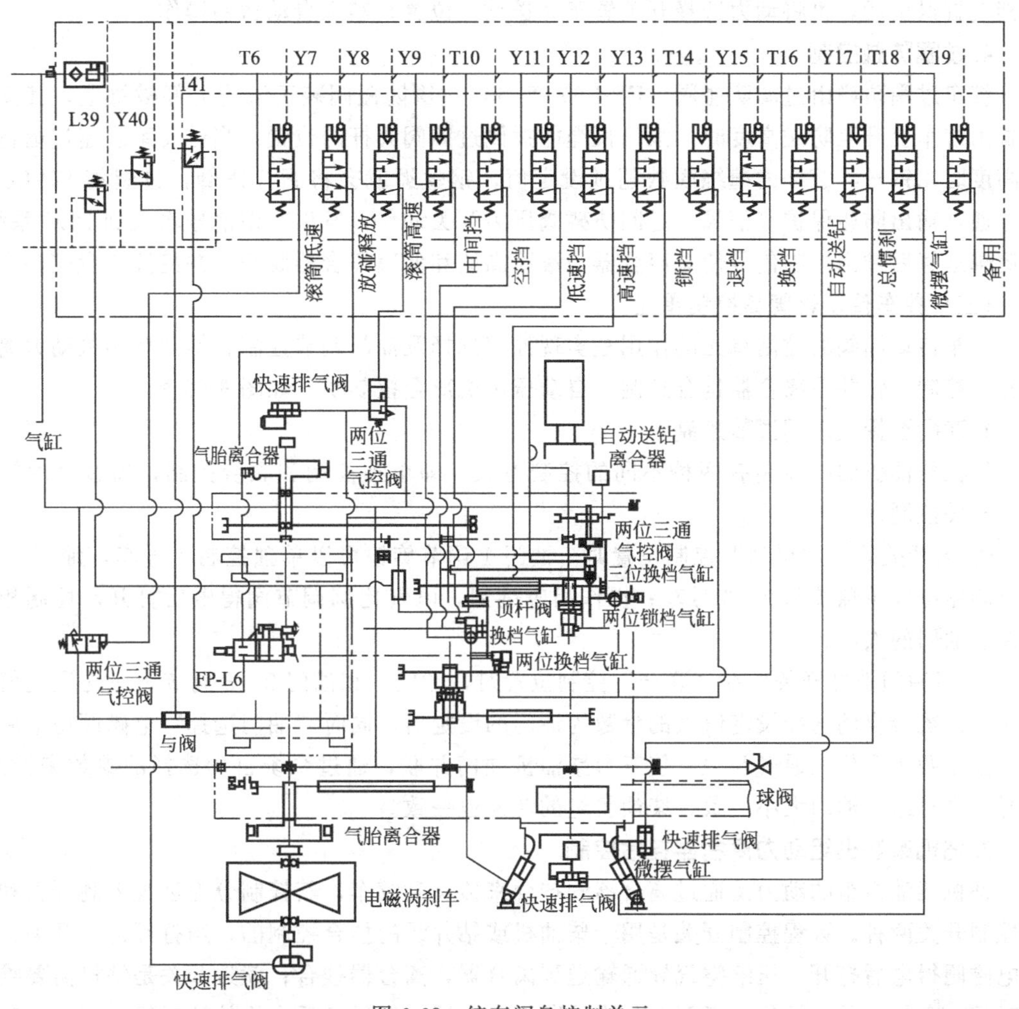

图 6-68　绞车阀岛控制单元

操作 Y12、Y9、T10、Y11、T14 开关，相应电磁阀打开，控制气进入三档位选定后，应将换档开关置于“锁档”位置，Y13 得电后电磁阀打开，控制气进入两位锁档气缸，使锁档气缸伸出，锁定当前档位。此时，锁档气缸使顶杆阀导通，顶杆阀的工作口分别接在双压阀的两个控制口上，此时双压阀有气信号输出，锁档压力开关触电动作，产生电信号输入到 PLC，在触摸屏上的状态显示界面上会显示档位锁好。若没有锁好档位，系统会提示重新换档，否则在操作总离合和滚筒离合器控制开关时，操作无效，盘刹将刹车。

3. 总离合-自动送钻-惯刹控制

总离合-自动送钻-惯刹控制的回路由动力控制开关、阀岛电磁阀、电气 PLC 逻辑回路、送钻挂档机构、总离合器、惯刹离合器及连接管路等组成。

钻井过程中需要后台柴油机组的动力输入时，司钻需要操作动力输入控制开关（三位定位旋转选择开关），将该开关置于“总离舍”位置，才能将柴油机组的动力输入绞车。

在钻机钻井过程中需要用自动送钻电动机驱动绞车时，司钻需要先将绞车总离合脱开，将动力选择开关置于“惯刹”位置。此时，总离合脱开，惯刹离合器起作用，绞车传动部分停止转动，方可进行送钻挂合操作。送钻挂合时，需将送钻锁档开关置于解锁释放位置，待锁档气缸退出后，再将动力选择开关置于“送钻”位置，实现自动送钻操作。

4. 过圈防碰控制

绞车过圈防碰由过圈防碰阀（FP-L6）实现，过圈防碰阀装于滚筒上部横梁上，其安装位置由游车上升至防碰高度时，滚筒快绳能拨倒过圈阀阀杆的位置。当游动系统超过运行限制高度时，钢丝绳缠绕的缠绕圈数超过设定值，钢丝绳就会将阀杆拨倒，过圈阀 FP-L6 动作导通，输出防碰保护气信号。过圈防碰阀压力开关动作，发出反馈信号输入到 PLC 系统，经逻辑运算后输出控制信号使总离合器与滚筒高速和低速离合器脱开，并使液压盘刹刹车。

（三）并车传动箱阀岛控制单元

并车传动箱阀岛控制单元的作用是实现油门选择及油门调节控制、钻井柴油机动力离合器挂合控制、钻井泵离合器挂合控制、自动压风机离合控制功，如图 6-69 所示。

1. 油门选择及油门调节控制

钻机柴油机油门控制有两种不同的控制方式，即单独控制和联合控制，通过“油门选择”开关控制。

① 当开关置于“单独”控制位置时，油门 1 调节旋钮可以单独控制 1 号车，油门 2、3 调节旋钮可以单独控制 2、3 号车；操作相应旋钮，电气比例调节阀得电后打开，控制相应柴油机油门的大小。

② 当油门选择开关处在“联合”控制位置时，油门 1 和油门 2、3 调节旋钮的设定值会对比，系统会自动选择设定值大的参数为油门的设定值，同时“油门选择”电磁阀得电后打开，控制两个两位三通气开关，使三台柴油机油门并联，通过系统自动选择的参数来控制，此时三台机组的油门大小一致，柴油机组的转速也一致。

2. 钻机柴油机组动力离合器挂合控制

钻机柴油机组的动力是通过离合器的挂合来传递到绞车，其控制分为远程控制开关和就近控制开关两种。远程控制开关是用于柴油机或钻井泵的挂合控制的，当打开远程开关，相应电磁阀得电后打开，压缩空气导通输送到离合器，离合器挂合；就近开关是钻机需要维护的时候，工作人员也操作就近开关，直接断开离合器，以保证后台维护的时候，不会出现误操作，确保工作人员的安全。

3. 钻井泵离合器挂合控制

钻井泵离合器挂合控制和动力机组的离合器控制基本相似，系统设置有远程控制开关和就近控制开关，只有两控制开关同时打开的时候，离合器才会挂合，在维护的时候可以关闭就近控制开关，脱开离合器，防止在维护钻井泵的时候动力输入。

4. 自动压风机离合控制

自动压风机离合器的控制比较简单，一般回路设计都是在气源管道安装一个压力调节。当气源压力小于设定压力（0.61Pa）时压力调节阀关闭，自动压风机离合器供气控制阀（两位三通常通阀）导通，离合器挂合，压风机在机组带动下开始运转，给系统供气。当气源压力大于 0.91Pa 时，压力调节阀打开，离合器供气阀关闭，离合器脱开，压缩机停机。当压力调节阀出现故障时，司钻操作自动压风机控制开关，使阀岛自动压风机控制电磁阀打开或关闭，也可实现自动压风机离合器挂合或脱开。

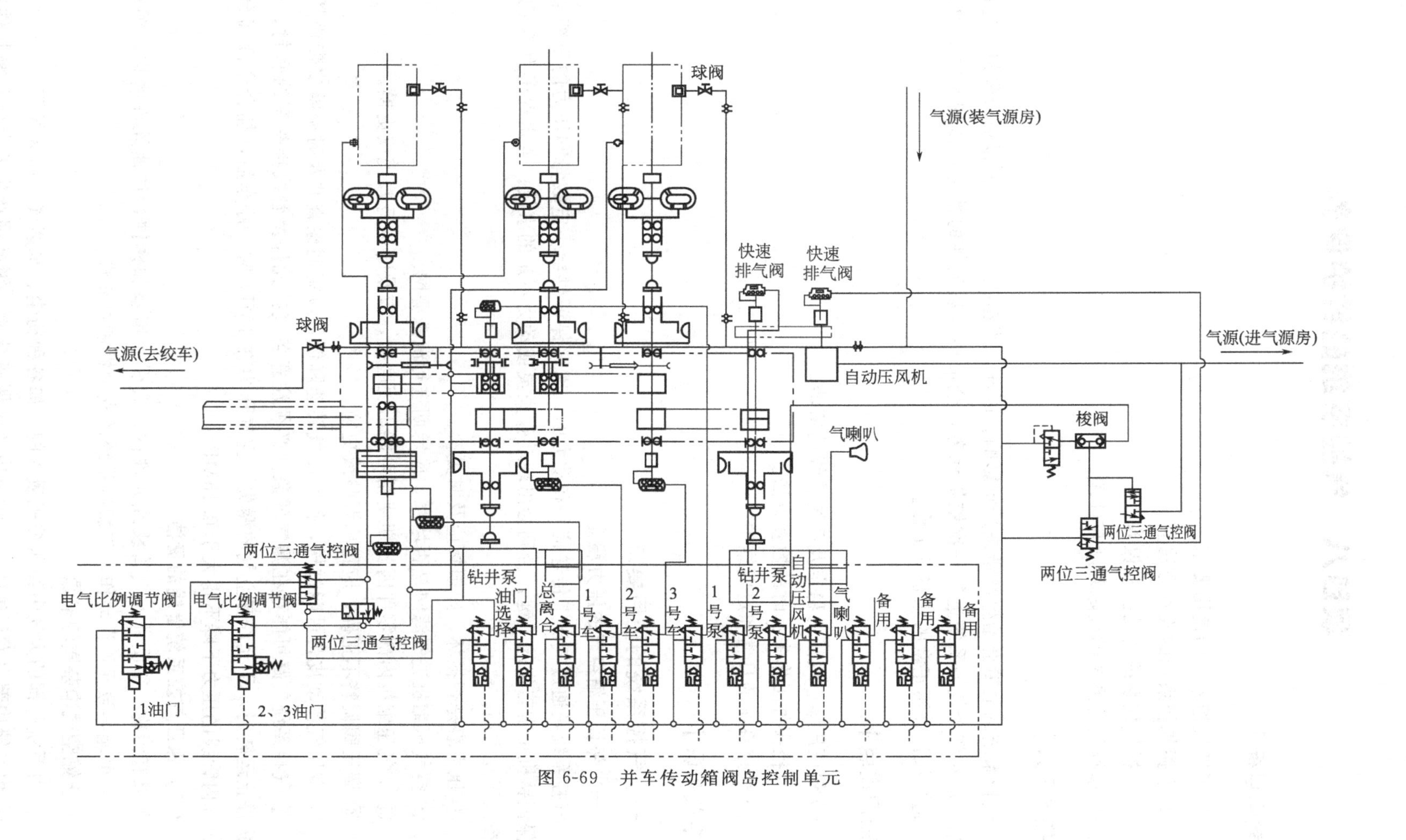

图 6-69　并车传动箱阀岛控制单元

项目八　气控系统的维护保养

【教学目标】

① 了解气控系统的使用要求。
② 掌握气控系统的检查方法。
③ 掌握气控系统的维护和保养。
④ 掌握气控系统的故障判断与处理。

【任务导入】

气控系统的故障会给生产带来严重影响。因此，当钻机打完一口井以后或经过一定的时间后，应对整个气控系统进行一次维护保养，全面检查易损件的情况，做到及时更换或清洗，避免阀件在不正常的状态下工作。

【知识重点】

① 保证压缩空气压力稳定及系统管线的清洁。
② 气控阀件工作失灵时的检查方法。
③ 气控系统的日常和定期维护。

【相关知识】

一、气控系统的使用要求

（一）保证压缩空气的压力稳定

气控系统是通过气压来传递信号和动力的，因此保证供给一定数量和压力的压缩空气，是保证钻机正常工作的关键，否则会出现动作失灵或动力不足的事故。若出现压力不足时应检查以下几方面。

① 压力表是否损坏，如损坏应及时更换。
② 空气压缩机进气滤网是否堵塞，应定期进行清洗滤网。
③ 空气压缩机内部零件因长期使用可能出现磨损，应及时进行修理或更换。
④ 调压阀调整不正确，应正确调整或更换。
⑤ 空压气传动皮带可能过松，使空压气转速降低，应定期检查并及时调整皮带松紧度。
⑥ 气控系统气路可能存在漏气现象，必须注意各气控元件及管线接头等的密封。在动力机停止运转时，不允许有空气的漏失。主气压力在 1MPa 时，停车后，挂合全部离合器，30min 内管线的压力下降不得大于 0.15MPa。

（二）保证气控系统管线的清洁

如果有污物、杂质进入气管线或元件内，会引起堵塞和锈蚀，加速元件磨损，缩短寿命，同时可能导致元件误动作，将影响系统的安全性和可靠性。

1. 压缩空气中杂质的来源

① 由系统外部的大气中经压缩机吸入的，如各种粉尘、水蒸气、油雾气等。
② 由系统内部自发产生的，如管道内的金属氧化物、因磨损产生的金属和密封件粉末

及压缩油的氧化物等。

③ 装配或维修时混入的，如螺纹飞边毛刺、焊渣、铸砂等。

2. 防止压缩空气中混入杂质的方法

① 在钻机搬迁时，拆开的管线接头必须保护好，金属管线的敞口均需用软木塞堵死。

② 管线安装前应用压缩空气清扫管线，然后再安装。

③ 定期更换或清理过滤器滤芯，当通过过滤器的压缩空气的压降超过（0.035MPa）时，应及时更换滤芯。

④ 定期排放过滤器内及储气罐内积水，定期给油雾气内加润滑油。

二、气控系统的检查方法

当发现气控阀件工作失灵时，不要盲目地拆开阀件，因为气控阀件工作失灵的原因很多，有时并不是阀件本身有问题，而是由于气路管线堵塞或空气压力太小等原因引起。所以，必须分段检查。检查方法是：先由控制阀、控制管线，至执行阀件，分段打开气路接头，检查通气情况。如不通，检查阀件的进气管线是否畅通，如畅通，则阀件有问题，换上备用阀件，再检查换下来的阀件的问题。

当发现气阀件（特别是安装在控制室外的气控阀）在连续使用期间工作情况一直很好，但在停用几天后忽然失灵。这是因为阀腔在停用期间会产生水锈，使阀件活动部位阻力增大、漏气而工作失灵。遇到这种情况，可用手将气控阀放气孔堵死，如无排气，则是生锈，只要将阀芯反复活动几次就可正常工作；如继续漏气，则需打开阀件进行检查。

三、气控系统的维护保养

（一）日常维护

日常维护工作的任务是冷凝水排放、检查润滑油和空压机系统的管理。冷凝水排放涉及整个气动系统，从空压机、气罐、管道系统到各处空气过滤器、干燥器和自动排水器等。在作业结束时，应当将各处冷凝水排放掉，以防夜间温度低于0℃，导致冷凝水结冰。由于夜间管道内温度下降，会进一步析出冷凝水，故气动装置在每天运转前，也应将冷凝水排出。注意察看自动排水器是否工作正常，水杯内不应存水过量。

在气动装置运转时，应检查油雾器的滴油量是否符合要求，油色是否正常，油中不要混入灰尘和水分等。

空气压缩机系统的日常管理工作是检查空气压缩机是否有异常声音和异常发热，润滑油位是否正常，空压机的自动启停性能是否正常。

（二）定期维护

1. 每周维护工作

每周维护工作的内容是漏气检查和油雾器的管理，目的是早期发现事故的苗头。漏气检查可在停车后进行。严重泄漏处必须立即处理，如软管破裂、连接处严重松动等。其他泄漏应做好记录。油雾器补油时，要注意油量减少情况。若耗油量太少，应重新调整滴油量。调整后滴油量仍少或不满油，应检查油雾器油道是否堵塞。

2. 每月或每季度维护工作

每月或每季度维护工作的内容是仔细检查各处泄漏情况，紧固松动的螺钉和管接头，检查换向阀排出空气的质量，检查各调节部分的灵活性，检查指示仪表的正确性，检查阀岛切换动作的可靠性及一切从外部能够检查的内容。

3. 年检

钻机连续使用一年后应对钻机气控系统进行全面检查与维修，在维修以前应对照气控系统维护记录，准备好备用元件，对破损管路与问题阀件进行更换。在清洗元件时，必须用优质煤油，清洗后上润滑油（黄油或透平油）后组装。汽油和柴油等有机溶剂对橡胶材料及塑料元件有损坏，应避免使用此类溶剂清洗阀件。

四、气控系统的故障与排除方法

（一）石油钻机气控系统常见故障及排除方法

石油钻机气控系统常见故障及排除方法见表 6-4。

表 6-4 石油钻机气控系统常见故障及排除方法

序号	故障现象		原因分析	排除方法
1	气压系统	压力低	调压阀调整偏低	调整调压阀
			空压机故障	检查空压机
			空压机皮带松	调整皮带
		压力不稳	调压阀故障	检查调压阀
			管路泄漏大	检修管路
2	调压阀	调压不稳,压力调不高	阀芯卡阻密封圈损坏	检修清洗、更换密封圈
			弹簧疲软	更换弹簧
3	干燥机	不排气	信号管路短路	检查信号管路
			排泄阀卡死	检查清洗排泄阀
			干燥剂失效	更换干燥剂
		干燥器排气污液过少	干燥剂失效	更换干燥剂
			排泄孔口不畅	检修清洗排泄孔口
		干燥器排气污液过多	空压机窜机油	检修空压机
4	控制管路	污液多	干燥机失效	检修干燥机
			滤清器失效	检修滤清器
			储气罐污液未及时排放	及时排放储气罐污液
		冬季冻结	干燥机失效	检修干燥机
			防冻器未及时添加防冻液	及时添加防冻液
			滤清器失效	检修滤清器
			储气罐污液未及时排放	及时排放储气罐污液
5	旋转接头	漏气	密封圈损坏	更换密封阀
			弹簧疲软	更换弹簧
		卡阻	轴承磨损	更换轴承
			缺少润滑	及时添加润滑剂

（二）阀岛常见故障及处理方法

阀岛常见故障及处理方法见表 6-5。

表 6-5 阀岛常见故障及处理方法

序号	故障现象	排除方法
1	通电 PLC 控制部分和备份控制部分无法工作，并且 PLC 指示灯不亮(对于有接触屏的钻机而言)	(1)查看有无 220V 输入系统 (2)如果交流 220V 正常，查看有无 24V 直流，查看电源熔断丝是否损坏
2	钻机动力结构不能挂合，如 1 号车不能挂合	(1)因为在 PLC 控制中车和泵均为开关串联，所以首先要检查 1 号车开关是否挂和 (2)检查开关是否损坏
3	有输入无输出，如“总离合”输入，可是没有输出	(1)查看阀岛箱总离合指示灯是否亮，如果灯亮，查看气管线是否有气 (2)如果指示灯不亮，检查从司控房到阀岛箱电缆是否有脱落、损坏
4	换档机构不能正常工作，如不能锁档	(1)查看气路中路中低速锁档信号压力开关是否有接错现象 (2)查看锁档压力开关是否有气 (3)查看锁档压力开关是否损坏
5	备份不起作用	(1)查看开关是否指向备份状态 (2)检查备份和主板排线是否插好 (3)检查排针是否有边玩损坏现象
6	阀岛不能正常工作	(1)检查压强度够不够(一般阀岛工作压力 0.4～0.85MPa) (2)阀岛通电后，看指示灯是否变亮，放在手动要有气输出，当有电但是指示灯不亮时，说明阀岛有问题 (3)检查是否有气路接错现象
7	动力机构全不能挂合(如：柴油机，总离合等)，但是 PLC 指示灯正常	检查是否有防碰信号(钻机防碰信号包括过圈防碰、无车防碰和垫子高度防碰)，这些信号任何一个起作用都会引起该现象

学习情境七

海洋钻井设备

石油资源不仅埋藏在陆地的地层中，也埋藏在水域底下的地层中。近几十年来，世界海洋石油勘探开发的速度较快。我国拥有约 18000km 长的海岸线，发展海洋石油事业有着良好的条件和前景。

海洋钻井是海洋石油勘探开发的重要环节，由于地理位置和环境条件的不同，海洋石油钻井有很多的特殊性，如需要海洋井场的建造、特殊的井口装置及海洋钻井装置的稳定等问题。本情境介绍海洋钻井设备的特点及海洋钻井水下装置与升沉补偿等内容。

项目一　海洋石油钻井平台

【教学目标】

① 掌握海洋石油钻井平台的组成。
② 了解海洋石油钻井设备的特殊问题。
③ 掌握海洋钻井平台的结构和特点。

【任务导入】

在海上钻井过程中，需要一个海上钻井基地来安装钻机的各个系统、储备相应器材、提供物资存放及钻井人员作业及生活的场所，这个海上基地就是海洋石油钻井平台。

【知识重点】

① 固定式钻井平台的结构组成。
② 自升式钻井平台的结构和特点。
③ 半潜式钻井平台的结构和特点。
④ 步行式钻井平台的结构组成和步行工作原理。

【相关知识】

海洋钻井平台是从事海洋石油勘探开发和开采等多种作业的专业化设备，是用于钻探井的海上结构物。平台上装有钻井、动力、通信、导航等设备以及安全救生和人员生活设施，是海上油气勘探开发不可缺少的手段。

与陆上石油钻井相比，由于地理位置和环境条件不同，海洋石油钻井在设备、装置等多方面具有其特殊性。

海上钻井作业的内容包括海上拖航移位、钻井平台的就位、设备检查及保养、钻井施工、试油及燃烧、放弃暂停、拆设备等。

一、海洋石油钻井平台的组成

(一) 动力设备

① 钻井用动力设备，如柴油机、直流发电机、直流电动机等。

② 船用航行动力设备（轮机），如浮动钻井船用的柴油机等。

③ 浮动定位动力设备，如动力定位钻井平台定位螺旋桨用的柴油机等。

④ 桩脚升降用动力设备，如自升式钻井平台升降船体时所用的电动机等。

⑤ 辅助工作用动力设备，如锚泊、照明、起重等用的电动机、发电机等。

(二) 钻井设备

除陆上钻井用到的绞车、转盘、井架和钻井泵等，此外还有一些特殊设备，主要包括：

① 升沉补偿装置，用来解决平台随波浪升沉运动的钻压补偿问题。

② 钻井水下设备，用以隔绝海水，并造成自平台到海底井口装置间的通道。对于采用水下井口的钻井平台或钻井船，均需配备一套钻井水下设备。

③ 钻杆排放装置，在钻井平台和钻井船上多采用卧式钻杆排放装置，主要包括立根移送机构、钻杆排放架和控制台。

(三) 固井设备

海洋固井作业需要配备一套完善的固井设备，包括柴油机动力机组、注水泥机组、控制及计量设备、气动下灰装置、水泥搅拌设备和供水设备等。

(四) 试油设备

为了独立地在海上进行试油，需要配备成套的试油设备，包括分离器、加热装置、试油罐、燃烧器和测量仪表等。

(五) 起重与锚泊设备

① 起重设备。甲板上的起重机以及管类器材储存场和其他辅助工作用的起重机。

② 锚泊设备。钻井平台或钻井船工作时需要抛锚定位，故应加设锚泊设备，如大抓力锚、锚架、绞车、链条、锚缆绳、绞盘或缆桩等。

(六) 平台与船体结构

平台与船体结构包括固定平台的桩柱、桁架结构，移动平台的船体、甲板桩脚、沉垫浮箱支柱桁架，浮式钻井船的船体、甲板等。

(七) 其他设备

其他设备包括潜水作业设备、直升机等运输设备、救生艇等安全防火设备、海水淡化装置、供水设备、其他生活辅助设备等。

二、海洋石油钻井的特殊问题

由于海上钻井作业的特殊性，给海上钻井设备的设计和使用带来了一系列陆上钻井遇不到的问题。

(一) 船体定位问题

浮式钻井船、半潜式钻井平台在海上处于漂浮状态，在风、海流、波浪的作用下将产生漂移运动，这就给保持这些设备对井口的定位带来问题（如水上井口与水下海底井口不对正等）。解决这个问题，目前采用锚泊定位和动力定位两种方法。

（二）升沉运动补偿问题

在海洋环境载荷作用下，浮式钻井装置产生升沉运动。由于平台的升沉运动，引起井架及大钩上悬吊着的整个钻杆柱的上下运动，使钻压不稳，这对钻井很不利，严重时将无法钻进。解决这个问题采用的方法是：增加伸缩钻杆，增设升沉补偿装置。

（三）装设水下设备问题

钻井平台在海面之上，而井口位于海底，为正常钻井，需在海底井口与平面之间装设一套隔绝海水、适应摇摆、控制井口的装置，这套装置就是钻井水下设备，包括：导向装置、隔水管柱、套管头组、连接器、防喷器组及其他装备（如隔水管导向架、井下电视装置等）。

（四）防腐问题

海上钻井平台有的部位处于海水中，由于海水对它产生强烈的电化学和化学腐蚀，会显著降低其使用寿命。采取的防腐措施有以下几点。

1. 正确选用金属材料

在制造金属制品时应选择对某种介质具有耐蚀性的金属材料，这是防护金属最积极的措施，同时在设计时，又必须从防腐蚀的角度来考虑使其尽量合理。

金属材料的耐蚀性能与所接触的介质有着密切的关系，因此，应当根据它周围介质的性质来正确地选择适当的材料。实际上，对于一切介质都具有耐蚀性的金属材料现在还没有找到，例如黄金和白金虽然是非常稳定的金属，但是在某一介质中，它们仍然会遭受到腐蚀。从金属电动序的位置来看，铝、铬、铁等金属是容易被腐蚀的金属，但是当它们在某一介质中成为钝态，表面上形成致密的、稳定的氧化物薄膜时，对于氧化性的介质却反而表现出耐蚀性。

由此可见，在选择金属材料来制造金属设备时，首先就要了解该金属材料在所使用的介质中能否耐蚀，其耐蚀性能如何。大多数的金属材料在某种介质中所表现出的耐蚀性能，在一般的腐蚀手册中都有简略记载，可供查阅参考。

2. 合理设计

在制造金属制品时，虽然应用了较优良的金属材料，但是如果在设计结构时不从金属防护角度加以全面考虑，常常会引起机械应力及热应力、流体的停滞和聚集、局部过热等现象，从而加速腐蚀过程。因此合理地设计金属结构也成为应注意的事情。

设计金属结构时，应当注意避免具有电势差很大的金属材料互相接触以免产生电偶腐蚀。当必须把不同的金属装配在一起时，应该用不导电的材料把它们隔离开来。例如必须把铁管连接到铜槽上时，则可以在铁管和铜槽之间加上一段橡皮的、塑料的或陶瓷的管子，以避免铁、铜直接接触引起腐蚀。

阳极和阴极面积的相对大小对于腐蚀速率有很大的影响。因此在设计金属结构时，如果两种不同电势的材料无法避免接触时，那么尽可能不要把作为阴极部分的面积弄得过大而阳极部分的面积弄得过小，因为这样就会使阳极的电流密度过大，从而加速其腐蚀。

3. 采用防腐蚀工艺

① 外壳镀上一层金属保护层。

② 外壳涂上非金属保护层（涂漆等）。

③ 电化学防腐：一般采用阴极保护法，在易腐蚀部位放上锌块等，按电池原理，用牺牲阳极的方法来防止结构物的腐蚀。

三、海洋钻井平台的分类

海洋钻井平台按运移性可分为固定式钻井平台和移动式钻井平台两大类；按钻井方式可分为浮动式钻井用的平台（半潜式、浮船、张力腿式）和稳定式钻井用的平台（固定、自升、坐底）。

（一）固定式钻井平台

在海上安装定位后不能移动的平台称为固定式钻井平台，包括钢制导管架固定平台、钢和混凝土混合建造的混合式平台。

固定式钻井平台的优点是稳定性好，海面气象条件对钻井工作影响小，如有工业性油气流，可很快转换成采油平台。缺点是不能移动和重复使用；造价较高，其成本随水深堵加而急剧增加。

（二）移动式钻井平台

完成钻井作业后可以移走的平台称为移动式钻井平台，包括坐底式钻井平台、自升式钻井平台、半潜式钻井平台、步行式钻井平台、气垫式钻井平台、浮式钻井船。

四、海洋钻井平台的结构和特点

（一）固定式钻井平台

固定式钻井平台是一个从海底架起的高出水面的构筑物，在上面设有平台，用来放置钻井机械设备。固定式钻井平台使用后，往往因无法搬走而被遗留下来。若钻井后发现有工业油气流，则可将钻井平台上的钻井设备拆掉，安装上采油设备，作为采油平台使用。目前比较典型的固定式钻井平台是钢制独立导管架固定钻井平台，如图 7-1 所示。

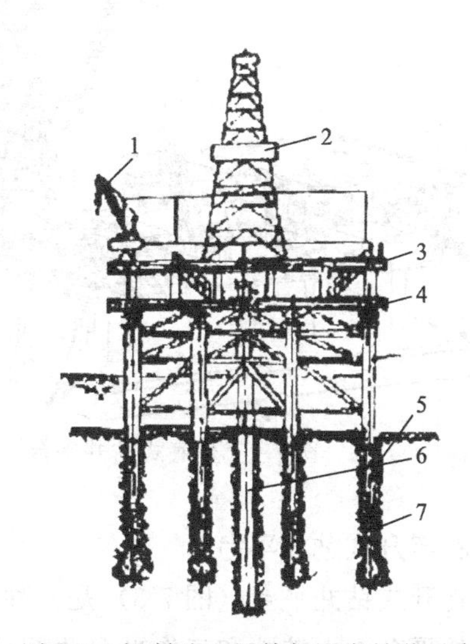

图 7-1 钢制独立导管架固定钻井平台

1—起重机；2—井架；3—上层平台；4—下层平台；5—导桩管；6—隔水导管；7—桩柱

导管架固定平台由导管架、桩柱、顶部设施等组成。其中导管架是平台的支撑部分，是整个平台的关键组件。导管架是用钢管焊接而成的空间钢架结构，导管架高度大于钻井水域的海水深度。桩柱的作用是将导管架与海底固定在一起。它实际上是空心的钢圆柱。导管架放在海底后，将桩柱从桩柱导套与桩柱套筒中打入海底，入土的深度取决于海底的地质条件和海洋环境条件，有的深度达百米以上。打完桩后，在桩柱套筒和桩柱之间的环形空间灌上水泥，这样，平台和海底就固定在一起了。顶部设施简称为甲板，由甲板构架、甲板模块组成。其作用是安放钻井模块、采油模块和生活模块等。

导管架是在工厂建造好之后，用船运到打井地点，再用浮吊吊起，放入海中，在现场安装的。导管架安装好后，再安装平台甲板模块。

（二）移动式钻井平台

1. 坐底式钻井平台

坐底式钻井平台（图 7-2）是一种具有沉淀的移动平台，上部工作平台靠管柱支撑在沉淀上，总高度大于水深，它由沉淀、工作平台、中间支撑三部分组成。上部的工作平台靠管柱支撑在沉垫之上。沉淀又称为浮箱，其中装有充水和排水的水泵，利用充水排气和排水充气的沉浮原理控制工作台的沉降和上升。钻井时沉淀中注入海水，平台下降，沉淀坐到海底。完井后，沉淀排水充气，平台升起以便拖航。工作平台用于安放钻井机械等设备。其横截面形状有正方形、长方形、三角形等，一边开口以便于完井后移运，另一边安置吊梯或起重机，以便从辅助船上搬运器材。中间支撑一般采用金属桁架结构，其高度随水深而定，大致在20～30m。若在4个脚柱处增添大直径的钢瓶或浮箱，则适用水深可略增，稳定性可提高，升降速度也可加快。

坐底式钻井平台的优点是钻井时间固定牢靠，不受海洋环境的影响，完井后搬运灵活。缺点是工作平台高度恒定不能调节；对海底地基要求高；工作平台面积不能过大，否则不易拖运；工作水深较浅，一般为20～30m；拖航时阻力大，当海底冲刷严重时，钻井易移位，需要采取防滑移、防冲刷及防掏空等措施。

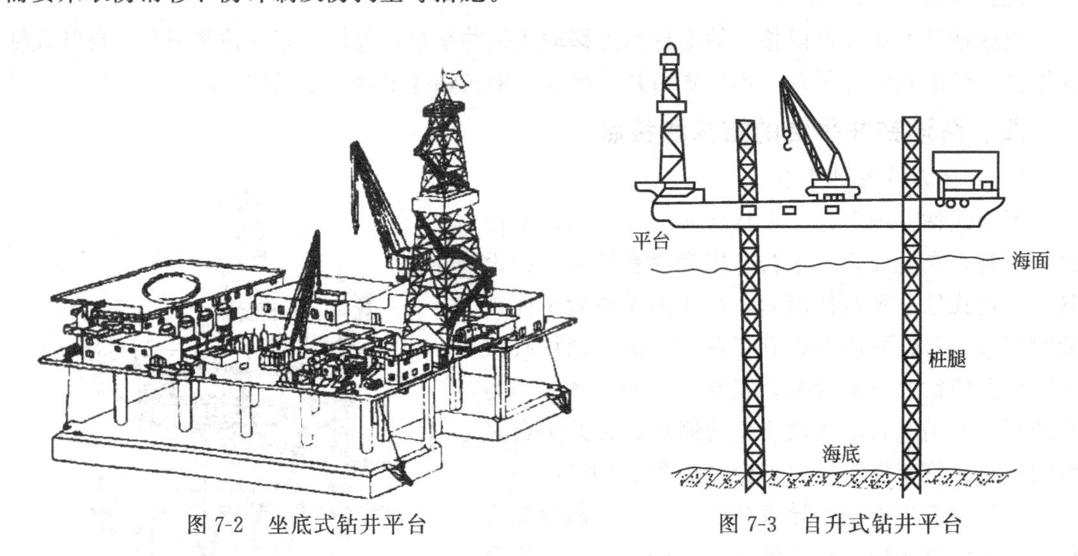

图7-2　坐底式钻井平台　　　图7-3　自升式钻井平台

2. 自升式钻井平台

自升式钻井平台（图7-3）是一种具有自行升降桩腿，并靠桩腿插入海底而稳定地坐于海底的平台，由桩腿和工作平台两部分组成。桩腿可分成桁架形和圆柱形两种，在工作时插入海底，搬迁时将它从海底提起，桩腿上有升降机构。工作平台本身是一个驳船甲板，用以安放钻井设备，并为工作人员提供工作和休息的场所。搬迁时，靠它的浮力使平台浮在水面上。

自升式钻井平台的优点是对水深适应性强，稳定性好；缺点是工作水深受桩腿的限制，不适合于深水，在搬迁拖航时易受风暴袭击而受到破坏。

3. 半潜式钻井平台

半潜式钻井平台的结构类似于坐底式钻井平台，如图7-4所示。当水深较浅时，半潜式平台的沉淀直接坐于海底，这时将它用作坐底式钻井平台。当工作水深较大时，平台漂浮在海水中，相当于钻井浮船。半潜式钻井平台由沉淀、工作平台和支柱三部分组成。工作平台一般用钢材或混凝土制造，开有缺口或做成V形，以便钻完井后拖运时不受水下井口的影响，支柱用以连接平台和沉淀，用钢管制成，支柱间用较小的钢管相连. 以增加刚度和强度。

半潜式钻井平台的优点是稳定性好，移运灵活，适用水深较深；缺点是造价较高。

4. 步行式钻井平台

步行式钻井平台（图 7-5）是我国自行设计的钻井平台。它既可以在“极浅海”或“潮间带”行走，又能在深水中拖航，属两栖钻井平台。步行时步长 12m，是专为我国极浅海和滩海地区的石油勘探而设计的。

图 7-4　半潜式钻井平台

图 7-5　步行式钻井平台

（1）结构组成

步行式钻井平台由内船体、外船体、步行机械与液压控制系统等组成。

① 内船体

是由沉垫、支撑及甲板组成。沉淀为中空的箱型结构，漂浮时提供浮力，行走或生底作业时起支撑作用；支撑有立柱和斜撑结构，它连接甲板和沉淀；甲板用以安装钻井设备，为工作人员提供工作和生活场所。内船体有 4 个强大的悬臂支架。

② 外船体

也是由沉垫、支撑及甲板组成。不同的是其甲板上有 4 条长为 15m 的步行轨道，用来提升外体或顶升内体，外船体包围着内船体。

③ 步行机械与液压控制系统

是由在内外体结合部的 4 个大型顶升油缸、外体甲板上的两个特长型牵引油缸及运行车轮组与运行轨道组成。

（2）步行工作原理

外船体坐于海底，支撑整个平台，4 个顶升油缸将船体顶起，有两个牵引油缸拉着内船体沿着外船体上的轨道运行一个步长。接着，内船体坐于海底，4 个顶升油缸将外船体顶起，有两个牵引油缸拉着外船体沿着内船体的轨道运行一个步长。如此循环往复，实现步行。

（3）特点

步行式钻井平台适用于水深为 0～6.8m 的潜水及潮间带，运移性能好，既能自行又能拖行；步行速度较慢（50～60m/h）；使用受作业区地质条件的限制，作业区的海底应为泥砂质软土，坡度小于 1/2000；结构复杂。

5. 浮式钻井船

浮式钻井船由船体和定位设备两部分组成，它可利用改装的普通轮船或专门设计的船体作为工作平台，船体用钢材制成，也有用钢筋混凝土制成的。后者节约金属、耐腐蚀，但要用预应力钢筋混凝土，以保证其强度、抗冲击及抗震能力。船体用以安装钻井和航行动力设备，为工作人员提供工作和生活场所。浮式钻井船到达井位后要定位，定位设备使钻井船保持在一定的位置内。特别是在风浪作用下，浮式钻井船船身产生上、下升沉及前后左右摆动，因此要合理布置机械设备，增设升沉补偿设备、减摇设备、自动动力定位设备等来保持船体定位。浮式钻井船的优点是移运灵活、停泊方便、适用水深大；缺点是稳定性差、受海上气象条件影响大。

项目二　海上钻井井下装置与升沉补偿

【教学目标】

① 了解钻井相应的水下装置。

② 了解升沉补偿装置。

【任务导入】

在深海钻井时，一般采用的是半潜式钻井平台或者是浮式钻井船。但是由于海上的风浪，海洋钻井船会产生周期的上下升沉运动，使钻柱做上下运动，造成井底钻压的不稳定，甚至有可能使钻头脱离井底，无法实现钻井，因此，需要采取升沉运动的补偿措施。

【知识重点】

① 钻井导向装置、防喷器组和连接装置等。

② 增设伸缩钻杆。

③ 游动滑车型和天车型升沉补偿装置。

【相关知识】

一、海上钻井井下装置

钻井井下装置是指钻井平台与海底井口之间隔绝海水、适应平台摇摆、控制井口的一套装置。钻井井下装置包括钻井导向装置、套管头组、防喷器组、隔水管柱、连接装置等。

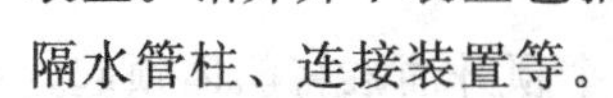

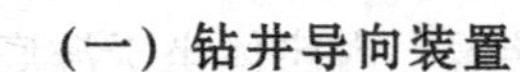

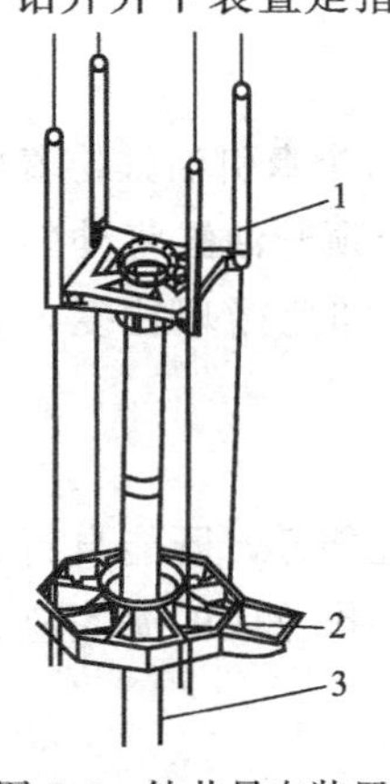

图 7-6　钻井导向装置

1—导向架；2—井口；3—导管

(一) 钻井导向装置

钻井导向装置由井口盘、导向架和导管组成，如图 7-6 所示。作用是引导水下井口设备坐于海底井口盘上。井口盘于海底，用来确定井位并固定水下井口，由钢板和钢筋焊接而成，中间灌注混凝土。导向架的作用是导向，具有 4 个支柱，支柱上栓有导向绳，以引导防喷器组到位。导管也起到导向作用。

(二) 套管头组

根据钻井时要下套管的层数，一层套一层，以悬持套管，接防喷器，其结构与陆用的相同。其作用是悬持套管，接防喷器。

（三）防喷器组

由于使用环境特殊，要求防喷器具有更高的可靠性和防腐性能。防喷器可装在水下，也可装在平台上。

（四）隔水管柱

隔水管柱的作用是隔开海水，并从其内引入钻井液到钻具，并导出钻井液。实际上它是从平台到海底输送钻井液并作为钻柱导向装置的一根管件，如图7-7所示。

在固定式、坐底式和自升式等平台上钻井时，隔水管从平台甲板下到井口；在半潜式平台、浮式钻井船上进行钻井作业时，除了正常的隔水管之外，还需要其他的一些设备，以适应平台的升沉运动。这时隔水管柱不再是一根单纯的管件，而是具有很多复杂部件的系统。就像套管柱一样，它也是由一段一段的隔水管节通过接箍连接而成的。

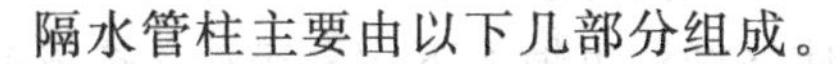

图7-7　隔水管柱

隔水管柱主要由以下几部分组成。

① 隔水管接箍。隔水管接箍的作用是连接各隔水管节，它有多种式样，如卡箍式接箍、领眼活接头式接箍和领眼螺栓式接箍等。

② 隔水管节。隔水管节实际上是一段管件，每节的长度根据钻井平台的几何尺寸确定，一般为15.24m（50ft），也有22.84m（75ft）的隔水管节。

③ 挠性接头。挠性接头在隔水管的下部，允许隔水管在任意方向转动7°～12°，以使隔水管柱适应浮式钻井平台的摇摆、平移等运动。挠性接头有压力平衡式、多球式和万能式3种。

④ 伸缩隔水管。伸缩隔水管的作用是补偿平台的升沉运动，使隔水管柱不至于因平台的上下运动而断裂，它一般装在隔水管的上部，由内管和外管组成，两管可以相对地上下运动。

⑤ 张紧器。当钻井平台的工作水深超过31m时，为了防止隔水管柱在轴向压力作用下被压弯而受破坏，应使用张紧器张紧隔水管柱，使其承受拉力。目前使用的张紧器包括导向索张紧器和隔水管张紧器两种，两者的布置如图7-8和图7-9所示。张紧器的工作原理是利用气液储能器的液压推动活塞，随着平台的升沉而放长或收短钢丝绳，以保持导向绳及隔水管的张力恒定。使用张紧器后，隔水管所受的张力变化可以控制在5%以内。

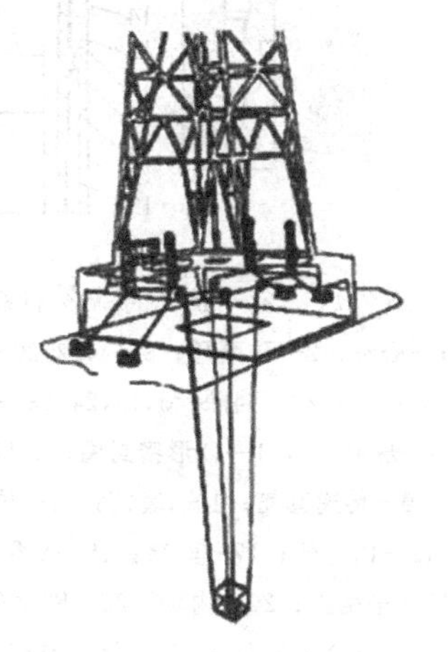

图7-8　导向索张紧器布置图

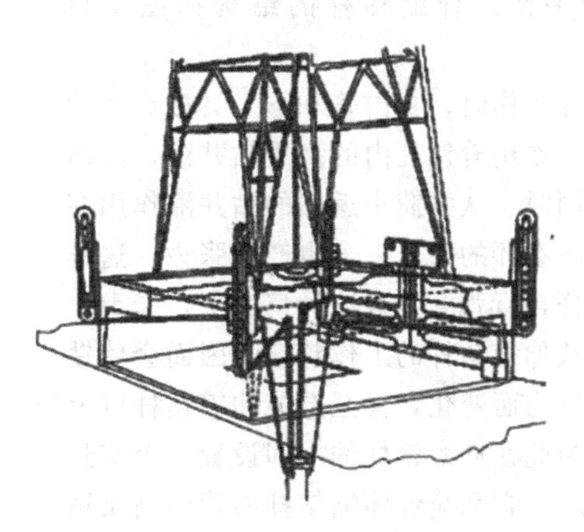

图7-9　隔水管张紧器布置图

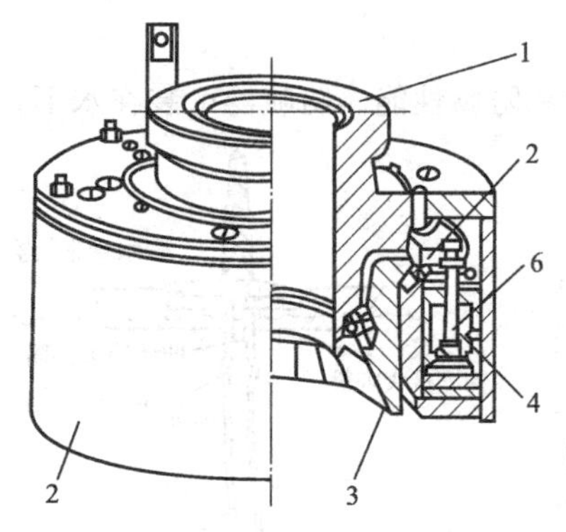

图 7-10　液压卡块式连接器

1—上接头；2—下接头；3—卡块；4—液缸；5—卡块动作环；6—活塞杆

（五）连接装置

连接装置的作用是保证井口装置外罩与防喷器之间以及防喷器顶部与下部的水下隔水管柱之间形成主压力密封。常用的连接器为液压卡块式，由上接头、下接头、卡块、液缸等组成，如图 7-10 所示。上、下接头靠卡块卡紧而连接在一起。卡块由两部分组成，互成锥面接触。卡块的一部分称为卡块动作环，与液压缸活塞杆相连，活塞杆的伸缩带动动作环上行或下行，使卡块的另一部分压紧或松脱。遇到危险情况，油压卸载、卡块松脱，上接头与下接头呈 30°或更大角度而脱开，使钻井平台迅速离开井位，以避免造成重大损失。

二、升沉补偿

水深较深时，海上钻井一般采用半潜式钻井平台或浮式钻井船。在风力、海浪力和海流力等海洋环境载荷的作用下，会产生升沉运动，从而使钻杆柱也做上下往复运动，造成钻压不稳，影响钻进。严重时，会使钻头脱离井底，无法钻进。因此，必须采取措施来解决钻柱的上下运动问题。解决方法就是对升沉运动进行补偿，有在钻柱中增设伸缩钻杆和增设升沉补偿装置两种方式。

（一）增设伸缩钻杆

为了使钻柱不受平台起伏的影响，在钻铤的上部增设一根伸缩钻杆。伸缩钻杆的结构与伸缩隔水管类似，也是由内、外管组成，沿轴向可相对运动，行程一般为 2m。当平台作升沉运动时，伸缩钻杆的内管随其以上的钻柱作轴向运动，而外管及其以下的钻柱基本不动，这样就保持了压的稳定。

1. 伸缩钻杆的类型

目前使用的伸缩钻杆有全平衡式和部分平衡式两种。全平衡式伸缩钻杆的结构如图 7-11 所示。

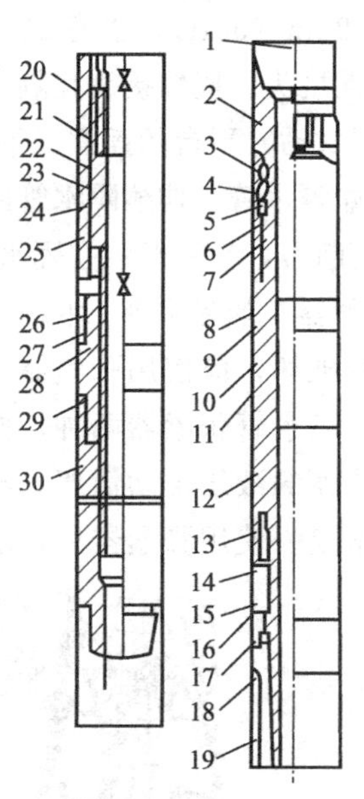

图 7-11　全平衡式伸缩钻杆结构图

1—心轴；2—防磨环；3,14,22,26—隔离环；4,15,23,27—挡圈；5,16,24,28—主密封；6—短节；7,21—O 形密封圈；8,13—油堵；9—传递套筒；10—套筒；11—传扭销；12—内冲管；17—丝堵；18—平衡缸接头；19—平衡缸；20—内轴；25—密封锁紧螺母；29—下接头；30—下工具接头

伸缩钻杆工作时，在内管和下工具接头间的环形截面上，作用着钻柱内的高压钻井液，因而产生张力。同时，从井筒中返回的钻井液作用在伸缩钻杆的防磨环的短节上，也产生张力。这样就使伸缩钻杆自行张开，在这种情况下，指重表不能正确反映伸缩钻杆的工作状态，因而会使钻压随钻井液压力而变化，甚至造成伸缩钻杆以上部分受压。为此在伸缩钻杆的中间设置一个密封的平衡压力缸，它和流经伸缩钻杆内管的高压钻井液相通，并使高压钻井液在平衡缸中产生的轴

向力和张开力平衡，因此称为全平衡式。

部分平衡式伸缩钻杆没有平衡压力缸，只是靠尽量减小内管心轴尾端的壁厚来减小它与工具接头间的环形截面积，实现部分地减小钻井液所产生的张力。

伸缩钻杆的扭矩是依靠均匀分布在径向的传扭销来传递的。传扭销轴向安装，固定在传递套筒上，可沿内管心轴上下滑动。

2. 使用伸缩钻杆存在的问题

虽然伸缩钻杆结构简单，使用方便，但使用它也存在着以下问题。

① 钻压不能调节。增加伸缩钻杆后，钻压大小取决于钻杆以下的钻铤部分的重力。因而不能随钻调节钻压，使钻井速度降低。

② 承载条件恶劣。对伸缩钻杆的要求高，伸缩钻杆的内外管既做相对的轴向运动，又做旋转运动；既要承受高压钻井液的载荷，又要传递钻柱的扭矩，内外管之间还要充分密封。

③ 操作困难，不利于特殊作业。当关闭防喷器后，由于伸缩钻杆随平台作周期性上下往复运动，钻杆与防喷器芯子反复摩擦，极易磨坏防喷器芯子。

（二）增设升沉补偿装置

在钻井船或平台上的钻机部件中增设一套升沉补偿装置，以保持整个钻柱不随船体的升沉做上下运动。升沉补偿装置包括游动滑车型和天车型两种。

1. 游动滑车型升沉补偿装置

如图 7-12 所示，游动滑车装在游车和大钩之间。两个液缸用上框架与游车相连。液缸中的活塞通过活塞杆与固定在大钩上的下框架相连，大钩载荷由活塞下面的液压力来承受。储能器与液缸相通。锁紧将上下框架锁成一体，从而使游动滑车与大钩连在一起。

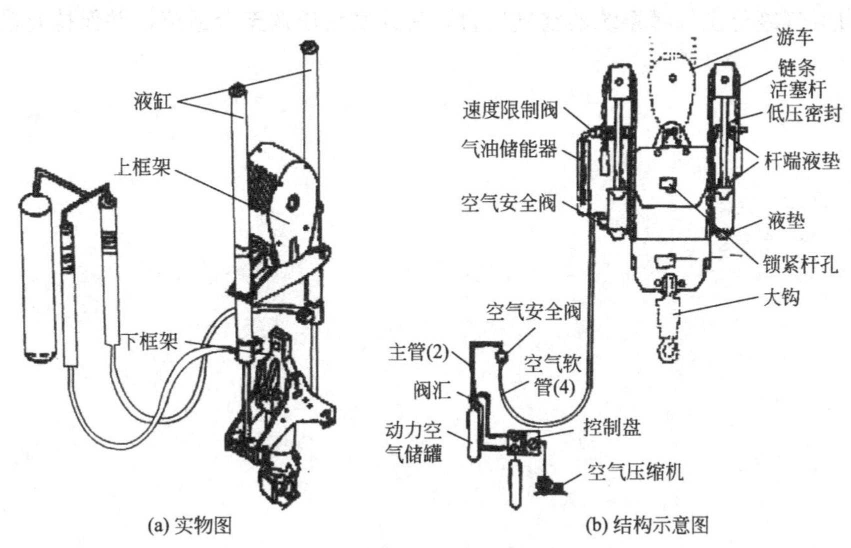

图 7-12 游动滑车型升沉补偿装置

工作原理是由于钻台随船体升沉而上下运动，因此传感器的固定端及工作绳绞车也不断上下运动，这样两绳在大钩处的滑轮上时松时紧，即两绳作用在大钩上的拉力时大时小。但升沉补偿装置液缸中压力一定时，就起着钢绳张紧器的作用。因此可以使传感绳和下井工作绳对大钩保持恒张力而不受升沉影响。

2. 天车型升沉补偿装置

天车型升沉补偿装置如图 7-13 所示。浮动天车除具有普通天车的结构外，还有 2 个辅助滑轮和 4 个滚轮。快绳和死绳分别通过辅助滑轮引出。天车通过滚轮可在井架上的垂直轨道上上下移动。主气缸用以支承浮动天车，与井架连在一起。液缸起缓冲作用。储能器装在井架上，由管路与主气缸相连，用以调节主气缸中的气压。

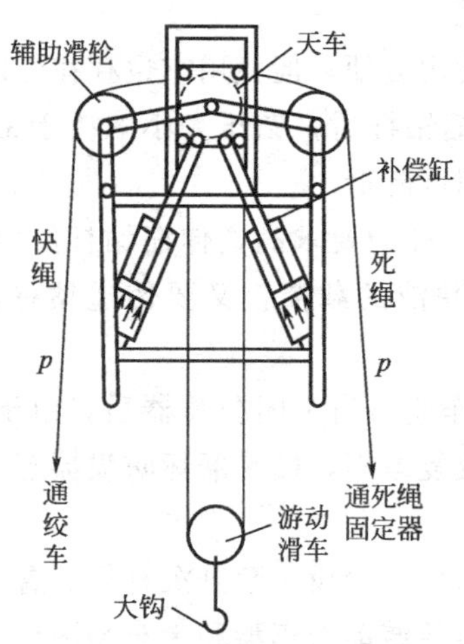

图 7-13　天车型升沉补偿装置

工作原理是当钻井船上升时，天车相对井架沿轨道向下运动，压缩主气缸中气体。当钻井船下沉时，天车相对井架向上运动，主气缸气体膨胀。这样主气缸相当于大弹簧，可以补偿升沉。司钻借助指重表观察井底钻压大小，再根据地层变化，利用钻井船甲板上的调压阀，控制自空气罐至主气罐系统的空气压力，使井底钻压调至合适值，并保持此值。

学习情境八
其他设备

钻机其他设备是指一些用于井口操作的小型机械化设备和一些石油矿场上广泛采用的通用机械。

钻井井口操作小型机械化设备是指钻井过程中，除起下钻外的其他辅助性操作中所用机械设备。钻井小型机械化设备的研制成功和现场应用，标志着石油钻井生产的机械化、自动化水平的逐渐提高。同时，对提高钻井速度、缩短建井周期、降低钻井成本也是十分必要的。更重要的是在减轻工人劳动强度和保证人身安全起到积极作用。

本情境将介绍指重表、气动绞车、钻杆动力钳、铁钻工和离心泵等常见设备的结构原理、维护保养和故障处理方法等。

项目一　指重表

【教学目标】

① 了解指重表的结构和工作原理。

② 了解指重表的安装、使用、维护和保养。

③ 了解指重表的常见故障及处理方法。

【任务导入】

指重表在钻井工作中的作用很大，是重型钻机或轻型钻机必须设置的一种仪表，被钻井工作者称为“司钻的眼睛”。常用的指重表都有两个指示参数，一个参数是井下钻具重量即悬重；另一个参数是施加给钻头的压力即钻压。它还可以记录钻井工作过程中参数的变化，以利于司钻判断、分析井下钻具和钻头的工作状况，提供真实的记录资料，也有利于科学总结钻井工作，提高工作效率和经济效益。

【知识重点】

① 死绳固定器、重量指示仪。

② 指重表的调试。

③ 指重表的使用。

【相关知识】

一、指重表结构

指重表由死绳固定器、传感器、重量指示仪、记录仪、连接管线及钢丝绳等组成，如图 8-1 所示。

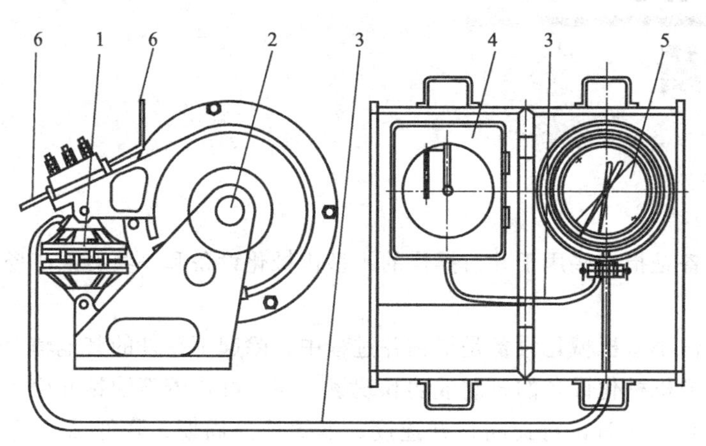

图 8-1　指重表的结构示意图

1—传感器；2—死绳固定器；3—连接管线；4—记录仪；5—重量指示仪；6—钢丝绳

(一) 死绳固定器

死绳固定器是将钻机的死绳拉力转换为液体压力的机构，由绳轮、底座、传感器及钢丝绳等部分组成，如图 8-2 所示。

传感器是死绳固定器的主要部分之一，死绳上产生的拉力使绳轮发生微量转动，通过绳轮力臂传递给传感器，使传感器产生拉伸或压缩，膜片挤压液压油，使死绳的拉力转换为液压油的压力信号，传递给重量指示仪和记录仪，如图 8-3 所示。

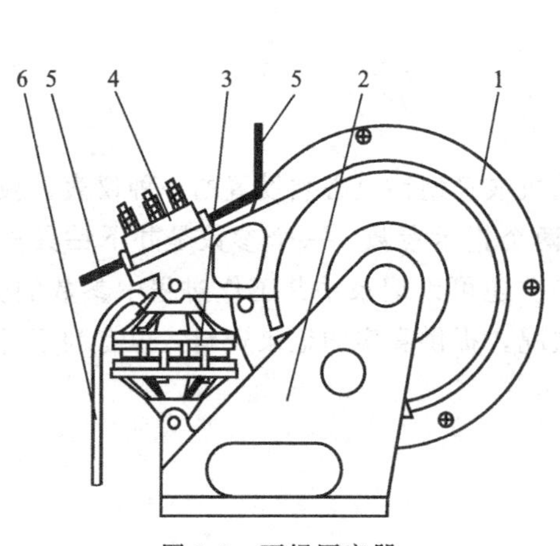

图 8-2　死绳固定器

1—绳轮；2—底座；3—传感器；4—钢丝绳压板；5—钢丝绳；6—连接管线

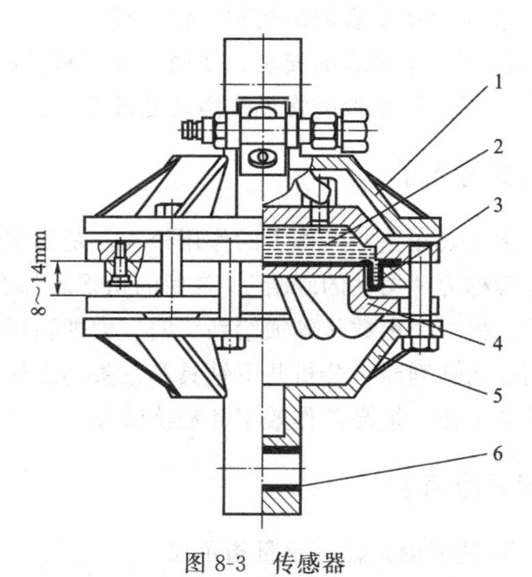

图 8-3　传感器

1—上盖；2—液压油；3—膜片；4—压盖；5—下盖；6—铜套

(二) 重量指标仪

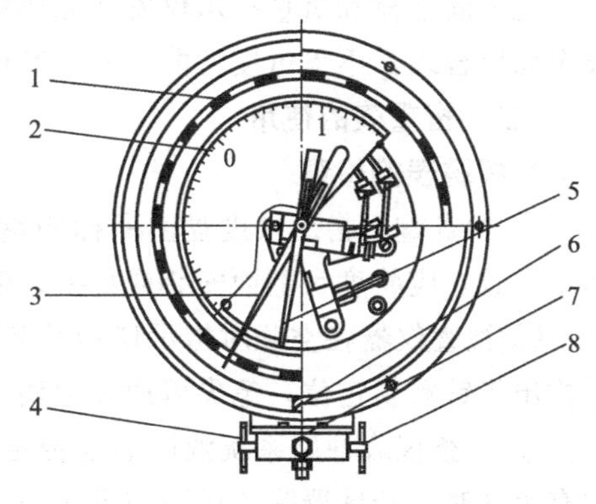

图 8-4 指针式重量指示仪
1—灵敏表盘；2—指重表盘；3—灵敏指针；4—悬重调节阀；5—指重指针；6—灵敏表盘调节旋钮；7—放气阀；8—灵敏度调节阀

指针式重量指示仪通过管线、快速接头与传感器连接。传感器产生的液体压力作用于指针式重量指示仪的弹簧和管上，经放大机构带动指针偏转，指示钻机的钩载。短指针为指重指针，显示数值为悬重（钩载）。长指针为灵敏指针，显示的数值为钻压。钻压指示表盘可调零位，如图 8-4 所示。

数显式重量指示仪通过电缆与压力变送器连接。压力变送器连接在传感器上，传感器产生的液体压力通过压力变送器转换成电信号，经电缆传递到数显式重量指示仪并转换成数字信号通过液晶屏显示出来。数显式重量指示仪可显示悬重（钩载）和钻压两个参数（通常为两个表头），钻压表设有清零按钮。

(三) 记录仪

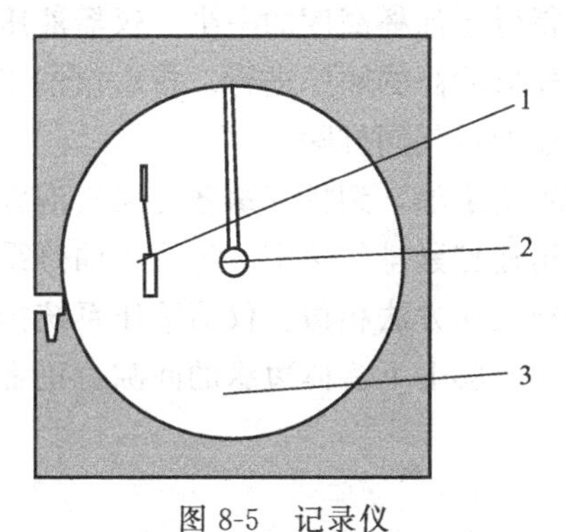

图 8-5 记录仪
1—记录笔；2—压纸帽；3—记录纸

由传感器产生的液体压力通过连接管线作用于记录仪弹簧管，管端产生的位移通过连动机构带动记录笔偏转，同时记录时钟带动记录纸旋转，从而记录钻井过程的工作曲线。记录仪记录方式为墨水记录。记录仪的结构如图 8-5 所示。

(四) 手压泵

手压泵是指重表的附件，其作用是在必要时对仪器进行液体补充。

(五) 拔针器

拔针器是重量指示仪表针的专用起拔工具，用于对表针位置的重新定位。

(六) 连接管线

连接管线用于连接死绳固定器、重量指示仪和记录仪。

二、指重表的安装、使用、维护与保养

(一) 指重表的安装

1. 死绳固定器的安装

死绳固定器应用专用螺栓牢固地安装在钻机底座预留酌安装位置上，安装底座必须牢固，保证在仪器正常使用条件下不变形。死绳固定器安装完毕后须保证死绳不与井架或其他任何物体相接触，死绳的牵引方向与绳轮转动轴心线垂直且与绳轮中心平面平行，安装死绳时将死绳沿绳轮绳槽缠绕三圈再将自由端放入绳卡中，用压紧块和螺栓将其压紧固定。

2. 重量指示仪的安装

在现场安装，应保证重量指示仪处于方便司钻观察且又不影响司钻观察转盘运转的位置，为保证读数正确，指示仪中心应与司钻水平视线等高。为避免钻机震动影响仪器使用，根据仪表箱结构的不同，可采用绳索悬挂或钢管在地面打桩的办法将仪表箱固定。

死绳固定器和重量指示仪安装完毕后，用液压管线将重量指示仪与传感器连接。液压管线走向应合理，不得过度弯曲，不与其他物体相缠绕或被其他物体所挤压。

（二）指重表的使用

1. 指重表的检查

① 检查重力指示仪度盘上所标明钢丝绳股数与钻机游车轮系钢丝绳的股数是否一致，如不一致，应将度盘翻面安装或更换，使其一致。

② 检查仪器在空载时指示仪指针和记录仪笔尖是否回零，如不回零应查明原因，必要时拔出指针重新定位，笔尖可通过微调螺钉调零。

③ 检查仪表油路系统液压油是否足够，当仪表油路系统液压油充足时，在钻机游车大钩有负载时，传感器膜片压圈与下压盖之间的间隙应为 8～14mm；如果小于 8mm 则表示液压油不足，应进行补充。

2. 指重表的调试

液压系统充油及排空气仪器安装完毕，液压系统必须充油和排空气，才能保证仪器正常工作。正确的充油方法是：使大钩处于空载状态，用与指重表配套的手压油泵上的软管与传感器充油接头相连接，上下摇动手压油泵摇杆，向传感器泵油。为避免将空气泵入仪器液压系统，在充油的全过程中，手压油泵油杯内油平面高度不得低于油杯高度的一半。仪器液压系统排空气，应根据指示仪和记录仪的安装位置高低，按先低后高的顺序进行。指示仪油路系统内的空气通过两个分别与指重阻尼器和灵敏阻尼器相连的排气阀排除。

首先用螺丝刀拧松排气阀排气螺塞，摇动手压油泵向系统泵油，到排气螺塞处无气泡冒出而流出清明透亮的液压油时，即表示空气已经排尽，应迅速拧紧排气螺塞。记录仪油路系统的空气，通过记录仪上位置较高的油管接头排除，方法与上述方法相仿。仪器液压系统排空气后，应继续摇动手压油泵向系统充油，并观察传感器液压膜上下盒体边缘的间隙，正常的间隙应为 9～16mm，如图 8-6 所示。

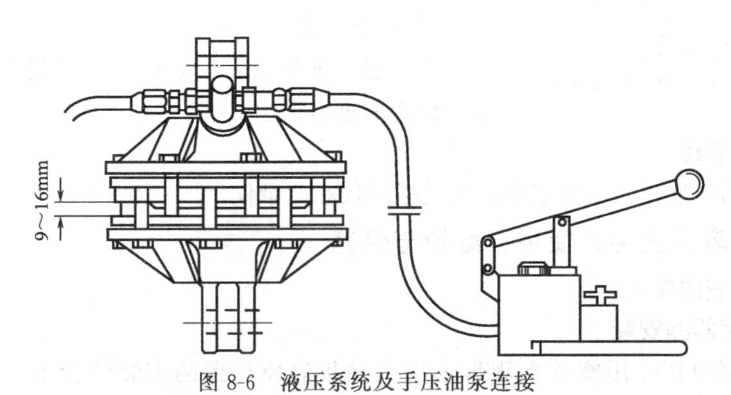

图 8-6　液压系统及手压油泵连接

在现场，指示仪调试主要是阻尼器阻尼效果的调节，在仪器使用时，指示仪的指重指针和灵敏指针应灵敏而稳定，不应有来回剧烈摆动现象。这需要通过分别调节指悬重调节阀和灵敏度调节阀来实现。两个调节阀的调节方法相同，首先顺时针转动调节阀“T”形阀杆并同时往内推，使“T”形阀杆与阀本锥形螺纹啮合，继续转动，直到阻尼器处于关闭状态。然后逆时针转动“T”形阀杆两圈，观察指示仪指针摆动情况，如过于灵敏，应顺时针转动“T”形阀杆 1/4～1/3 圈，如太迟钝，应逆时针转动“T”形阀杆 1/4～1/3。如此反复调节，直到调整出满意的阻尼效果为止。

3. 指重表的操作

① 打开重量指示仪上“指重”“灵敏”两端的调节阀，此时指针应回零位，否则应用拔针器拔出指针并重新定位。

② 检查传感器内液体是否足够（观察传感器的法兰与扶圈的间隙予以判断），及时用手压泵进行补充。补充液体时，应将游车系统放置在钻台上，使指重表处于无载荷的情况之下补充液体，并将重量指示仪上的排气阀打开，排净空气。这是保证仪器正确显示数值的重要措施。

③ 打开记录仪箱盖，用时钟钥匙上弦器将记录时钟发条上满弦；拧下压纸螺帽更换记录纸，调整微调螺钉，使记录笔的起始位置与指重表针的起始位置相符。记录仪与重量指示仪配套使用，记录一天的工作曲线，以便掌握和分析钻进工作状态。

④ 灵敏表指针的指示值作为掌握钻压和处理事故之用，当下入最后一根钻杆时，应将钻具悬空，转动框盖上的旋钮，使灵敏表盘的零点与长表针对正，才能正常使用灵敏表。钻具重量的微量变化，可以从灵敏表针的指示值直接读出。钻进时，灵敏表针逆时针偏转，其指示值即为钻压值

⑤ 由于灵敏指针的摆动幅度较大，故在起下钻具时，应轻提轻放，避免发生灵敏表针甩松（脱）现象，必须经常检查指针是否松动。

⑥ 因操作需要，使钻具出现剧烈震荡时（如爆炸解卡、起下钻具），应提前将调节阀关小，并将连接管线盘成螺旋线形式，使液压管路系统振幅减小，从而保护指重表免受损伤。

（三）指重表的维护与保养

① 仪器在使用中应保持玻璃表面的洁净以利于观察，不得用蒸气冲洗玻璃以免炸裂。

② 仪器使用的液压油必须洁净，无沉淀物，不同牌号不混用，更不能混入其他带腐蚀性的液体。

③ 每天检查传感器，清除其上的碎石、钻井液结饼及冰块，如发现膜片压圈与下压盖之间的间隙小于 8mm 应立即补充液压油。

④ 仪器定期送检调校，必须由专业维修人员参照行业标准进行维修、保养和检定。

⑤ 仪器在钻机搬迁时，应先卸掉负载，待指针回到零位后关闭阻尼器调节阀再断开快速接头，重力指示仪最好装入原包装箱运输。

三、常见故障原因及排除方法

指重表的常见故障及原因与排除方法见表 8-1。

表 8-1 指重表的常见故障及原因与排除方法

序号	故障现象	原因分析	排除方法
1	指针不稳定或卡滞	调节阀调节不正确	重新调整调节阀
		指针之间，或指针与表盘、玻璃摩擦接触	卸下框盖，校正指针，重装框盖
		放大机构中有脏物	卸下框盖、表盘等件，用汽油清洗干净放大机构，然后重装，必要时应重新检定
		液压系统中有气体	从传感器处注入液体，在重量指示仪放气阀上放出气体和多余液体

续表

序号	故障现象	原因分析	排除方法
2	显示数值不准确	死绳与井架摩擦	对正绳道,保证畅通
		绳轮转动不灵活	清洗轴承并加润滑脂
		传感器受限制	清除外部脏物并清洗干净
		液体过多	从放气阀放出多余液体
		液体不足	给传感器补注液压油,并在放气阀上放出气体和多余液体
3	指针转动异常	表针针体与固定套松动	拔出表针重新铆死针体和固定套或更换新表针
		表针与轴连接松动	重新订表针
		表针固定套锥孔变形后,连接松动	更换新表针,重新订表针
4	指针不摆动	快速外(内)螺纹接头O形密封圈被挤出或快速外(内)螺纹接头内有杂物	卸下快速外(内)螺纹接头,从内螺纹端取出阀座、弹簧、阀芯,清洗干净,将O形密封圈重新放入密封槽,重新安装并调整
5	指针异常回转	传感器膜片破裂	重新更换新膜片
		连接管线破裂	重新更换新连接管线
		快速外(内)螺纹接头或自封外(内)螺纹接头中O形密封圈破裂造成漏油	卸下快松外(内)螺纹接头或自封外(内)螺纹接头,从内螺纹端取出阀座、弹簧、阀芯,清洗干净,更换新的密封圈,重新安装并调整

项目二　气动绞车

【教学目标】

① 了解气动绞车的结构。

② 了解气动绞车的安装、使用、维护和保养。

③ 了解气动绞车的常见故障及排除方法。

【任务导入】

气动绞车又称风动绞车，它是以风动马达作动力，通过齿轮减速机构驱动滚筒，实现重物的牵引和提升。具有结构紧凑、操作方便、工作安全可靠、维修简单、运转平稳、无级变速等优点，特别适用于油田、地质钻井、矿山开采等场所。

【知识重点】

① 气动绞车负荷试验。

② 气动绞车的保养。

【相关知识】

一、气动绞车的结构

气动绞车由气马达、操纵手柄、滚筒总成、制动机构（手刹、脚刹）、底座、护罩、油雾器、分水滤气器及钢丝绳等部分组成，如图 8-7 所示。

图 8-7　气动绞车结构图

1—排绳器；2—护罩；3—气马达；4—脚刹；5—底座；6—手刹；7—滚筒总成；8—操纵手柄；9—排气口；10—进气口；11—油雾器

工作时，提升钢丝绳从气动绞车缠绕的滚筒向上通过导向滑轮（位于天车梁下部）下垂至钻台面。通道操纵手柄和制动机构，可以控制钢丝绳吊起重物向上或向下以及停止在某一高度。

二、气动绞车的安装、使用、维护保养及注意事项

（一）气动绞车的安装

1. 安装前的检查

① 检查并确保气动绞车护罩完好、固定牢靠。

② 检查并确保齿轮箱润滑油油质良好，油量充足。

③ 检查并确保气马达壳体内润滑油油质良好，油量充足。

④ 将离合器放在空位，检查并确保滚筒转动无卡、碰现象。

⑤ 检查并确保分配阀手柄能顺利自动回位到停止位置。

⑥ 检查并调整刹带间隙保持在 2～5mm 左右。

⑦ 在离合器转销处加注润滑脂。

2. 安装过程

① 检查确保气动绞车各部位良好后，吊装气动绞车到安装位置上，用 8 个 M20 螺栓将

气动绞车固定。

② 连接气路管线。

(二) 气动绞车的使用

1. 气动绞车试运转

① 将离合器手柄扳至“合”的状态。操纵分配阀手柄，按箭头标记指示选择“提升”或“下降”档位，绞车提升或下放重物。

② 手刹、脚刹工作可靠，解除制动时滚筒刹带能自动松开。

2. 气动绞车穿钢丝绳

试运转滚筒及转动方向后，将 120m 与气动绞车死绳头孔相同直径的软钢丝绳一端穿入滚筒钢丝绳固定孔内，绳头与滚筒面平齐，用两个 M14 内六方螺钉压紧，确保螺钉不能凸出滚筒面。另一端安装 5t 的带防跳绳装置吊钩，绳头穿入销子后留 350mm 长，用同径绳卡 3 个卡固在吊钩上端 100mm 处，每隔 100mm 卡一个绳卡，并适当配重。

3. 气动绞车负荷试验

① 试吊 5000kg 重物离开地面 30～50cm，停留 5min，观察钢丝绳是否压紧，并按照气动绞车试运转方法进行试验。

② 卸下重物，关闭气动绞车总气路阀门，并对滚筒钢丝绳压紧螺钉重新紧固一遍。

③ 试吊后将钢丝绳缠绕在气动绞车滚筒上。

(三) 气动绞车运转中注意事项

① 气动绞车在运转过程中，如发现异常声音应立即停车检查。

② 气动绞车在运转过程中，缸盖罩结合处和壳体与分配阀结合处有漏气现象应停车检查。

③ 起空车缠绕钢丝绳时，左手操作排绳杆，右手操作分配阀手柄，关闭气路开关同时按下手柄刹车。

④ 严禁用手扶钢丝绳排绳。

⑤ 严禁气动绞车超过其起吊额定负荷运转。

(四) 气动绞车的保养

① 每天进行卫生清洁，防腐紧固作业。

② 每天检查油雾器润滑油油面，不足时应立即补充。

③ 每天检查并确保刹车系统附件齐全，制动性能好。

④ 每天检查滚筒钢丝绳有无断丝损坏，必要时更换。

⑤ 每天检查油雾器的润滑油油面。调节针阀使其供油量在额定工况时 10～15 滴/分钟。

⑥ 每周检查一次动力齿轮箱油面，油面高度为机壳总高度的 2/5 为宜。

⑦ 每周检查一次气马达曲轴箱油面，并拧下放油塞，检查润滑油是否变质，如果发现变质或与水混合应立即更换。

⑧ 每运转 500h，清洗气马达曲轴箱、动力齿轮箱，更换润滑油。

⑨ 每两年进厂进行一次修理。

三、故障及排除方法

气动绞车常见故障与排除方法见表 8-2。

表 8-2 气动绞车常见故障与排除方法

序号	故障现象	主要原因	排除方法
1	提升重量不足	气马达活塞环磨损间隙大,压缩气体漏失大	更换活塞环
		供气压力达不到规定要求	增加进气压力
		供气管线管径不按规定要求安装,管径太小,供气量不足和压力损失大	按规定安装供气管线
2	启动运转困难	修配后,活塞连杆和壳体装配不干净	拆下气马达,重新清洗干净后装配
		未挂上离合器	扳动离合器手柄挂上
3	气马达运转中有异常撞击声	连杆小头和大头磨损间隙太大	更换活塞销和曲轴铜套和铜环
		曲轴主轴颈的滚动轴承磨损间隙太大	更换曲轴滚动轴承
4	刹车装置失灵	刹带过松	调节活端螺栓
5	从内齿圈漏失润滑油	花键轴油封圈漏失严重	更换油封圈
6	气马达过热	长时间超负荷运转	适当降低负荷
		润滑油不足或变质	加足或更换润滑油
7	离合器端盖处异常发热	润滑油脂不足或变质	添加或更换润滑油脂

项目三 钻杆动力钳

【教学目标】

① 了解钻杆动力钳的结构组成和技术参数。
② 了解钻杆动力钳的安装与试运转。
③ 了解钻杆动力钳的操作、维护和保养。
④ 了解钻杆动力钳的常见故障及排除方法。

【任务导入】

钻杆动力钳经过多次改进，逐步在现场上进行推广使用，并发挥出一定的效益，尤其在起下钻中能起到安全省力、上卸扣扭矩可控、提高上卸扣速度的作用，以代替人工繁重而危险的手工操作。

【知识重点】

① 钻杆动力钳的作业范围。
② 钳头机构和液马达系统。
③ 钳头转速和扭矩的调节。

【相关知识】

钻杆动力钳广泛用于石油钻井作业，其钳头系开口型，能自由脱开钻杆，机动性强。旋扣钳和扭矩钳一体结构，使用本钳上卸扣，不需猫头、吊钳和旋绳（或旋链），操作简便、安全、省力，作业效率高，特别适用于起下钻频繁，钻井周期长的场合。

一、钻杆动力钳的特点

① 采用液气联合控制系统，液马达用液压动力，其余用压缩空气。

② 采用上下钳合体结构，避免钻杆等在大扭矩作用下弯曲的可能性，并防止钻杆等在卡瓦中打滑。

③ 采用轻便灵活的钳头浮动方案，使吊装大大简化；自动对中夹紧机构可保证新旧接头卡紧可靠。

④ 上下钳夹紧分别采用刹带和夹紧缸，结构简单，采用气缸移送钳身，不需人推拉钳子。

⑤ 气胎离合器不停车换档机构，可使上卸扣一次完成。

⑥ 采用吊升装置，方便调节钻杆动力钳的高度。

⑦ 操作简便，扭矩与速度均能控制，正反方向都可产生最大扭矩和速度。

二、钻杆动力钳的作业范围

① 起下钻作业，在扭矩不超过 125kN·m 的范围内上卸钻杆等接头螺纹。

② 正常钻进时卸方钻杆接头。

③ 上卸 20.32cm 钻铤。

④ 甩钻杆时，调节吊升装置上的移位螺钉，使钳头和小鼠洞倾斜方向基本一致。调节移送气缸方向，使钳头对准小鼠洞后即可进行甩钻杆。

⑤ 活动钻具，由于钻机传动系统的故障，使绞车、转盘不能工作，钻具在井内不能活动。为了防止黏吸卡钻，可把下钳颚板取出，钳子送到井口，将钳尾左右两边绷上绳子，以限制钳体转动，然后视钻具规格让上钳换上相应颚板咬住方钻杆接头或钻杆接头，打开转盘销子，摘开转盘离合器，转动上钳，推动座在转盘上的井下钻具转动。

⑥ 要求用低档转速活动井下钻具，时间不应太长（一般在半小时左右）。

三、钻杆动力钳的技术参数

以 ZQ203-125 型钻杆动力为例说明钻杆动力钳的技术参数。

（一）液压系统

① 额定流量：114L/min（30gal/min）。

② 最高工作压力：20MPa（2900psi）。

（二）气压系统

工作压力：0.5～0.9MPa（75～135psi）。

（三）钳头转速

在不同流量下，钳头转速也不同，详见表 8-3。

表 8-3　钳头转速与流量关系表

流量 /[L/min(gal/min)]	钳头转速/(r/min)	
	高档	低档
114(30)	40	2.7
100(26.3)	35.1	2.4

续表

流量/[L/min(gal/min)]	钳头转速/(r/min)	
	高档	低档
90(23.7)	31.6	2.1
80(21)	28	1.9
70(18.4)	24.5	1.7
60(15.8)	21	1.4

（四）钳头扭矩

在不同压力下，钳头扭矩不同，详见表8-4。

表8-4　钳头扭矩与压力关系表

液压系统压力/[MPa(psi)]	高档扭矩/[N·m(ft·lbf)]	低档扭矩/[N·m(ft·lbf)]
20.0(2900)	12500(9220)	125000(92200)
17.0(2465)	10000(7375)	100000(73750)
15.5(2175)	9300(6855)	90500(66750)
13.0(1885)	8500(6265)	81100(59815)
11.0(1595)	7700(5675)	66100(48755)
9.0(1305)	5700(4205)	53900(39755)
7.0(1015)	3900(2875)	41700(30755)
5.0(725)	3070(2260)	29500(21750)

（五）适用管径

① 钳头颚板有5种规格尺寸选用。颚板种类：203.2mm、139.7mm、127mm、114.3mm、88.9mm。适用范围：ϕ203～193mm钻铤；ϕ178～168mm钻杆接头，ϕ162～152mm钻杆接头，ϕ146～136mm钻杆接头，ϕ121～111mm钻杆按头。

② 每种规格接头允许磨损量为10mm，允许偏磨3mm。

③ 内外螺纹接头总长应不低于420mm。

（六）其他性能参数

① 移送距离：≤1500mm。

② 升降距离：≤485mm。

③ 门栓转角：90°。

④ 拨盘转角：≥75°。

⑤ 动力钳外形（长×宽×高）：1720mm×1050mm×1750mm。

⑥ 动力钳重量：2600kg。

四、主要部件及结构

钻杆动力钳由钳头机构、自动防护门、液压马达系统、行星变速箱、移送气缸总成、悬挂吊升系统、液压系统、气控系统等组成，如图8-8所示。

（一）钳头机构

钳头机构由制动盘、上颚板架、上钳头、上定位手把、浮动体、缺口齿轮、下壳、下颚板、下钳头和下定位手把等部分组成。

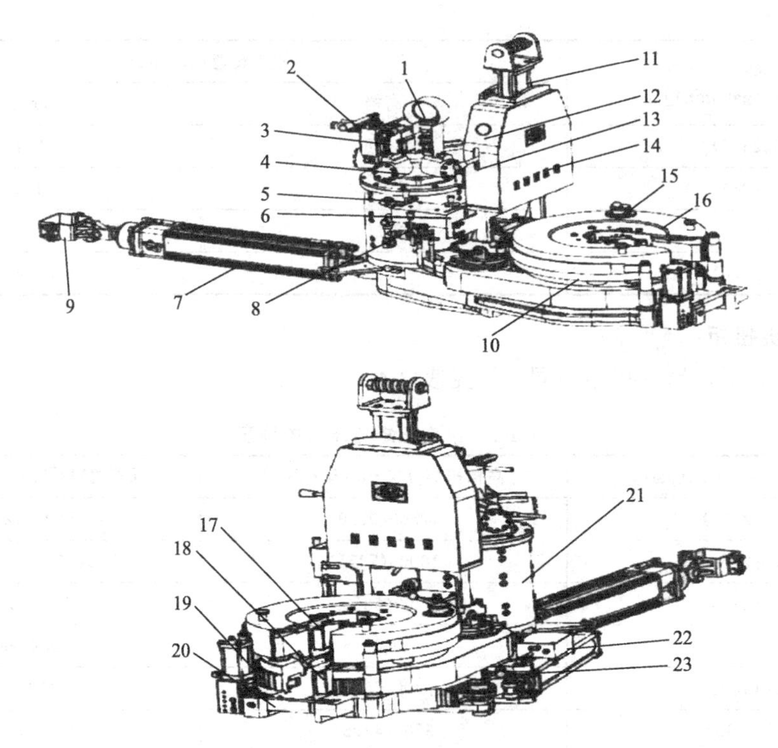

图 8-8 钻杆动力钳

1—压力-扭矩表；2—正反转手动换向阀；3—溢流阀；4—液压马达；5—高低速三位四通换向阀；6—夹紧气缸三位四通换向阀；7—移送气缸；8—移送气缸三位四通换向阀；9—尾桩连接卡；10—刹带；11—吊升液缸；12—气压表；13—吊升液缸手动换向阀；14—吊升装置；15—上定位手柄；16—制动盘；17—上钳头；18—下钳头；19—缺口齿轮；20—自动防护门；21—行星变速箱；22—夹紧气缸；23—下定位手柄

上钳头的缺口齿轮带动浮动体上的制动盘、颚板架、上钳头及钻柱旋转，进行上卸扣作业，下钳头用夹紧气缸推动下颚板架在壳体内转动，从而卡紧或松开下部接头。

上、下定位手柄的位置是根据上扣或卸扣要求而定，但变换位置时，钳头的各个缺口必须对正后方可操作。为了便于观察，在安装时使上钳定位手柄指向与上扣（或卸扣）旋转工作方向一致，下钳定位手柄与上钳定位手把方向一致。

（二）自动防护门

在钻杆动力钳下壳开口的一侧，安装有自动防护门。自动防护门的门栓将下壳的开口连接，该自动防护门的动作与动力钳的夹紧移送实现了联动。当钳子未夹紧管柱时，门为开启状态，钳身可前后移送，便于管柱进出钳口。当钳子夹紧管柱时，在联动缸的作用下，门自动关闭，将开口连接，同时钳身不能移送，钳子处于工作状态。

钻杆动力钳的自动防护门能控制动力钳在防护门未关上时不旋转，有效地防止了动力钳旋转时的伤人等安全隐患，同时增加了动力钳的强度，防止动力钳受力变形。

（三）液压马达系统

液压马达系统由液压马达、溢流阀、油路管线和换向阀组成。液压马达由液压站提供动力，驱动其转动。通过手动换向阀控制油路，实现液压马达正反转。该系统上均装有液压扭矩表，可调节该系统上的溢流阀控制钳头扭矩的大小。

（四）行星变速箱

行星变速箱由两组行星齿系、主动齿、被动齿、轴承、气囊离合器、气路管线、放气阀等组成。液压马达驱动行星齿系转动，可满足卸扣低速高扭矩和上扣高速低扭矩。一般采用两档行星变速结构，其优点是占用体积小，成本低，操作简便，便于现场维护，实现不停车变速。

（五）移送气缸总成

移送气缸总成由气源、换向阀（双向）、气管线、移送气缸、高低速离合器气囊等。图 8-9 所示为钻杆动力钳移送装置。通过换向阀控制压实现移送气缸的伸缩，不需要操作人员推拉大钳。

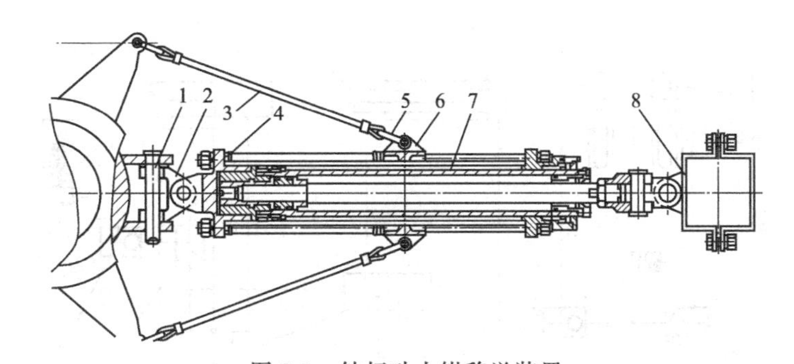

图 8-9　钻杆动力钳移送装置

1—销轴；2—万向轴；3—钢丝绳；4—弹簧；5—卸扣；6—滑套；7—移送气缸；8—卡子

（六）悬挂吊升系统

悬挂吊升系统由吊升缸、调节装置、平衡阀及内置储气罐等组成。悬挂吊升系统主要用于钻杆动力钳的整体悬挂安装。由于老式钻杆动力钳悬挂工作时不平稳，摆动较大，易发生位移，现代液压钻杆动力钳悬挂系统上新增吊升缸，缓冲垂直分力，且能在吊升缸行程范围内的任一位置锁死，微调悬挂高度，便于钳子上下卸扣作业。

（七）液压系统

如图 8-10 所示，钻杆动力钳液压系统简便，只有液压马达和吊升液缸使用液压油。由液压动力站输出的液压油经吊升装置中的 M 型手动换向阀，送到动力钳上的 H 型手动换向阀，分别控制吊升液缸和液压马达，操作 M 型和 H 型手动换向阀，可实现液缸升降和液压马达正反转。

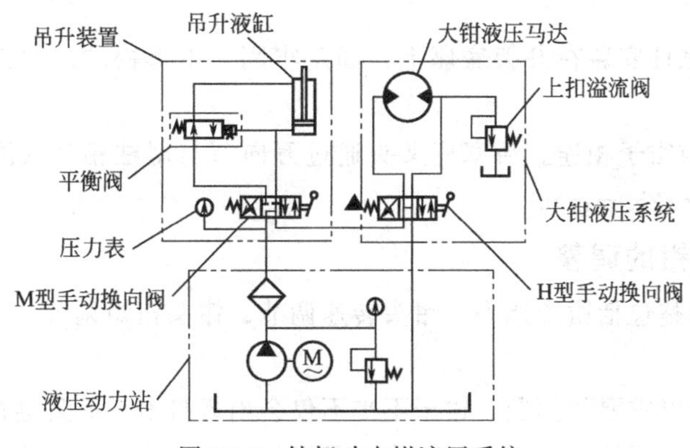

图 8-10　钻杆动力钳液压系统

系统上装有压力扭矩表，在操作时可直接读出上卸扣压力和工作扭矩。为了控制上扣扭矩，装有上扣溢流阀，调节溢流阀可控制动力钳上扣时的扭矩。

（八）气控系统

如图 8-11 所示，动力钳采用钻机本身的压缩空气作为气源。为了避免长距离输气管线影响流量，本钳用吊升装置的内腔储存压缩空气，吊升装置的内腔就是气路中的气囊 6。

采用 3 个三位四通手动换向气阀 5 分别控制气胎 1、气胎 2、夹紧气缸 11 和移送气缸 12 的动作，3 个手动换向气阀装在统一的气控板上，便于操纵作业。控制移送气缸 12 的气路上装有两位三通气控阀 8，控制夹紧气缸的气路上装有门栓联动气缸 10，对动力钳的夹紧作业与气缸移送、门的关启实现了互动，从而减少了操作时的误动作，增强了工作的可靠性。

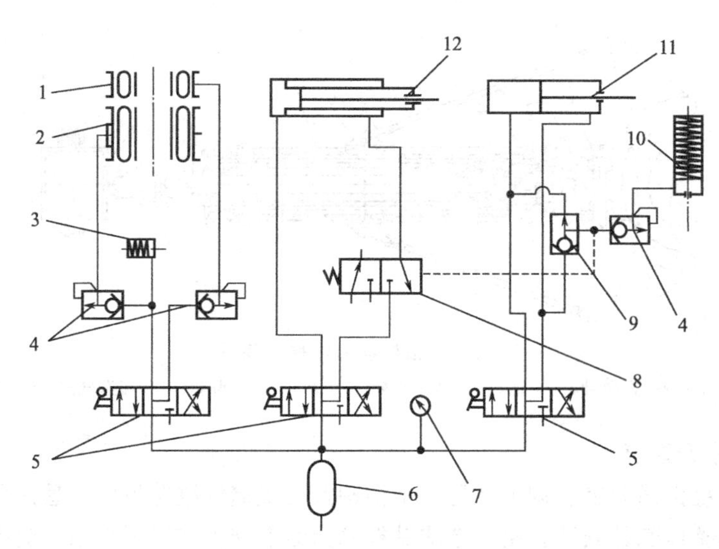

图 8-11 钻杆动力钳气控系统

1—高档气胎；2—低档气胎；3—溢流气缸；4—快速放气阀；5—三位四通手动换向阀；6—气囊；7—气压表
8—两位三通气控阀；9—梭阀；10—联动气缸；11—夹紧气缸；12—移送气缸

五、钻杆动力钳安装与试运转

① 将 50kN 单滑轮固定在天车底部大梁上。

② 用 15.875～19.05in 钢丝绳穿过滑轮，钢丝绳一端卡在液气大钳吊杆螺杆上，另一端穿过 50kN 单滑轮，固定在 30kN 手拉葫芦钩子上，吊耳和手拉葫芦通过钢丝绳固定在底座大梁上。

③ 安装尾柱。尾柱安装在井架底座上，固定牢固，不得松动。井口、钳子、尾柱应在一条线上。

④ 移送缸头部与钳子相连。活塞杆叉头通过万向节与尾柱相连（注：移送缸靠尾柱端应比靠大钳端低 100～250mm）。

六、钻杆动力钳的调整

钻杆动力钳的调整包括钳子调平、钳头转速调节、钳头扭矩调节。

（一）钳子调平

钳子调平是一个极重要的问题，钳子不平不仅会出现打滑，而且会造成钳子的损坏。管路接好后把移送缸和钳尾接起来，通气，将钳子送至井口（井口应有钻杆便于调节），调节钳子高度，使其钳子底部与吊卡上平面保持一定距离（40mm）。钳子缺口进入钻杆后，可站在钳头前边观察左右平不平。如不平，转动吊杆上螺旋杆，改变吊装钢丝绳的左右位置来调平。左右基本调平后，观察上下钳两个堵头螺钉是否分别与钻杆内外螺纹贴合，若有一个没贴合则说明钳子不平，可用调节吊杆调节丝杠的办法把钳头调到使内外螺纹接头与上下两堵头螺钉相贴合，一般钳头上平面与转盘平面平行即可。

（二）钳头转速调节

钳头转速与油泵供油量成正比，出厂时，钳头转速已调好。

（三）钳头扭矩调节

钳头扭矩与液压成正比。调节方法是：钳子送到井口，操作动力钳，用高档夹住接头，上扣到钳子不转动时，关死钳子上的上扣溢流阀，调节油箱溢流阀到规定压力（即到规定扭矩）；然后再打开上扣溢流阀，调到规定上扣压力（即到规定上扣阻矩）。

注意：千万不能使用低档调压力，因力低档扭矩太大，会将接头扭坏。

七、钻杆动力钳的操作

① 打开钳子气管线阀门。

② 启动油泵，合上单向气阀使油泵在空载情况下运转，系统压力表的压力不超过1.5MPa为正常。

③ 检查钳头颚板尺寸与钻杆接头尺寸相符合后，将钳头上两个定位手柄（图8-8中15、23）根据上扣或卸扣转动到相应位置。

④ 轻轻操纵移送气缸换向气阀（图8-8中8），使钳子平稳地送到井口，严禁把气阀一次合到底，使钳子快速向井口运动造成撞击。若钳子高度不合适，可操作吊升装置的手动换向阀（图8-8中13），调节到合适位置。

⑤ 在钳子送到井口，钻杆通过缺口进入钳头后，观察钳头上下两堵头是否与内外螺纹接头贴合，然后操纵夹紧气缸换向阀（图8-8中6）使下钳夹紧接头，将移送气缸换向阀回到零位，将气放掉。

⑥ 根据上卸扣需要，高低档的换向阀（图8-8中5）转到相应位置，在使用中可不停车进行换档。

⑦ 马达的正反转是通过手动换向阀（图8-8中2）来实现的，根据上卸扣的需要可更换手柄位置。

⑧ 复位：即钳头缺口相互对准的过程。当上完一个扣或卸完一个扣时，必须操作手动换向阀，使其钳头向工作状态反向转动。在复位时根据各缺口相距远近，可操作高低档换向气阀，用高低档变换的办法实现。在高档复位时应尽量少用手动换向阀，而应熟练地使用换向气阀以减少惯性冲击。

⑨ 卸扣时，当扣完全脱开后，即可将换向气阀向上扣方向转动复位。在上钳松开钻具而未对准缺口亦允许停车提立根，提出立根后继续复位，这样可节约时间。

⑩ 在扣没有完全脱开前，不能上提，以防滑扣顿钻。当上钳没有松开钻具前不允许上提，以免提出浮动部分或钻具上砸损坏机件。

⑪ 操作夹紧气缸换向气阀到工作位置的相反位置，使下钳恢复零位对准缺口。

⑫ 操纵移送气缸换向气阀使钳子平稳地离开井口。

⑬ 全部起完或下完钻后，把所有液气阀复零位，单向阀转向关闭位置，停泵。把气源方向供气阀门关死，切断气路。

⑭ 搬家时应封闭好液气管路接头，以防污物进入液气管路。

⑮ 上下钳的定位手把的位置是根据上扣或卸扣的要求而定。但变换位置时，钳头的各个缺口必须对正后方可操作，否面机构失灵。

八、钻杆动力钳的维护与保养

① 液压系统的滤清器根据使用情况，要及时清洗或更换其滤芯，以防滤芯被污物堵塞，影响正常使用。

② 新钳子使用后，一个月就应换液压油（或沉淀），以后每半年换一次液压油。在使用过程中，油箱油面不允许低于油面指示器下限，若低于下限应随时补充。向油箱加油时，应避免其他杂物混入油箱。

③ 钳头每次起钻之后用清水冲洗干净，夏天用压缩空气吹干，冬天用蒸气吹干。坡板滚子部分清洗干净后涂一薄层黄油。要求坡板清洁，滚子、销轴转动灵活。

④ 每三口井，换齿轮油箱机油一次，换变速箱二硫化钼润滑脂一次（井深按3000m 计算）。

⑤ 液压和传动系统轴承的保养与压风机轴承座的要求相同。

⑥ 移送缸、夹紧缸在每次起下钻完后用清水洗净，活塞杆用棉纱擦干涂一薄层黄油，伸出部分全部收入缸筒内。

⑦ 每次起下钻后，气阀板中要注入 50mL 清洁机械油，润滑气路各元件并防锈。

⑧ 其他油嘴黄油润滑见表 8-5。

表 8-5　其他油嘴黄油润滑

部位	黄油嘴数	周期
花键轴	1	每次起下钻前打一次黄油
夹紧气缸	2	同上
惰轮轴头	2	同上

九、一般故障的判断及排除

钻杆动力钳一般故障的判断及排除方法见表 8-6。

表 8-6　钻杆动力钳故障的判定与排除方法

序号	故障现象	原因分析	排除办法
1	上下扣时上钳或下钳打滑	钳牙使用时间长、磨损、变秃	更换新牙板
		钳牙牙槽被脏物堵住	用钢丝刷清除脏物
		由于热处理不当，钳牙过脆或过软，咬不住钻杆	更换新牙板
		打刹带调节过松，上钳颚板不爬坡	拧紧刹带调节筒，或更换筒内弹簧
		制动盘污染与刹带打滑	清洗制动盘刹带用松香打蜡
		钳子未调平	调平钳子
		钳子未送到家	钳子送到家后再夹紧钻杆
		夹紧气缸漏气或气路其他地方漏气，引起气压低于 72.5psi	上紧直角接头，从缸头或从 19 个小孔检查夹紧缸密封情况，更换密封圈
		钳子不清洁，颚板架内油泥多，滚子在坡板上不易滚动而打滑	清洗颚板架、颚板、滚子，并将坡板涂上一层黄油

续表

序号	故障现象	原因分析	排除办法
1	上下扣时上钳或下钳打滑	换颚板时没有及时更换堵头螺钉	换上合适的堵头螺钉
		钻杆接头磨损严重，颚板抱不住	换上小一口径颚板
		上下钳定位手把方向不一致	按照上下扣需要，定位手把方向符合铭牌，上下一致
		上下钳缺口未对准，将上下钳定位手把换向但不起作用	上下钳定位手把换向，必须在上下缺口对齐后，否则不起作用
		先夹紧钻杆再将定位手把定向	定位手把换向时，必须仔细观察下钳拨盘定位销是否在转销半圆环内，若没有必须重来，将夹紧气缸退回原来位置再将定位手把换向
2	有高档无低档或有低档无高档	气管线刺漏	换气管线
		双向阀滑盘脏污或磨损造成气阀漏气	将漏气的气阀拆下来清洗研磨滑盘或更换新阀
		气胎离合器气路漏气，或有摩擦片磨损过甚	换气胎离合器的气胎或摩擦
		快速放气阀漏气	换放气阀芯子
3	换档不迅速	快速放气阀堵塞	清洗或更换快速放气阀
		气胎离合器和内齿圈间隙过小，分离不开	调整摩擦片与内齿圈之间间隙（发生在新装配时）
4	高档压力上不去	上扣溢流阀未调到规定压力	调节上扣溢流阀（向增压方向）
5	低档压力上不去扣卸不开	摩擦片磨损，抱不住变速器内齿圈而发生打滑	更换气胎离合器（低档）摩擦片
		油箱内油面过低	停机加油至油标上限

项目四　铁钻工

【教学目标】

① 了解铁钻工的组成。

② 了解铁钻工组成部分的结构及原理。

【任务导入】

铁钻工是先进的钻具上扣、卸扣工具。铁钻工上扣、卸扣的管串直径范围较大，一般为88.9mm～241.5mm，上扣、卸扣的全部操作都集成在一个气动控制盒上，按一次按钮即可完成所有操作，同时该气动控制盒可以安装在安全的地方，实现远程控制。用来给铁钻工定位的伸缩臂是一个紧凑的、重量较轻的装置，它由液压缸带动的伸缩梁来实现两个方向的力——拉伸和推动，来推动铁钻工到井口上扣，并在结束后将铁钻工拉回静止位置。

【知识重点】

① 旋扣器总成。

② 液压大钳总成。

【相关知识】

铁钻工一般由旋扣器总成、液压大钳总成、伸缩臂总成、远程控制台、控制面板箱总成、电气接线箱总成、液压控制箱总成、限位开关箱总成、导向器总成、导轨总成和底座总成组成，如图8-12所示。

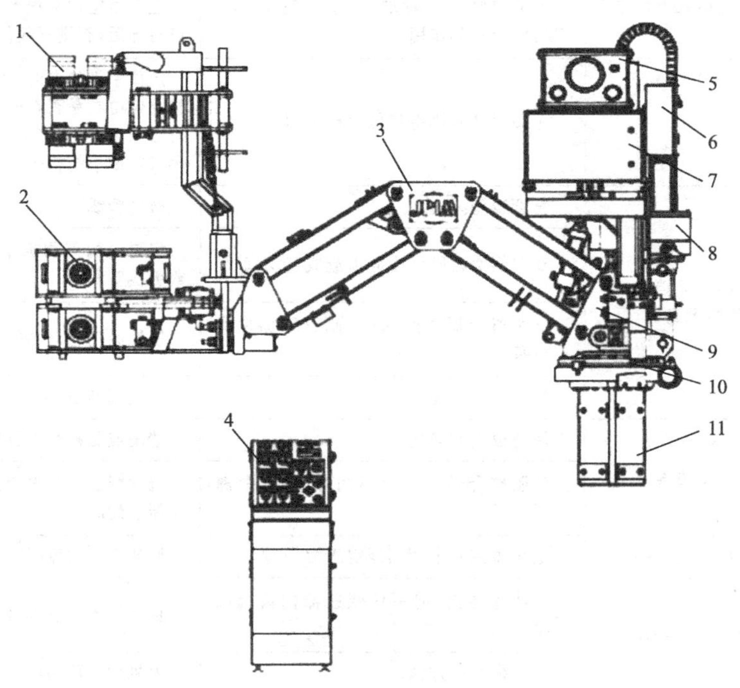

图8-12 铁钻工

1—旋扣器总成；2—液压大钳总成；3—伸缩臂总成；4—远程控制台；5—控制面板箱总成；6—电气接线箱总成；7—液压控制箱总成；8—限位开关箱总成；9—导向器总成；10—导轨总成；11—底座总成

一、液压大钳总成

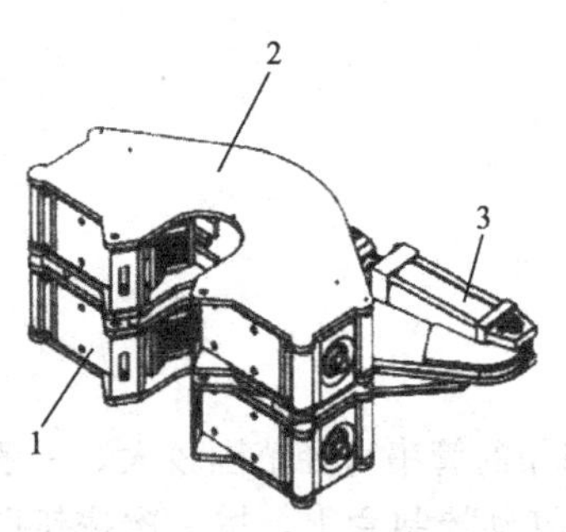

图8-13 液压大钳总成

1—背钳总成；2—主钳总成；3—扭矩液缸

液压大钳是为管柱提供上扣或卸扣扭矩的单元。液压大钳使用专用的紧扣、松扣选择开关，利用远程控制台或遥控器进行控制。液压大钳由主钳和背钳组成，如图8-13所示。背钳支撑着主钳，固定在大钳支座上。主钳和背钳内分别装有两个运动方向相反的液压缸，依靠两只液压缸的压力将腭板压紧于管柱接头处，在可靠夹紧后，主钳相对背钳旋转，实现管柱接头螺纹的紧扣和松扣。背钳和主钳夹紧油缸由两个单独的液压回路进行控制。

二、旋扣器总成

旋扣器由两个悬挂器总成悬吊在立柱总成上，并由两根可调节长度的拉伸弹簧保持平衡，位于液压大钳正上方，如图8-14所示。由铰接在一起的左右两个支臂组成，在左右支臂间装有1个夹紧油缸，左右支臂上分别装有两组滚轮，由4只液压马达驱动，夹紧油缸为滚轮抱紧钻杆、钻铤管柱提供夹紧力，旋扣器通过滚轮与钻柱之间的摩擦力矩实现接头螺纹的旋进旋出。

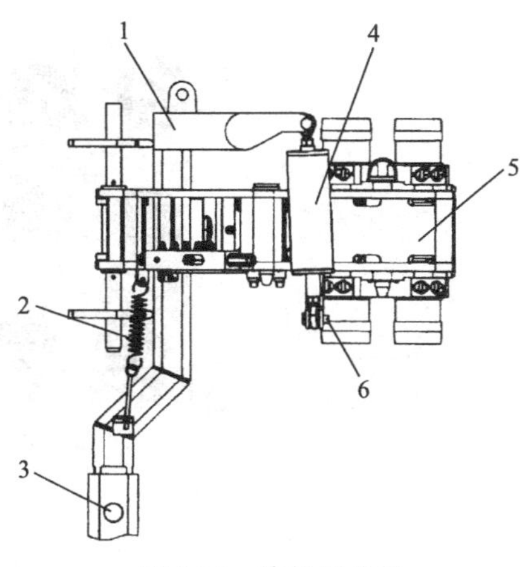

图 8-14　旋扣器总成

1—立柱总成；2—拉伸弹簧；3—立柱连接销；4—悬挂器总成；5—旋扣钳；6—悬挂器销轴

三、底座-导轨-导向器-伸缩臂总成

铁钻工的底座-导轨-导向器-伸缩臂总成由底座总成、导轨总成、导向器总成、伸缩臂总成，如图8-15所示。

底座总成通过插座式安装固定在钻台插孔上；导轨总成通过回转轴承固定在底座总成上，回转轴承由液压马达驱动，用于工作机构在鼠洞和井口之间进行工位切换。导向器总成安装在导轨总成正上方，通过举升油缸实现导向器总成的垂直运动，伸缩臂总成与导向器总成相连，通过伸缩油缸实现伸缩臂的伸缩运动。

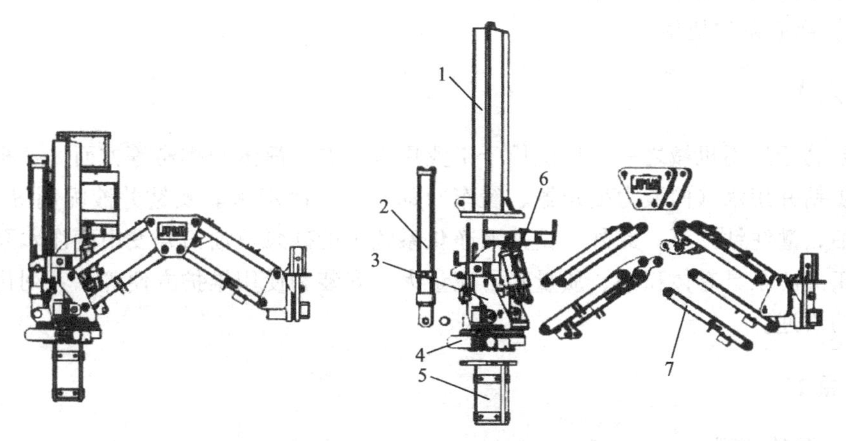

图 8-15　底座-导轨-导向器-伸缩臂总成

1—导轨总成；2—举升油缸；3—导向器总成；4—回转轴承；5—底座总成；6—伸缩油缸；7—伸缩臂总成

四、远程控制台

图8-16所示为常用远程控制台。只需一名操作人员就可以利用远程控制台完成管柱的上扣和卸扣操作。远程控制台是独立式的单元，置于平台，或置于司钻房内或旁边，或集成于司钻房内的操作面板上。为便于操作人员观察钳口与管柱接头之间的相对位置，一般将远程控制台置于钳口正前方±45°范围内。远程控制台包括铁钻工操作所需的选择开关、急停按键开关、状态指示灯和电子显示扭矩表。远程控制台内含有控制电路。

铁钻工操作人员可使用远程控制台执行以下操作：收放铁钻工伸缩臂；升降液压大钳；自动、单步控制切换；自动上、卸扣；旋扣器上、卸扣；主钳紧、松扣；钳体偏转、回正；动作急停功能；实现井口、鼠洞或待机旋转工位切换；实现电控、遥控控制端切换；调节旋扣器卸扣时间以适应不同管柱；开、闭铁钻工电气系统。

图 8-16 常用远程控制台

项目五 离心泵

【教学目标】

① 掌握离心泵的结构和工作原理。
② 掌握离心泵的使用。

【任务导入】

离心泵属于通用机械之一，广泛用于工业用水、农田灌溉和排涝等方面。钻机上配备离心泵主要供钻井用水（向液力变矩器、绞车冷却水箱、冷却水套及钻井液配制等供水），向柴油机输油，灌注钻井泵。此外，钻井液净化系统中的砂泵及油田开发中的注水泵也属于离心泵。由于离心泵具有体积小、质量轻、流量大、安装和使用维护方便等一系列优点，从而受到现场的欢迎。

【知识重点】

① 离心泵的类型。
② 离心泵的密封。
③ 离心泵的汽蚀现象。

在石油矿场上，离心泵主要用于油田注水、油品输送及作为钻井泵的灌注用泵等。

【相关知识】

一、离心泵的工作原理及类型

（一）离心泵的工作原理

离心泵是依靠工作叶轮的旋转，将机械能传递给液体介质，并转化成液体能的水力机械。图 8-17 所示为离心泵与管路联合工作装置示意图。离心泵工作时，在驱动机的带动下，充满叶轮的液体由许多弯曲的叶片带动旋转，在离心力的作用下，液体沿叶片间流道，由叶轮中心甩向边缘，通过蜗壳流向排出管。液体从叶轮获得能量，使压力和速度增加，并依靠此能量将液体输送到排出罐。液体被甩向叶轮出口的同时，叶轮入口中心处形成低压，这样，在吸入罐和叶轮中心处液体之间就产生了压差，在这个压差的作用下，吸入罐中的液体就会通过吸入管流入叶轮中心，再由叶轮甩出，如此不断循环，吸入罐中的液体就会源源不断地输送到排出罐。

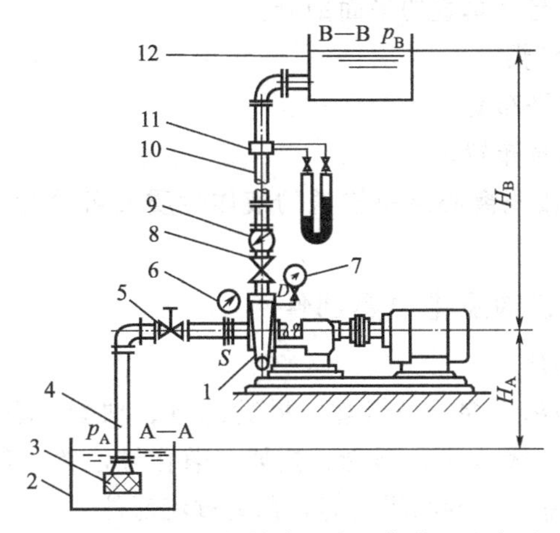

图 8-17 离心泵与管路联合工作装置示意图

1—泵；2—吸入罐；3—底阀；4—吸入管路；5—吸入管调节阀；6—真空表；7—压力表；8—排出管调节阀；9—单向阀；10—排出管；11—流量计；12—排液罐

叶轮中心形成的真空度与叶轮内介质的密度有关，当叶轮中充满空气时形成的低压不足以将液体由吸入罐吸入叶轮，所以离心泵启动前必须进行灌泵，使离心泵叶轮中充满液体。一般情况下，在泵的蜗壳顶部装有灌泵漏斗，用以在开泵前向泵内灌入液体。对于功率、排量等都较大的离心泵，常采用前置真空泵抽吸气体的方式启动；对于输送温度高、易挥发液体的离心泵，常采用吸入罐液面高于离心泵轴线的正压进泵的工作方式，使液体自动充满叶轮。

在泵的吸入口前及排出口的扩压管后分别装有真空表和压力表，用以测量进口处的真空度及出口压力，以了解泵的工作状况。

泵的吸入管下端装有滤网及单向底阀，起过滤作用，并在开泵前灌泵时防止液体倒流入吸入罐，排出管上装有调节流量的阀门。

(二) 离心泵的类型

通常按离心泵的结构形式进行分类。

1. 按照叶轮个数分类

① 单级泵：在泵轴上只有一个叶轮。

② 多级泵：在同一根泵轴上装有串联的两个或两个以上叶轮，液体依次通过各级叶轮，它的总压头等于各级叶轮压头之和。

2. 按液体吸入方式分类

① 单吸式泵：叶轮只有一个吸入口，液体从叶轮的一侧进入。

② 双吸式泵：叶轮的两侧都有吸入口，液体从两面进入叶轮，它的排量较大。

3. 按泵壳形式分类

① 蜗壳泵：泵壳为扩散的螺旋线形状，液体自叶轮甩出后直接进入泵壳的螺旋形流道，再被引入排出管。

② 双蜗壳泵：泵体设计成双蜗室，可以平衡泵的径向力。

4. 按壳体剖分方式分类

① 中开式泵：壳体在通过泵轴中心线的水平面上分开。

② 分段式泵：壳体按与泵垂直的平面剖分。

5. 按泵轴的布置方式分类

① 卧式泵：泵轴为水平布置。

② 立式泵：泵轴为垂直布置。

除以上分类方式外，按照离心泵所输送的液体性质又可分为水泵、油泵、酸泵、污水泵等。

二、离心泵的整体结构及主要零部件

（一）离心泵的基本构成

图 8-18 是一台典型的离心泵，其叶轮、叶轮螺母、轴套、联轴器等随泵轴一起旋转，构成了离心泵的转动部件；吸入室、蜗壳、托架（兼作轴承箱）等构成了离心泵的静止部件。其中液体流过的吸入室、叶轮和蜗壳等，称为过流部件。

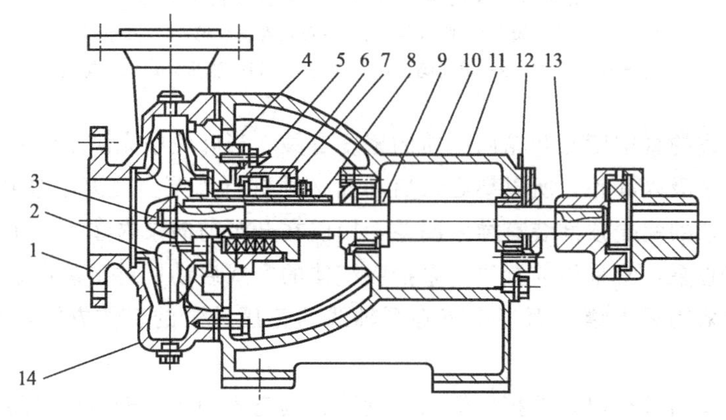

图 8-18 离心泵

1—泵体；2—叶轮；3—叶轮螺母；4—泵盖；5—冷却冲洗水管；6—密封；7—密封箱；8—轴套；9—轴；10—托架；11—标牌；12—转向排；13—联轴器；14—蜗壳

（二）离心泵的主要零部件

离心泵的种类繁多，结构各不相同，但构成离心泵的主要零部件基本相同，包括叶轮、吸入室、蜗壳、导叶等。

1. 叶轮

叶轮是离心泵中传递能量的主要部件。对叶轮的要求是：单级叶轮能给予液体较大的理论扬程，以便在达到高扬程时采用较少的级数，使机器结构紧凑；叶轮效率高，能满足工作要求等。

如图 8-19 所示，叶轮是一个均匀分布着若干叶片的轮盘。叶轮的叶片数一般在 6～12 片之间。叶片数高时可以改善液体流动情况，适当提高泵的扬程；但叶片数增加又会使叶片与液体间摩擦损失变大，流道面积减少，从而降低泵的效率。叶轮叶片的形状大多为向后弯曲（相对于叶轮的转动方向）的圆柱形状。根据应用场合的不同，常用的叶轮可分为开式、闭式和半开式三种；根据吸入方式的不同，还可分为单吸叶轮和双吸叶轮。

开式叶轮只有轮盘，没有轮盖，其流道是半开启的，如图 8-19(b) 所示，这种叶轮和轮盘可由整块锻件铣制而成，制造容易，且强度较高，适用于输送黏度较大或含有固体颗粒的液体。全开式叶轮既无轮盖，又无轮盘［图 8-19(c)］，这种叶轮常用于输送污水或浆状液体。单吸叶轮［图 8-19 (a)、(b)、(c)］只从叶轮的一侧吸入液体。双吸叶轮［图 8-19(d)］从叶轮的两侧吸入液体，适用于流量较大的场合，具有较强的抗汽蚀性能。

离心泵工作时，叶轮通过泵轴在驱动机（如电动机）的带动下高速旋转，受到水力的冲击，其工作环境较差，故对叶轮材料的要求较高。当圆周速度较大时，多用青铜或钢制造；当需输送温度较高的介质时，多用铸钢或合金钢制造；当输送腐蚀性液体时，多用青铜或不锈钢制造。

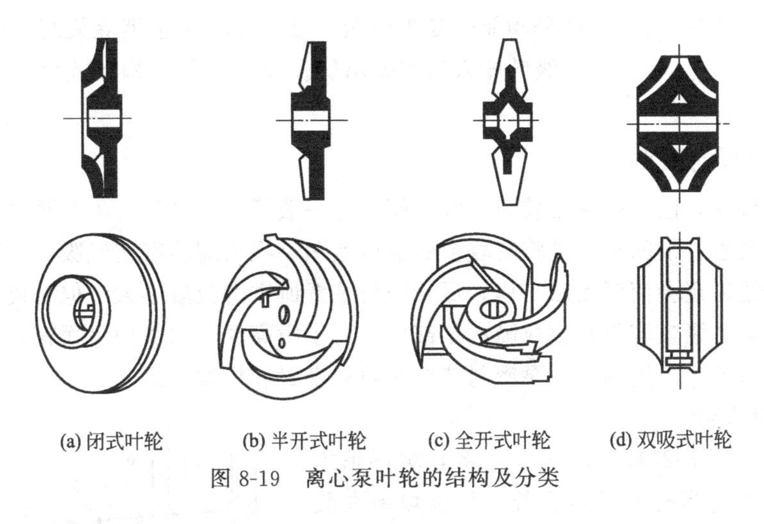

(a) 闭式叶轮　(b) 半开式叶轮　(c) 全开式叶轮　(d) 双吸式叶轮

图 8-19　离心泵叶轮的结构及分类

2. 吸入室

吸入室位于叶轮前，其作用是将液体均匀地引入叶轮。常用的吸入室有锥形管吸入室、螺旋形吸入室和圆环形吸入室，如图 8-20 所示。

其中锥形管吸入室［图 8-20(a)］多用于小型单级单吸悬臂式离心泵，结构简单，制造方便；螺旋形吸入室［图 8-20(b)］可使液体在叶轮入口前预旋，有利于改善吸入性能，多用于单级双吸或水平中开式多级离心式油泵；圆环形吸入室［图 8-20(c)］结构简单，轴向尺寸较短，多用于单吸分段式多级离心泵，其缺点是流动不够均匀。

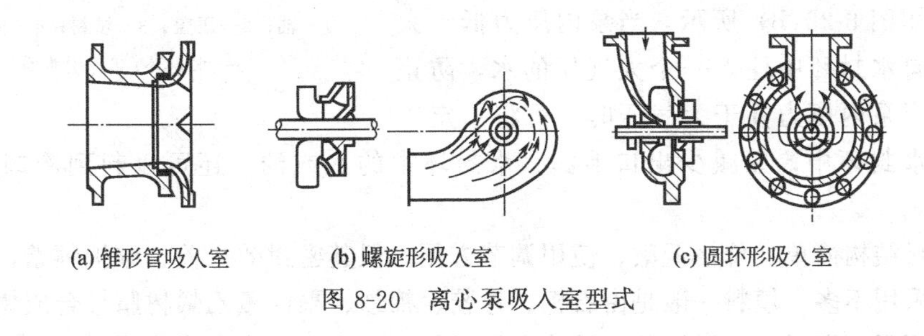

(a) 锥形管吸入室　(b) 螺旋形吸入室　(c) 圆环形吸入室

图 8-20　离心泵吸入室型式

3. 蜗壳

蜗壳和导叶的作用是把从叶轮甩出来的液体收集起来，使液体速度降低，把部分速度能转化成压力能后，再均匀地引入下一级或经过扩压管排出。

蜗壳是截面逐渐增大的螺旋线形式，因形如蜗壳而得名，如图 8-21 所示。由于蜗壳内液体流动的截面积不断增大，液体流速不断降低，部分速度能转化成了压力能，使液体的压

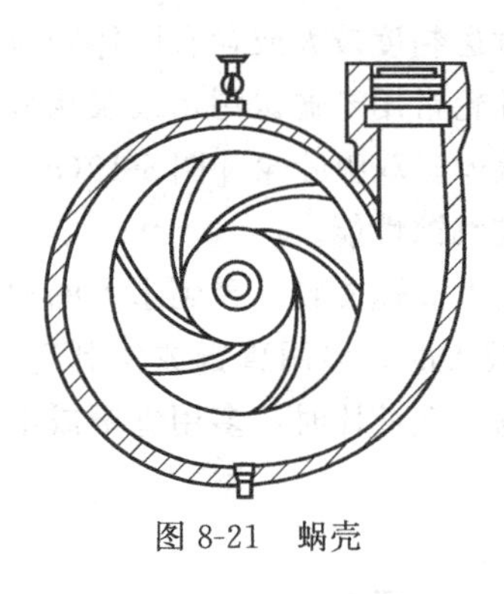

图 8-21 蜗壳

力能不断增加。为进一步降低液流速度，在蜗壳的尾部增加一锥形扩压管，可使 80%左右的动能转化成静压能。蜗壳的截面积大小对离心泵的性能影响很大，其截面形状有圆形、矩形和倒梯形等。

4. 导叶

导叶的作用与蜗壳相同，多用于分段式多级离心泵中。导叶可以看成是由正向导叶和反向导叶组成的若干个小螺旋形压液室。其中正向导叶用于收集叶轮排出的液体，并将液体的大部分动能转变为压能；反向导叶用于消除旋绕，将液体引入下一级叶轮入口或排出管。导叶按其结构形式可分为流道式和径向式两种。

三、离心泵的密封

离心泵工作时，出口端压力较高，吸入端压力一般低于大气压。若在泵轴与泵壳之间没有合适的密封装置，泵的出口端将有较多的液体泄漏，吸入端将有空气吸入。这不仅降低了泵的效率，严重时还会使泵无法工作，尽管密封装置所占的位置不大，但对机器的正常运转十分重要，是离心泵最容易发生故障的零部件。对于耐高温、耐腐蚀泵而言，密封装置的作用更为重要。目前，常用的离心泵密封装置是填料密封和机械密封。

（一）填料密封

填料密封如图 8-22(a) 所示，是将软填料填入填料箱中，通过适当拧紧压盖螺栓，使软填料在受到轴向挤压的同时，在径向上膨胀，泄漏缝隙被填塞而达到密封的目的。

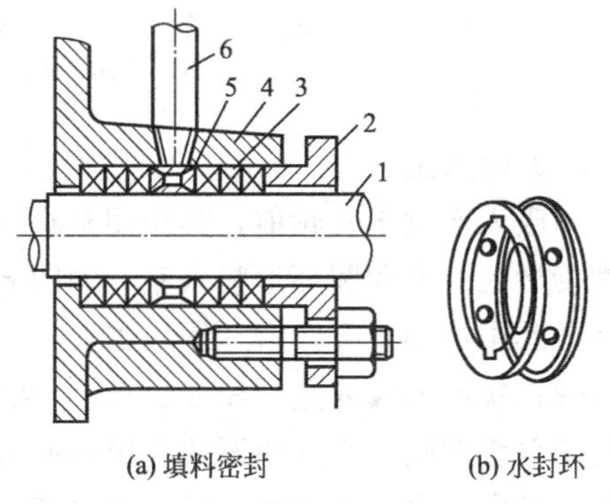

图 8-22 填料密封装置

1—轴；2—压盖；3—填料；4—填料箱；5—水封环；6—引水管

为了保证密封效果，填料箱一般较长，因此，沿轴向填料的压紧程度往往是靠外边的紧，靠里边的松，使得磨损不均匀，密封效果差。为了减少压紧力，并使填料里外承受的压紧力均匀，提高密封效果，可在填料中间加一个水封（或油封）环，水封环的结构如图 8-22(b) 所示，当泵内压力低于大气压时，可向水封环中注入一个大气压的水，防止空气进入；当泵内压力高于大气压时，可将一定压力的水引入水封环中，以减少出口泄露。水封环中的水或油，还可以起到冷却和润滑的作用。

填料密封结构简单、价格低廉、使用调节方便，但其密封效果差、维护频繁，除水泵和化工泵外，采用不多。填料一般是由石棉、橡胶、棉纱、聚四氟乙烯树脂等合成树脂纤维纺织而成并用石墨、润滑脂等浸渍的一种非金属材料，其横断面成方形或圆形。

（二）机械密封

如图 8-23 所示，是一个典型的机械密封装置，图中 A、B、C、D 四个点是可能泄漏的点。其中 B、C、D 是静密封点，可以较容易地依靠密封圈的压紧防止泄漏。较困难的，也是最主要的密封点是动、静环之间 A 处的动密封。从机械密封的结构可以看出，机械密封是靠两个经过精密加工的动环和静环的两个端面沿轴向紧密接触来达到密封效果的，所以机械密封也称为端面密封。

动环安装在轴上，与轴同时转动，静环安装在泵体上为静止部件。动环在液体压力和弹簧力的作用下紧压在静环上达到径向密封的目的。工作时，动环和静环的轴向密封端面间需保持一层液膜，起冷却和润滑作用。

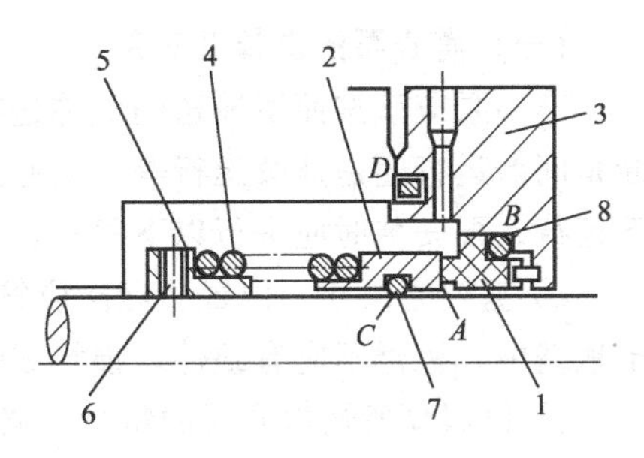

图 8-23　机械密封装置

1—静环；2—动环；3—压盖；4—弹簧；5—弹簧座；6—固定螺栓；7,8—密封圈

机械密封的材料要求具有足够的刚度和强度，目前一般采用碳化钨、石墨、铬钢、铬镍钢、硬质合金等材料制作。通常材料选取的是动、静二环采用一硬一软配对，只有在特殊情况下，例如介质含有固体颗粒时，才以硬对硬配合使用。

机械密封与填料密封相比，具有密封性能好、泄漏量少、轴或轴套不易损坏、机械损失小等优点，被广泛应用于高温、高压、高转速的离心泵中。其缺点是结构比较复杂，要求加工精度和安装技术较高，价格较贵。

四、离心泵的汽蚀现象

（一）汽蚀现象

当离心泵叶轮入口处的液体压力低于输送温度下液体的汽化压力时，液体就开始汽化。

同时，原来溶于液体中的其他气体（如空气）也可能逸出。此时，液体中有大量的小气泡形成，这种现象称为空化。由汽化和溶解气逸出而形成的小气泡随液体在叶轮流道内一起流动，当压力逐渐升高时，气泡在周围液体压为的挤压下将会溃灭，重新凝结。当气泡溃灭，重新凝结时，气体所占体积迅速减小，在流道内形成空穴。这时，空穴周围的液体便以极快的速度向空穴冲来，使液体质点或液体质点与金属表面相互撞击，这种由空穴产生的撞击称为水力冲击。气泡越大，溃灭时形成的空穴就越大，水力冲击就越强。

实践证明：这种水力冲击速度快，频率高（每秒可达上万次）；有时气泡内还夹杂某些活泼性气体（如氧气），它们在凝结时放出热量，使局部温度升高。这一方面可使叶轮表面因疲劳而剥落；另一方面，由于温差电池的形成，对金属造成电化学腐蚀，加快了泵叶轮等金属构件的破坏速度。离心泵的这种现象称为汽蚀现象。

（二）汽蚀对离心泵工作的影响

① 引起噪声和振动。气泡溃灭时，液体质点互相撞击，产生各种频率的噪声，有时可听到“噼噼”“啪啪”的爆破声，同时伴有机器的振动。在这种情况下，泵就不能继续工作了。

② 引起泵工作参数的下降。当泵汽蚀较严重时，泵叶轮内的大量气泡将阻塞叶轮流道，使泵内液体流动的连续性遭到破坏，泵的流量、扬程和效率等参数均会明显下降，严重时会出现“抽空”断流现象。这种情况下，泵也不能继续工作了。

③ 引起泵叶轮的破坏。泵发生汽蚀时，由于机械剥蚀和电化学腐蚀的共同作用，使叶轮材料呈现海绵状、沟槽状、鱼鳞状等破坏，严重时会出现叶片的蚀穿。

离心泵的汽蚀与介质的性质、输送温度、吸入管线的长度及直径、吸入管线局部部件的多少、离心泵的安装高度等有关。为防止汽蚀的发生。应尽量减小吸入管路的阻力损失，降低输送温度，降低泵的安装高度。

五、离心泵的使用

（一）离心泵的选择及安装

离心泵应该按照所输送的液体进行选择，并校核需要的性能，分析抽吸、排出条件，判断是间歇运行还是连续运行等。离心泵通常应在或接近制造厂家设计规定的压力和流量条件下运行。泵安装时应进行以下复查：

① 基础的尺寸、位置、标高应符合设计要求，地脚螺栓必须恰当和正确地固定在混凝土地基中，机器不应有缺件，损坏或锈蚀等情况。

② 根据泵所输送介质的特性，必要时应该核对主要零件，轴密封件和垫片的材质。

③ 泵的找平，找正工作应符合设备技术文件的规定，若无规定时，应符合现行国家标准 GB 50231—2009《机械设备安装工程施工及验收通用规范》的规定。

④ 所有与泵体连接的管道，管件的安装以及润滑油管道的清洗要求应符合相关国家标准的规定。

（二）离心泵的使用

离心泵的启动步骤应该是：首先将进口阀全部打开，关闭出口阀，启动电动机，待转速正常后，才能逐步打开出口阀，调整到所需流量。

离心泵的运行可分为三个步骤，即启动、运行、停泵。

1. 启动

启动前应做好如下准备工作：

① 检查水泵设备的完好情况。

② 轴承充油，油位正常、油质合格。

③ 将离心泵的进口阀门全部打开。

④ 泵内注水或真空泵引水（倒灌除外），打开放气阀排气。

⑤ 检查轴封漏水情况，填料密封以少许滴水为宜。

⑥ 电动机旋转方向正确。

以上准备工作完成后，便可启动电动机，待转速正常后，检查压力、电流并注意有无振动和噪声。一切正常后，逐步开启出口阀，调整到所需流量，注意关阀空转的时间不宜超过 3min。

2. 运行

运行期间，主要是巡回检查，检查的内容有三个方面。

（1）轴承的检查

① 轴承温度不能过高。

② 轴承室不能进水、杂质，油质不能乳化或变黑。

③ 有油室的泵机，油面应不低于油标中心线。

④ 检查是否有异常声音，例如滚动轴承损坏时一般会出现异常声音。

（2）真空表、压力表的检查

① 真空表指针不能摆动过大，过大可能是泵入口的物料发生汽化，另外真空表读数也不能过高，过高可能是入口阀堵塞、卡住或吸水池水位降低等。

② 泵出口压力表读数过低，是由于泵腔内压力低。造成这种现象的最大的可能原因是泵腔内有气体（泵腔内有气体的原因可能是密封环、导叶套严重磨损；定子、转子间隙过大）。出口阀开启太大、流量大、扬程低也会导致泵腔内压力低。

（3）机械密封的检查

① 确保正常运行时不会有滴漏。

② 有冷却水装置的，要检查水流是否正常。

3. 停泵

① 离心泵停泵应先关闭出口阀，以防止回阀失灵，致使出口管道压力内的液体倒灌进泵内，引起叶轮反转，造成泵损坏。

② 停泵时，如果断电后泵立即就停下来，说明泵内有摩擦、卡塞或偏心现象。

防爆离心泵的启动、运行、停止三个步骤都很重要，但最重要还是出口阀的调整。如果为吸上状态，出口阀开度可相对大一些，如果为倒灌状态，出口阀开度可相对小一些。出口流量越接近泵的设计流量越好，这样可使泵的运行效率高，节约资源。因为泵的高效点都在设计点或设计点附近，当然最终还是要以电流不超载为前提。离心泵启动时，泵的出口管路内还没水，因此还不存在管路阻力和提升高度阻力，在泵启动后，泵扬程很低，流量很大，此时泵电动机很容易超载，使水泵的电动机及线路损坏，因此启动时要关闭出口阀，才能使泵正常运行。

六、离心泵常见故障与排除方法

离心泵常见故障与排除方法见表 8-7。

表 8-7 离心泵常见故障及排除方法

序号	故障现象	原因分析	排除方法
1	轴承发热	润滑油过多	减油
		润滑油过少	加油
		润滑油变质	排去并清洗油池再新油
		机组不同心	检查并调整泵和原动机的对中
		振动	检查转子的平衡度或在较小流量处运转
2	泵输不出液体	吸入管路或泵内留有空气	注满液体、排除空气
		进口或出口侧管道阀门关闭	开启阀门
		使用扬程高于泵的最大扬程	更换扬程高的泵
		泵吸入管漏气	杜绝进口侧的泄漏
		叶轮方向选择错误	纠正电动机转向
		吸上高度太高	降低泵安装高度，增加进口处压力
		吸入管路过小或杂物堵塞	加大吸入管径，消除堵塞物
		转速不符合要求	使电动机转速符合要求
3	流量、扬程不足	叶轮损坏	更换新叶轮
		密封环磨损过多	更换密封件
		转速不足	按要求增加转速
		进口阀或出口阀未充分打开	充分开启进口阀或出口阀
		在吸入管路中漏入空气	把泄漏处封死
		管道中有堵塞	消除堵物
		介质密度与泵要求不符	重新核算或更换合适功率的电动机
		装置扬程与泵扬程不符	设法降低泵的安装高度

续表

序号	故障现象	原因分析	排除方法
4	密封泄漏严重	密封元件材料选用不当	向供泵单位说明介质情况，配以适当的密封件
		摩擦副严重磨损	更换磨损部件，并调整弹簧压力
		动静环吻合不均	重新调整密封组合件
		摩擦副过大，静环破裂	整泵拆卸换静环，使之与轴垂直度误差小于0.10，按要求装密封组合件
		O形密封圈损坏	更换O形密封圈
5	泵发生振动及杂音	泵轴和电动机轴的中心线不对中	校正对中
		轴弯曲	更换新轴
		轴承磨损	更换轴承
		泵产生汽蚀	向厂方咨询
		转动部分与固定部分有磨损	检修泵或改善使用情况
		转动部分失去平衡	检查原因，设法消除
		管路的泵内有杂物堵塞	检查排污
		关小了进口阀	打开进口阀，调节出口阀
6	电动机过载	泵和原动机不对中	调整泵和原动机的对中性
		介质相对密度变大	改变操作工艺

参 考 文 献

[1] 尹永晶，杨汉立，胡德祥.车装钻机.北京：石油工业出版社，2002.

[2] 李继志，陈荣振.石油钻采机械概论.北京：中国石油大学出版社，2006.

[3] 马永峰，康涛，等.橇装模块钻机.北京：石油工业出版社，2004.

[4] 李建国，郭东.钻机操作培训教程，北京：石油工业出版社，2008.

[5] 《石油钻机》编委会.石油钻机.北京：石油工业出版社，2012.

[6] 孙松尧.钻井机械.北京：石油工业出版社，2006.